U0295678

庐山森林植物园择庐山之一隅以来历绩异苯卓著
以国内外所属垦而西接之大气候土宜之佳名东亚之冠　胡先骕

胡宗刚 著

庐山植物园
九十年

（1934-2024）

上海交通大学出版社
SHANGHAI JIAO TONG UNIVERSITY PRESS

内容提要

　　庐山植物园由老一辈著名的植物学家胡先骕、秦仁昌、陈封怀(尊称"三老")于1934年创建,为我国第一座科学植物园。我社于2009年该园建园75周年时出版作者撰写的《庐山植物园最初三十年》(1934—1964),获得学界好誉。2024年适值该园建园90年,作者根据该园要求,在原著基础上,增补完善内容,写成一部庐山植物园完整的九十年发展史。该书风格与《三十年》一书相同,以文献史料为基础,以平实客观为基调,展现九十年发展的成就。

图书在版编目(CIP)数据

　　庐山植物园九十年:1934—2024/胡宗刚著.
上海:上海交通大学出版社,2024.8. —(中国近世生物
学机构与人物丛书). —ISBN 978 - 7 - 313 - 31126 - 9

　　Ⅰ.Q94 - 339

　　中国国家版本馆CIP数据核字第20241ZF424号

庐山植物园九十年(1934—2024年)
LUSHAN ZHIWUYUAN JIUSHINIAN(1934—2024 NIAN)

著　　者:胡宗刚

出版发行:上海交通大学出版社　　　　　　　地　　址:上海市番禺路951号

邮政编码:200030　　　　　　　　　　　　　电　　话:021 - 64071208

印　　制:常熟市文化印刷有限公司　　　　　经　　销:全国新华书店

开　　本:710mm×1000mm　1/16　　　　　印　　张:22.75

字　　数:372千字

版　　次:2024年8月第1版　　　　　　　　印　　次:2024年8月第1次印刷

书　　号:ISBN 978 - 7 - 313 - 31126 - 9

定　　价:108.00元

自序：庐山植物园之于中国植物学史几点贡献

胡宗刚

  植物园（botanical garden）是西方科学文化之产物，始于1841年植物学家W. 胡克出任英国邱园主任，将这座原本皇家花园改造为现代植物园。与植物园类似者还有树木园（Arboretum）、植物标本园（Specimen Garden），在此统称为植物园。植物园向东方传播，于1873年传入日本，有"小石川植物园"之命名；1877年"植物园"一词又自日文移入汉语，是年9月清末出使英国大臣郭嵩焘，在其日记中抄录日本《官员名鉴》，其中有"小石川植物园"，此后郭嵩焘即以"植物园"一词，指称英国邱园。而在此前同年3月郭嵩焘曾游览邱园《日记》，则以音译其名，"往游罗亚尔久戛尔敦。久者，地名；戛尔敦者，译言花园也（有围墙或园者曰戛尔敦；野趣自然曰巴尔克，犹言天生园景）。"

  中国之有植物园建设，先有1871年英国人在香港设立香港植物园，后有日本人在台湾于1906年设立恒春热带植物、1921年设立台北植物园，及1915年在辽宁营口设立熊岳树木园；而国人自己设立植物园，有1927年笕桥植物园、1929年总理纪念植物园、1930年北平天然博物院植物园、1931年中山大学农林植物研究所植物标本园、1934年庐山森林植物园。此外在三十年代，还有一些城市市政府设立之植物园，如广州、上海、南宁等。植物园属于植物学研究机构，与植物学研究事业不可分离。以此衡量以上所举，则以庐山森林植物园最为纯正。

  中国之有植物学，为中国植物学家胡先骕、陈焕镛、钱崇澍、刘慎谔等所创立，此前虽有植物学传播，但因各种因素均未能将源于西方之现代植物学研究体系予以本土化，故无植物园之可言；换言之，植物园事业只有在植物学研究建立之后，随着学科深入发展，方才能落地生根，否则即是无本之木；但是，即便有植物学研究内容,还要得到社会支持,否则也难以持久。前所列举各类植物园,外国人在华所办和市政府所办姑且不论,而以植物学家所办而言,钟观光在浙江大学农学院所办笕桥植物园,仅有几年,因其地被政府划为兴建飞机场用地而终结;刘慎谔在主持北平研究院植物学研究所时,与北平天然博物院合办植物园,刘慎谔苦心经营,搜集植物达 2 000 余种,但博物院之上级北平市长决定收回植物园用地,改作他用,因此不得不终止;陈焕镛领导中山大学农林植物研究所前期,在中山大学校园里开设植物标本园,抗日战争中农林植物所迁走,标本园即被放弃,后无从恢复。南京总理陵园纪念植物园,由具有林学背景之傅焕光领导,也曾派叶培忠赴英国爱丁堡皇家植物园深造,且得中央政府支持,但缺少植物学之有力支撑,也导致其在植物学界影响力受限。惟有胡先骕、秦仁昌、陈封怀创建之庐山森林植物园,不仅有强大学科背景,还获江西省政府鼎力支持,拥有广大山林地亩,虽几经沧桑,但其基本格局未曾改变,故其影响既深且远。

胡先骕为近代中国植物学奠基人之一,其生而聪颖,自作诗曰"幼时颇慧黠,极为父母爱。七岁能作诗,便有成人态",且又自云"立志甚早"。胡先骕出身于官宦世家,所立之志如同家中前辈取向一样,通过科举取得功名,为满清王朝服务。但在其成长时期,科举被废除,满清被推翻,即而"二十不得志,翻然逃海滨;乞得种树术,将以疗国贫",不得已选择赴美留学,以从事科学,为国服务。1917 年回国,任庐山森林局副局长,1918 年赴南京高等师范学校农科任植物学教授。其时,现代科学已开始在中国传播,胡先骕遂将其志向和智慧用于开辟中国植物学。1920 年与秉志一同在农科设立生物系,1921 年又与秉志合办中国科学社生物研究所,1928 年再与秉志建立北平静生生物调查所。采集植物标本,建立标本室和图书室,从事研究并创刊刊物,培养门生,并与国外学界建立联系,由此开启中国植物学研究事业。植物园是植物学事业重要组成部门,在中国科学社生物研究所之计划中即有设立植物园计划,其后 1925 年胡先骕曾有与美国哈佛大学阿诺德树木园在南京合办植物园之意向,只因北伐战争而作罢。待其主持静生生物调查所时,也曾在北平寻求办理植物园,最终于 1934 年,由静生所与江西省农业院合作,创办庐山森林植物园。为实现此宏愿,其谋划不可谓不长久,乃是植物园不可谓不重要。胡先骕、秉志在中国开辟生物学研究,其理想不是一二个机构,浅尝而止;而是谋求中国生物学事业壮大,民国时期国内一些大学之生物系多经他们孵化而成立,中国植物学会、中国动物学会也是在他们主持之下而诞生。

庐山森林植物园创办之时，即以英国邱园为标准，胡先骕邀请时已是著名蕨类植物分类学家秦仁昌出任园主任，并派陈封怀赴英国爱丁堡植物园专习植物园造园及报春花科分类研究，二年之后回国，植物园园林即出自其手，并研究报春花科植物。植物园成立之时，确定以引种松柏类植物和高山花卉为主，松柏类植物与林业造林有关，其时中国造林尚不知选择适宜树种；高山花卉是求丰富中国园艺植物，将原产于西南植物移植于东南。于是在庐山含鄱口山谷中开辟苗圃、设立专类园，在庐山本地及赴东南诸山采挖标本和种球，除种植于本园外，还用于国际植物园间种子交换，以获得国外种质资源；静生所派蔡希陶、王启无、俞德浚在云南持续不间断采集，其中任务之一，即为庐山植物园引种。如是获得大量且珍稀种类，不几年栽培植物达 3 千余种，且享誉国内外。如此丰富科学内涵之植物园，初显风采，却遇抗日战争全面爆发，1938 年庐山沦陷，大多员工远走云南，在丽江设立工作站继续研究。但其在庐山四年创业，使国人明悉何谓植物园事业。

抗战胜利后，1946 年陈封怀重回庐山，主持复员。植物园已是断垣残壁，由于经费拮据，恢复艰难，但此前引种种植之植物已生长成形，为宝贵之资产。陈封怀之坚守维持，极为重要，当 1949 年中华人民共和国成立，百业待举，此时国内几无植物园。庐山植物园被中国科学院接收后，隶属于中国科学院植物所，迅速将植物园恢复起来，成为国内一颗明珠，其种类之丰富，园林景致之独特，国中仅有。于是大中专教学实习、园林绿化事业兴起、研究材料之获得等均来庐山植物园；更有植物园兴建或恢复，即以庐山植物园为样板。如蔡希陶在昆明拟恢复植物园，派冯耀宗来庐山学习；武汉建设磨山公园，派员来庐山引种；更有中国科学院 1954 年重建南京中山植物园，调陈封怀率领七位员工前去工作，陈封怀还为杭州植物园、武汉植物园规划设计。可见庐山植物园影响之广。

"文化大革命"期间，国内许多植物园或研究机构，不是停办，便是解散；而庐山植物园因在庐山风景区内，在"文化大革命"后期，庐山被国家列为少数几个向外国友人开放区域，此时在慕宗山领导下，开始恢复工作，陈封怀时来庐山指导。植物园下设五个研究组，开展止血药、避孕药研究，承担薯蓣调查、《中国植物志》编写等国家任务，园林得到整治，面貌焕然一新，来山之中外游客无不称赞有加。1974 年还拍摄彩色科学教育专题影片《庐山植物园》，展示植物园之科学内涵和美丽外貌。俞德浚在北京观看该影片,云庐山植物园值得全国同行学习。1978年,进入新的时代,百废待兴,庐山植物园又成为领跑者。来园访学之中外植物学家络绎不绝,国外学者有英国邱园副主任、美国杜鹃花协会代表团,美国华裔植物学家李惠林、胡秀英等,更有1981年9月在澳大利亚堪培拉召开第九届国际植物园协会会议,中国派出俞德浚等五位代表参加会议,其中有庐山植物园朱国芳。这是中国学者首次出席是会,庐山植物园之所以派人出席,乃是因其历史声誉,而受大会邀请。此时研究项目甚多,因无专家学者,未取得重大成果,仅就编辑出版《植物研究参考资料》而言,初为内部刊物,但未能转化为公开发行之学报。

庐山植物园在三个历史时期,曾予中国植物学以贡献,但此贡献持续时间均不长久。第一次因抗日战争戛然而止于1938年,第二次因1954年陈封怀等人员被调离,第三次在八十年代中后期,则因人才贫乏,不仅后继乏力,且渐渐衰落。自陈封怀调离之后,庐山植物园无专家主持即为问题,且在早先各时期均被各级领导部门所意识,也曾在当时条件下设法解决,但均未见效,甚至在一段很长时期,即便是助理研究员也无一人。其后,或者麻木不仁、或者熟视无睹,此问题竟然被遮盖,即使在选择园主任时,也不曾考虑选择聘请专家学者担任此职。植物园衰落,主管机构难辞其咎。

2019年庐山植物园得到江西省委、省政府重视,为谋走出历史困境,实行与中国科学院共管新机制,聘请黄宏文前来主持。2019年当年即开始实施人才全球招聘计划,因共建机制和黄宏文在学界之声望,庐山植物园开始具有吸引力,至年底招得13名具有博士或硕士学位者入园,即以具有研究经历者组建课题组。研究组管理采用组长负责制,极大提高组长能动性和责任性。此后连续四年,均大力招聘,研究队伍迅速加大,按庐山植物园整体研究方向设立,经四年建设,成立5个研究中心,25个课题组。至2024年5月,全园在册职工197人(含在编职工141人,长期聘用专家22名,外籍专家8名),长期合作专家69人。在读研究生35人,其中博士研究生2人,人员数量和结构均有质的增加和改变。研究组在组建时,有些是改组而成,具有一定基础,并已取得学术成绩;而大多则是新成立,且人才优秀。庐山植物园之再造辉煌,将因诸研究组之研究深入,而指日可待。2022年国家开始遴选一些优秀植物园以建立国家植物园体系,庐山植物园又得到江西省政府大力主持,积极创建国家植物园,此又带来新的历史机遇,必将为国家科学文化建设作出新的贡献。

《庐山植物园最初三十年》序

陈俊愉

　　本人是半个"老表"，母亲是江西鄱阳人；庐山是我旧游故地，庐山总体规划是我和高光通教授、鲁涤非助教带着五个学生共同做的。我对庐山很有感情，可惜已经半个多世纪没有再重游。但是我对江西、对庐山仍十分向往，故胡宗刚先生来电话邀请为其近著《庐山植物园最初三十年》写序，我就欣然应诺了。

　　庐山植物园是我们这个"世界园林之母"的第一个植物园，是"三老"——胡先骕、秦仁昌、陈封怀三位植物学家白手起家、惨淡经营的成果。我和"三老"都相识，其间接触最多，相知较深的是陈老，所以后来为他写了墓志铭（可惜至今未往凭悼过）。回忆 1951 年我在武汉大学任教，带着学生来庐山采集实习，和庐山植物园及当时的主任陈老天天接触，受益良多。我见他每天从早到晚忙着打字，向国外出售植物种苗，换来若干建设资金。既艰难，又辛苦，植物园事业就这样在艰苦中恢复起来，而且得以成长，这是多么不易呀！是什么精神支持"三老"及全园职工创办了植物园？又是什么力量给他们以勇气和毅力的呢？我认为是爱国主义和事业心集中在建园和办园上，是学者们和实干家们对祖国事业做出首创性巨大贡献。

　　记得有一年我去庐山植物园，应邀作了一次学术报告，具体讲稿和主要内容现已记不得了，但我记住我谈了"一大贡献"和"一个遗憾"。贡献讲的是庐山首创者经过千辛万苦，终于把植物园办成了，至今山清水秀，树木花草欣欣向荣，真是来之不易呀！遗憾的是我国第一个植物园，又是以引种驯化松柏类为主要内容并取得巨大成果的植物园，可惜没有留下由不同引种地区（如美国东部、美国西部、日本、欧洲等）引种后树木生长记录，哪怕十年记一次树高、胸襟也好，这是多么宝贵的原始资料呀！如果那时这样做了，现在就可将引种地与庐山之主要生态因子数据相对比，从庐山松柏类生长与适应性现状中探寻松柏类引种驯化成败因素和规律，那是多么难能可贵的理论成果啊！从以上"一大贡献"和"一个遗憾"中，我们既感欣慰，很多外国松柏在庐山长得很好；又深为遗憾，很多松柏之成功与失败主要因素未找到。

现在全国办了很多植物园，但主管和负责人常不明白植物园的主要任务。我认为植物园任务是在园内开展植物科学普及之外，还应从事少数关键性研究。在这方面，国内现在还很少有成功的经验。我现在借庐山植物园经验与教训，专门提起一下，希望有关方面予以重视才好。

万事开头难，庐山植物园从一张白纸办成了我国最早的植物园，其间值得总结的实在很多。胡宗刚先生花了很大功夫把庐山植物园最初三十年的主要人物及其贡献加以详细记录，又作了分析和思考，这对于在我国办好植物园，首先在方向掌握上，是很有帮助的，有些资料还是十分耐人寻味的。胡先生索序于我，除仓促应命外，还借机说了一些我的感想，求教于方家。

九二叟　陈俊愉

于北京林业大学梅菊斋中

（陈俊愉：已故北京林业大学教授、中国工程院院士）

目　　录

现代西方科学传入中国在清末民初,至今不过百余年;植物园系西方植物学发达后之产物,其入中国稍晚。即先有植物学本土化,再有植物园之开辟。胡先骕乃中国现代植物学奠基人之一,在所开创诸项研究事业之中,即有庐山森林植物园。

一、胡先骕其人

胡先骕,字步曾,号忏庵,江西新建人。先骕之"先"字,乃其家族中辈分,"骕"(音 su)为古良马之意;"步曾"是其父希望其步曾祖父胡家玉之后,能做朝廷大臣,建功立业,光耀门楣;"忏庵"乃是其自喻住在小舍中,常怀忏悔之心。以庵为别号,是昔日文士风尚,与是否信仰佛教无关。有大智慧的人,才会懂得忏悔。以忏庵为号,既是自谦,又是自负。

胡先骕生于清光绪二十年(1894 年),这一年干支纪年为甲午。中国近代史上著名的"中日甲午战争"便发生在这一年。这场战争最后以中国战败,割地赔款而结束。自 1840 年鸦片战争以来,中国在与西方列强的摩擦中,屡屡败北。甲午一战又输给此前从未放在眼里的东临小国日本,清朝上下皆感奇耻大辱,士大夫阶层被彻底震醒,痛恨国事日非,而谋求改革,否则国将不国。然而如何改造中国,人心可谓分为两派:一曰立宪,一为革命。各派都提出许多举措,最终是革命压倒一切,为此导致中国三千年来未曾有之大变局。这一年出生的胡先骕,自小便立下大志,以天下兴亡为己任。其后,在社会变革之中,选择新兴的科学为职业,以科学救国,实现其理想。这是时代赋予之使命,在古老的大地上传播现代科学文明,建立科学研究机构,再以研究所得为农林生产服务。

胡先骕可谓不辱使命,中国现代植物学便是在他的领导之下,创建起来,被誉为"中国植物学的老祖宗"。但是,在世道人心不断改变之下,抱守传统价值观念之胡先骕,未能跟上不断革命之步伐,也就导致其悲剧之结局。

胡先骕自小接受中国传统教育,从《三字经》《千家诗》到《论语》《诗经》,是他进学时的读物。对于吟诗作赋,也表现出特别的天赋。还在五岁时,有一天在饭桌旁,他父亲一面饮酒,一面随意考他,出一对上联"五龄小子",他立即对以"七岁神童",他的父亲高兴无比。从此胡先骕即有神童之誉。

传统教育和士大夫家庭出身,也形成胡先骕忠君之思想。1909 年,胡先骕入京师大学堂预科学习,1911 年尚未毕业,有清一代被辛亥革命推翻,学堂停办,只好回乡。其时,父亲已逝,在家中,遵从母亲的教诲,认为像他这样家庭出身的人,是不应该参加革命的。在乱世之中,嘱咐他学中医,以维持生活,也可做有清皇朝之遗民。未久,民国元年(1912),李烈钧(字协和)任江西省都督,在江西现代教育先驱熊育钖倡议下,由都督府选派学生留洋,胡先骕参加其中赴美留学考试,共有十六人入选,胡先骕名列第五。到达美国后,入加州大学伯克利分校,开始选择农学,旋改为植物学。来美之初,胡先骕有诗云:"二十不得志,翻然逃海滨。乞得种树术,将以疗国贫。"说明出国留学并非其初衷,乃是为清朝服务已没有可能,才选择科学,以增进国家富强。胡先骕在美期间,曾参与留美同学组织成立的中国科学社。四年之后,获学士学位回国。

二、初识庐山

1916 年,胡先骕在加州大学毕业,回国之时写有《壮游用少陵韵》五古长诗一首,书写其少年才俊,英姿勃发,神采四溢的壮怀。节录如下:

> 束发毕经史,薄誉腾文场。下笔摹古健,颇欲追班扬。一时冠盖侪,交口称麟凤。庞眉比长吉,锦句充奚囊。冥契接虞夏,廓我刚柔肠。轩轩寡俗韵,逸兴凌穹苍。遗世每独立,人海空茫茫。二十事壮游,万里浮轻航。坐揽落机春,旷目小扶桑。胜游不具数,林石穷幽荒。乔松入云汉,杂卉繁清香。骇鹿走层巇,翩鸿戏横塘。间亦棹兰舟,渔歌声浪浪。归梦接华胥,遐心溯羲皇。胸中郁奇气,垒涌成文章。雕镂到肝肾,语意时苍凉。日夕追古欢,忧患能相忘。欢乐未终极,悠然怀故乡。[1]

---

[1] 胡先骕:《忏庵诗稿》上卷,第 1 页,自印本。

以目空一切之雄心,自以为归国之后,当能开创其经世之大业。然而事与愿违,胡先骕求职首选其母校,时已改名的北京大学,欲求得教员职位;但是,北京大学并没有接纳他。只好改在北京一所政法学校教英文,还得寓居在亲戚家中。如此终非长久之计,几个月后,辞职南下,想在上海商务印书馆谋一职位。《张元济日记》中,有胡先骕来拜谒之记录。然而最终也未获得同意。两次求职,均告失败,使胡先骕甚为失意。最后只得请一位江西籍议员介绍,回到江西,被江西省实业厅聘为庐山森林局副局长。

图 1-1　1915 年庐山森林场圃地

庐山森林局设立于清宣统元年(1909 年),由江西劝业道在庐山名刹东林寺附近择地开办。民国后,森林局划分为三区:东林为第一区,黄龙为第二区,另辟湖口为第三区,总事务所设于九江城内。其时,森林局成立未久,人员变动频繁,又没有长远计划。

甚为失意的胡先骕,来到庐山之后,寄居于九江与东林之间,亦尝往黄龙,登庐山之巅。但是,面对森林局之现状,亦难以学以致用。胡先骕只好以写宋体诗来排遣忧怀。如"难将出处问龟卜,且抚琴书对鸟啼。"(《还东林寄杨苏更》)"古刹千年峙碧空,幽人于此抱渊冲。禅心我亦知无往,安得微言示远公。"(《东林山居杂咏》之一)"杜门渐喜交游少,斯意难令末俗知。"(《深夜不寐口占》)"晴日渐西凉意峭,炉熏药里伴沉思。"(《病中口占》)从这些诗句,不难看出胡先骕在壮志遭受打击之后的消极情思。

然而,庐山乃天下名山,雄峻高逸,清奇灵秀。古往今来,无数文人雅士,在此留下不知多少仙踪道迹、歌赋诗篇。胡先骕初识庐山之时,亦难抑制喜悦之情。有诗为证。"小别匡山二十日,便觉尘累萦心胸。遄归缓步快神志,遥岫向人横黛浓。""人生失意常八九,及时游赏聊从容。"(《溽暑由九江步还东林》)此更引《由庐山东林往黄龙纪游》,以见胡先骕游山愉悦之心情,诗云:

> 雨余风日妍,春色透林薄。半载困尘俗,兹游信可乐。石径走蜿蜒,杉柞立丛错。清阴快蔽体,繁枝时拂掠。篮舆渐上趋,叠嶂列如幂。春云自舒卷,异石恣砾碻。……翌日趋下山,跂捷试芒屩。野卉渐吐花,新竹已解箨。绚染一何速,繁春已灼灼。探揽快胸臆,笑语间妙谑。回首松竹间,烟鬟犹绰约。①

景色绮丽,心情郁结,使得胡先骕诗力大为长进。其作于庐山之诗,先后共有二十余首,五言七言、长章短句、写志记游,各种体裁皆备,为其诗作重要的组成部分,并呈现出其之风格。1934 年,胡先骕在庐山请前东南大学教授,《学衡》社友柳诒徵,为其《忏庵诗稿》赐序。柳诒徵在饱览庐山风光之后,返回南京,即作序道:

> 今年七月余买舟道溢浦,上匡庐,居莲花谷浃旬。君亦自燕来会,扫石听松,流连于秋潦月夕间。不复忆十年中桑海陵谷矣。间叩君诗兴,君逊谢谓鲜进境,发箧际所为靖洲诸诗,则如扶摇羊角,进而益上。散原评以奥邃苍坚允矣。西江以诗雄天下,庐岳之气,蒸而为云,削而为石,盘而为松,矫而为樟,喷而为瀑,淳而为渊,其钟于人者惟诗有以肖之。余未觏兹山,未知君诗所自孕也,履兹山,读君诗,儳谓始知君诗所自来。虽然,赣南山岭磅礴千里,章贡之流清驶呈文,余皆未之游,即匡山名迹屐所未

① 胡先骕:《忏庵诗稿》上卷,第 2 页,自印本。

躐者多矣,以测君诗亦然,又恶敢谓能知君诗者。①

庐山孕育诗人,然而,写诗对胡先骕而言,仅是一种业余爱好。其功名之志,只有在学术专业之中才能实现。在庐山时期,其学业有所荒废,几乎把副业充当正业。由此可知庐山非久留之地。半年之后,1917 年秋,胡先骕即调回南昌,在省实业厅任技术员。1918 年,胡先骕又受南京高等师范学校农林专修科之聘,任植物学与园艺学教授,并移家南京定居。

胡先骕在庐山工作虽仅此半载,在与庐山自然风光交融中,得到纯美之熏陶。这段美好情感,在其以后的生涯中起有重要作用,为其选择庐山创办植物园奠定情感基础。

三、创办植物园的理想

有学者认为,1917 年,胡先骕在庐山森林局时,即有在庐山创设植物园构想。笔者认为这只不过是后人的臆想,以庐山森林局当时事业状况,及胡先骕本人之思想情态,皆未有创办一项事业之可能;更何况胡先骕还不是森林局的主持者。胡先骕之有创办植物园志向,当在十年之后的 1926 年。其自言云:"本人有志于创设植物园,在民国十五年,当时执教鞭于东南大学,有美国哈佛大学萨金得博士,即要求双方合作,在东大设一植物园,培植吾国植物,其经费由双方募集之,嗣因北伐军兴,此议作罢。"②其时,正是胡先骕第二次留美学成回国之际。

1918 年,胡先骕往南京之后,在高等师范学校农科主任邹秉文的支持下,前往浙赣进行大规模植物标本采集,与人合编《高等植物学》教科书。1921 年,胡先骕与动物学家秉志一起,在学校创建国立大学中第一个生物系。未久,高等师范学校改组成立东南大学。1922 年,在中国科学社任鸿隽、杨杏佛等支持下,又与秉志一起创办中国科学社生物学研究所,此为中国第一个生物学研究机构。诸多事业兴起,开辟了中国生物学新纪元。1923 年秋,胡先骕为全面研究中国植物种类与区系,得江西省教育厅资助,再度赴美,入哈佛大学,攻读植

① 胡先骕:《忏庵诗稿》,自印本。
② 吴宗慈主编:《庐山续志稿》,1947 年。

图1-2　第二次留美之胡先骕

物分类学博士学位。哈佛大学乃世界著名学府,全世界的学者无不以入哈佛为荣。该校有"阿诺德树木园"(Arnold Arboretum),也享誉全球,园中栽植木本植物就达6 000余种。其中不少来自中国,大多为该园主任威尔逊(E. H. Wilson)博士先后四次前往中国采集而来。该园致力于中国植物研究,收藏中国植物标本甚为丰富,为当时研究中国植物权威机构。胡先骕在此跟随导师杰克(D. G. Jack),作《中国有花植物属志》之撰写。该园园林景致也甚为美丽,同样引起胡先骕注意。徜徉其中,感慨良多。《忏庵诗稿》有多首作于此时,其一题曰:《阿诺德森林院卉木之盛,为北美之冠,花事绵亘春夏,游屐极众,日徘徊香国中,欣玩无已,继以咏歌,亦示吾国所宜效法也》,此诗甚长,录其关于"吾国宜效法"之句:

> 佳人翠袖老空谷,鬼母胡姬偏擅场。用夷变夏古所戒,此亦国耻心徒伤。昔者君民位严绝,百里为阱多堤防。易代禁驰遣逻卒,灵台灵圃供徜徉。亟宜取以研树艺,搜罗珍怪穷遐方。分培广植遍宇内,庶令间苍饶众芳。侈言美育此其道,岂惟累累盈筐筐。吾徒借镜有先例,名园异国交相望。①

中国有丰富的植物种类,却不为人所知,任其幽闭在深山大谷之中;然而外国人士却懂得此中的科学价值和观赏价值。早自十八世纪末就不断有人来华采集,采集所得,携回自己所属或所雇之国家,供其学者研究,种苗则培植于庭园。胡先骕在异域他乡见到原产于故国的植物,不免产生某种民族的耻辱,遂有归国后创建植物园的宏愿。即有1926年与美国哈佛大学在东南大学合办植物园之议,只因北伐战起,此议未能实施。

_____

① 胡先骕:《忏庵诗稿》上卷,第27页,自印本。

1927 年，秉志、胡先骕所领导的中国科学社生物研究所发展迅速，但仍认为其研究范围，尚不能伸展到中国的北方，故请由中华文化教育基金董事会与尚志学会在旧都北平合组一生物调查所。由尚志学会出资 15 万元，作为调查所基金，交由基金会保管生息，用于购买有价证券，使之升值。为防社会动荡，确保调查所稳步发展。调查所常年经费，则由基金会拨付。该所之管理，由中基会和尚志学会共同组成委员会，负责审定预算、聘定所长，重要决策等。在该所筹备之时，中基会干事长范源廉不幸去世。范源廉(1874—1927 年)，字静生，湖南湘阴人，早年出身于湖南时务学堂，和蔡松坡、杨树达等人同学于梁启超。戊戌变法失败后，湖南旧派当权，遂往日本。在日本他做过宏文学院速成师范科和法政大学速成法政科的翻译。清末留日学生入这种速成科的前后不下几万人，所以他的声望影响力渐大。后学于东京高等师范，攻博物之学。回国后，组织国民促进会、尚志学会。民国肇始，蔡元培任教育总长，他任次长，未几蔡离去，他继任总长。后曾任北京师范大学校长两年。范源廉素爱自然，业余时暇则治博物之学，十几年不辍。1925 年美国政府退还庚子赔款余额，由中美两国民间知名人士组织成立中华文化教育基金董事会，范源廉出任干事长。此为纪念范源廉倡导生物之学，特将此所名之为"静生生物调查所"，其英文名称为："Fan Memorial Institute of Biology"。其所址在北平石驸马大街 83 号，为范源廉旧居，系范家以"范景星堂"义名捐赠于调查所。

静生所在筹办之时，胡先骕即北来谋划。成立之初，秉志兼任所长，并任动物部主任，每年来所工作两月；胡先骕任植物部主任，所长不在时代理所长之责。1931 年，秉志难以兼任而辞去所长之职，改由胡先骕继任。静生所成立之后，设立植物园即列为事业之一。1930 年 10 月 13 日，静生所委员会于欧美同学会召开第六次会议。胡先骕列席。在会上胡先骕报告了西山植物园计划："因林斐成君拟将其鹫峰林场地亩捐入本所作植物园，但以本所能筹三万元以添购地亩及建筑为条件。决议由所中派人合同林先生作测量以计算添山地之价值。"[1]并派陈封怀负责办理。后不知何故，此项计划未曾实施。数年之后，胡先骕应西部科学院卢作孚的邀请，前往四川北碚为该院创设植物园作指导，仍对西山植物园事念念不忘，不无感叹云"作者有意在北平创一植物园，数载于兹，尚无眉目。而在数千里外在作者指导之下植物园，在短期内即可实

① 《静生生物调查所委员会议记录》，中国第二历史档案馆，609(3)。

现,可见在适当领袖人物领导下,百事皆易于成就也。"①由之可见,创设植物园一直是萦绕于胡先骕的一件大事业。

四、选定庐山创设植物园

静生所创设植物园计划,因在北平未寻到恰当园址,而无进展。然而,因缘际会,在江西庐山却如意得到。三十年代初,义宁陈三立寓于庐山,有感山志之不修久矣。仍倡议重修《庐山志》,时南丰吴宗慈也寄居牯岭,欣然从命,担任其事。至于书之体例,陈三立主张:"应注重科学,以风会不同,文体亦异,应旧从其旧,新从其新。"②故于庐山动植物,仍请胡先骕主持撰写。胡先骕论诗宗江西诗派,陈三立乃江西诗派的祭酒,且又是乡邦先贤,早在胡先骕任教于南京高等师范学校时,陈三立也寓居其南京散原精舍。胡先骕常往拜谒,得其亲炙,交往甚密。1931 年 8 月,胡先骕重上庐山,率静生所同仁动物学家寿振黄、昆虫学家何琦等同行,对庐山动植物资源作科学考察。中国科学社《社友》之"社友消息"对此行有这样报道:"胡先骕君以江西乡耆有重修《庐山志》之举,其中植物志部分推胡君担任。现定于七月中旬启程赴赣,对于庐山植物为详尽之采集,以为编志之资料。约于八月底回平。"③胡先骕此次庐山考察采集植物,乃是联系庐山林场,寻求协助,亦促使林场采集标本。庐山林场与胡先骕有旧,此时隶属于江西省建设厅。1932 年该厅出版物记载:

> 森林标本之采制,分木材、腊叶、种子、病虫害四种。今年以来,业经采制千余号,现仍拟按时采集,随采随制,除陈列各区事务所,以备参观者之研究外,并拟将所制各种标本,送交北平生物馆鉴定学名后,再行汇订《庐山志》,或赠送各农业学校及各中学,以资研究。④

---

① 胡先骕:《中国科学发达与展望》,《胡先骕文存》下册,江西高教出版社,1995 年,第 260 页。
② 吴宗慈:《陈三立传》,《民国人物碑传集》,团结出版社,1995 年。
③ 《社友》,第十三期,1931 年 8 月 10 日。
④ 江西省建设厅:《江西建设三年计划》,1932 年,第 245 页。

所记不甚准确,但与胡先骕有关无疑。此次采集,林场派雷震跟随,胡先骕感知其为人为学均优,当 1934 年创办庐山森林植物园时,即将其吸纳入植物园工作。

胡先骕此次登临,对庐山植被类型、野生观赏花木、果树及药用植物等诸多方面都作了全面的科学考察。发现了许多植物特有分布,而于东南诸山广布的植物,在庐山却未被发现等现象。为《庐山志》物产部分撰写《庐山之植物社会》一卷。其云:

> 庐山孤峙浔阳,飞瀑悬崖,以深秀著称于世……其中卉木蓊郁,多琪花瑶草,春夏艳发,至为美观。
>
> 庐山植物与浙之天台、天目,皖之黄山所有者相若,然庐山之种类较少,乔木中如榧、紫杉、帝杉、铁杉、莱氏桧、柏树、亮叶桦木、华鹅耳枥、德拉卫维栗、享利稠树、恩氏山毛榉、和氏木兰,皆浙皖诸山所产而庐山所无者。庐山针叶树种类之特少,尤为可异,殆由于森林过度砍伐之故欤?然庐山亦有多种植物为浙皖诸山所无者,除本山物产之种类外,如鄂山楂、喜树、多叶诗人草,其著例也。①

图 1-3　执掌静生生物调查所之胡先骕

胡先骕自 1928 年北上主持静生生物调查所后,即把整个身心投入植物学的研究和中国植物学事业的发展上,而于诗学文论及诗词创作皆甚少。此次庐山故地重游,也未激起诗兴,仍是专心考察植物。共采得腊叶标本 300 余号,木材标本 11 段,皆带回北平②。此行还让胡先骕感到,在庐山宜建一个森林植物园,以实现多年的夙愿。

其时之庐山,自蒋介石驻山避暑起,国民政府的内政、外交大员,辐辏咸集,蔚为全国政治中心。牯岭一隅,乃有"暑都""夏都"之

---

① 胡先骕:《庐山之植物社会》,《庐山志》卷七,1933 年。
② 《静生生物调查所第四次年报》。

称。优越的政治地位，再加上便利的交通和宜人的气候，使得学界名流亦多云集于此，自然形成了良好的文化氛围，得风气之先。胡先骕选择庐山创办植物园，主要是基于庐山的文化环境。这是合乎科学社会学的原理。而庐山的地理环境、自然条件、植物种类，还属其次。在八十年代以后，有学者认为，当初中国的科学家们选择庐山含鄱口这块荒山野地，在极为艰苦条件下兴建植物园，乃是中国的科学家热爱祖国，为发展祖国的科学事业，不计个人生活条件。其实，这也是后人根据当时庐山所处的地位而作出的推测，并非历史的真实。之所以如此推测，因庐山在鼎革之后，尤其在廿世纪后二十年，发生了变化，由中心地位降落为游赏之域，遂有被人遗忘为"角落"之感，推测者只是无视这种社会变迁所致。还有学者认为，庐山本就是一座天然的植物园，是胡先骕选择建造植物园主要依据。天然植物园系指野生植物种类异常丰富，庐山恰恰是因为种类少而使胡先骕感到惊异，持此说者盖不知庐山植物分布情况，不足为据。至于庐山，只能说其气候、土壤条件有利于植物的引种驯化。选择某地创办公益事业植物园，决策者考虑社会条件远多于自然条件。胡先骕选中庐山，除对时势准确捕捉外，其次才是他对庐山的热爱和贡献于桑梓的衷情。再说，在庐山创办植物园这项新兴事业，易得政府支持；胡先骕本人也易得到社会关注，获得应有之声誉。

植物园是一项公益性社会事业，其创办与建设必须得到政府的支持，否则无疑是纸上谈兵，难以实现。胡先骕选择在庐山创办植物园，是因为其时他已是一位公共知识分子，开始与国民政府要员交往，对国家的建设、教育、科学等领域都提出自己的意见。他的意见产生了影响，尤其获得江西省主席熊式辉的倚重。熊式辉（1893—1974年），字天翼，别号雪松主人，江西安义人。清宣统时，熊式辉就读于南京陆军中学、保定陆军军官学校。民国十年（1921年），熊式辉入日本陆军大学。返国后，历任师长、军长、淞沪卫戍司令。1931年至1942年，熊式辉主持江西省政十余年，人称其"戎马生涯而有儒将风雅"。① 抗战胜利后任东北行辕主任，晚乃潦倒香港，1954年往台湾定居台中。

由于受家庭教育和师长们的影响，胡先骕思想本极为保守，在五四新文化运动之后，仍是坚守中国传统的价值观念，抱着以科学服务于社会的人生观，对现实的政治并不感兴趣。在东南大学时期，与吴宓、梅光迪组织《学衡》杂志

---

① 胡迎建：《近代江西诗话》，百花洲文艺出版社，1994年，第258页。

社,与胡适大开笔战,也只是他看见胡适等人与他在京师大学堂的老师林琴南发生论争,欺负林琴南不懂英文,而出来为老师鸣不平。但自从他第二次留学美国,随导师杰克教授,不仅治植物分类学,也受其西方公共知识分子品德的影响,对社会政治、经济、文化、教育等问题发生兴趣。由于杰克出身于工人家庭,其思想趋于左派。美国有一著名的《民族》周刊,因刊登关于公众事务的纪实文章而享有盛名,经导师推荐,胡先骕也开始阅读这份周刊,回国之时,杰克还寄送一年的该刊给胡先骕。《民族》所发表的文章既有关于国际外交事务和美国社会政治问题的时论,也有关于文学艺术的评论,这些文章既具学术性,又文采四溢,对于胡先骕这样富有经验和修养的读者,自然有吸引力。对于国际事务的了解,自然对中国的事务更加关切。

回国之后,国民政府实施一些新的政策,使社会生发新的气象。胡先骕逐渐认可国民党的统治。当有知识分子入选内阁从政,任政府要职,这对胡先骕来说,是令人振奋的消息,以为国家经知识分子治理,将走上正轨。就在 1931年这一年,熊式辉主持江西省政,约请萧纯锦回江西任职。萧纯锦(1893—1968),字叔絅,江西泰和人。留美习经济专业,曾任东南大学经济系主任,《学衡》社员,与胡先骕交往深厚,他们为京师大学堂同学,萧纯锦入东南大学,还是胡先骕推荐。当萧纯锦受熊式辉邀请时,特来与胡先骕相商。胡先骕纵恿他回江西,并写了一长函与熊式辉,对江西省政变革,作出一些建议。这是胡先骕与政府要员接触之始。其后,萧纯锦出任江西省财政厅长。胡先骕的学识也为熊式辉所赏识。胡先骕接近熊式辉,并不是谋求个人在仕途上有所升迁。他有自己的职业,只是想借重熊式辉关顾,使自己的事业得到发展。由于胡先骕无私心杂念,故敢于对熊式辉提出批评,并以自己的学识提出建议;而熊式辉亦有接受的雅量,故而相交渐深。在熊式辉执政十年里,不仅支持胡先骕植物园理想之实现,还推荐胡先骕出任中正大学首任校长,可见不是泛泛之交。在胡先骕与其他国民政府高官的交往中,如蒋介石、陈果夫、陈立夫、朱家骅等,均采取同样的策略,故其静生所事业在抗战之前能够不断光大。

五、筹设经过

1931 年爆发震惊中外的"九一八"事变,日本发动侵华战争,在沈阳挑起事端,随即占领中国东北。东北沦陷之后,华北也危在旦夕,北平许多文化教育

图1-4　熊式辉

机构都在做撤往南方的准备,静生所在庐山设立植物园也有此层打算,胡先骕屡言"狡兔三窟"。1933 年 1 月 17 日,胡先骕所长在静生所委员会第十一次会议上,提出议案:"华北情势终难乐观,拟先在庐山筹建分所,以作将来迁徙基础。"[1]有委员认为迁所尚未至其时,故未将提案提请议决。此为胡先骕在正式场合之下,首次提出在庐山建设植物园之议,虽未议定,但丝毫没有影响其决心。胡先骕之所以在这次会议上,提出此项建议,是因为此前不久接到江西省政府主席熊式辉邀请,回江西参与讨论江西省的建设。或者其已预感到,在庐山创办植物园,可以得到江西方面的支持。

故在此次会议上,胡先骕还告假一月,以应熊式辉之邀回江西。

　　胡先骕此次回乡之行,认为江西省要复兴农村,实有组织大规模和改良农业机关之必要,只有借此才能宣传和组织现代农业生产,故提倡江西省政府设立集农业行政管理、农业教育、农业研究于一体之农业院。江西省政府听取了胡先骕的建议,"虽在兵燹凋敝之余,尚不惜巨金以设立农业院,以为农业研究与推广之机关"。[2] 1933 年 3 月 14 日,农业院正式成立。胡先骕还向熊式辉推荐时任北京农业大学教授,农业经济学家董时进来江西任职,得聘为院长。而胡先骕本人,及著名农学家邹秉文、萧纯锦等则兼任该院理事,以辅助业务之实行。农业院是综合主持全省农业研究、农业推广、农业教育的机关,直隶于省政府。在当时国内各省中,此类机关尚少,也见熊式辉主持省政之业绩。该院先设于南昌南关口,后迁至莲塘,建有办公及研究大楼一幢。院长董时进(1900—1984 年),字可升,号退思,四川垫江人。1916 年入北京农业专门学校,毕业后选入清华大学留学预科班,1920 年去美国,入康奈尔大学农学院攻

---

① 《静生生物调查所委员会议记录》,中国第二历史档案馆,609(3)。
② 胡先骕:《中国科学发达与展望》,《胡先骕文存》下册,江西高教出版社,1995 年,第 260 页。

读农业经济学,获博士学位,旋赴欧洲研究
考察一年,1925 年归国任教于北京大学农学
院。该校改为北京农业大学后曾任校长。
董时进为我国现代农业经济学的奠基人,在
其尚未归国时,就在《科学》杂志上发表《科
学的农业与中国之改造》一文阐述欲改造中
国必先改造中国农业,改造的方法即引进农
业科学。董时进来江西省,前后四载,为江
西农林建设作出了开创性贡献。1938 年抗
日期中,南昌震撼,董时进辞职返四川,任四
川大学农学院院长,同时创办"现代农民
社"。抗日胜利后,组建"中国农民党"政治
上主张走第三条道路,撰写政论,批评时事。
四九易帜后,对国家实行的土地改革政策提
出异议,上书毛泽东,受到批评,遂于 1951

图 1－5　董时进

年秋经香港而移居美国,1984 年病逝于旧金山。1952 年胡先骕在思想改造运
动中,是这样检讨其向熊式辉推荐董时进,其云:

> 我替熊式辉筹划设立江西省农业院,几经波折,农业院算是成立了。
> 熊式辉本来要我担任院长,我因鉴于地方情形的复杂,又不肯丢掉静生所
> 的事业,我便介绍董时进去做院长,我只做了一个理事。这是我想做王者
> 师的手段,我替统治者划策,却不肯负正式的责任,既参加了政治,又保全
> 了我的清高,以科学上的成就,做政治上的本钱,以政治上的关系来便利
> 我的科学事业的发展,这便是我特殊的向上爬的手段。[1]

胡先骕对待政治所采取的策略,今天看来本无可厚非,理应极力赞同,这才
是真正意义上的知识分子。他有自己的学术,以学术为安身立命之本;对政治的
兴趣,不是为了一己的荣耀,而是关乎民生福祉、民族兴亡。如此谋划切实可行,
胡先骕之科学事业因之获得政府支持,选择江西庐山创办植物园才有可能。

---

① 胡先骕:《对于我的旧思想的检讨》,中国科学院植物研究所档案。

1933年12月1日,江西农业院开始筹建,召开农业院理事会第一次会议,胡先骕被推为理事,来南昌出席。胡先骕报告农业院之职能为:统一机关,集中研究,注重推广。经讨论获得通过。并推荐董时进为院长,也获赞同。在会上,胡先骕还力陈由静生生物调查所与江西省农业院合办庐山森林植物园,得到与会理事们的赞同。胡先骕带此消息回北平后,在12月22日静生所委员会第十二次会议上,汇报了在江西的情况,再次提出筹设庐山森林植物园议案,及筹设之方式和预算,原则上得到通过。会议记录载有:

> 胡所长提出筹设庐山森林植物园计划及预算,议决原则上作通过,请胡君即函江西省府,请求捐地亩与开办费,并担任常年经费之半数,俟江西省府正式复文到所,再提请中基会审核办理。①

随即胡先骕拟具《静生生物调查所设立庐山森林植物园计划书》,并寄往江西。其文如下:

> 中国天产号称最富,而植物种类之多,尤甲于各国。盖因气候温和,雨量充足,除北部诸省外,皆多名山,其森林带较之同一纬度之美国东部,高至二倍,故中国虽无彼邦著名伟大乔木,如梼檀之类,然蜀滇诸省之针叶林亦至雄伟;美国林木不过五百余种,中国则有一千五百余种之多。第因昔日政府人民不知保护与培养,遂使交通便利各省之原始森林砍伐殆尽,市场呈材荒之象,外国木材乘机输入,遂为巨大漏卮。又以内地森林未经详细调查,致树木之种类不辨、材性不明,可用之材不能利用,货弃于地,殊为可惜。而各地林场年靡巨款,盲目造品质低劣之森林,实国民经济中最不经济之举也。
>
> 江西素以出产木材著称,然以民间砍伐之无度,造林之不讲,遂令全省木材产量日减,而全省大部分皆呈童赤之象。如百余年前西人在赣北旅行游记中,曾述及鄱湖两岸,尽生金叶松林,至今则金叶松仅庐山北岭有数株,即一事例;他如有价值之巨材,若宜昌楠木、珍叶栗、大叶锥栗等在浙江、湖北诸省均甚普遍,而赣北仅在庐山略有残余;即以杉木论,亦以

---

① 《静生生物调查所委员会议记录》,中国第二历史档案馆,609(3)。

轮伐之期过促,至无巨材,直接影响林业经济甚大。故欲树立江西林业政策,必须从调查本省所产林木种类,研究其材性与造林之性质入手,则森林植物园之组织实为当务之急。

又中国名葩异卉,久为世人所艳称。西人年靡巨款,至中国搜采种子苗木,然尚供不应求,如四川产之珙桐、苗高二尺者,在伦敦每株价可贵至英金一磅。西人每谓若在扬子江下游,择一适当地点,以繁殖改良中国产之卉木、蔬菜种子,必可垄断世界市场。而当中国内政益趋修明之时,国内行道树、风景树、花卉灌木之需亦日广,苟不自起经营,必至又添一笔巨大漏卮。苟森林植物园成立于此,亦可兼营。

在目下江西农村复兴运动发轫贵院成立之初,宜及时着手以树百年大计,为发达林学与花卉园艺计,森林植物园之设立实不可缓。敝所自成立以来,即以全力调查全国树木,采集植物标本,远及东北与西南各省,研究成绩颇为欧美先进诸邦学术界所称道,久有创办森林植物园之拟议,第以经费拮据,迄未积极进行。

庐山地处长江下游,气候温和,土质肥沃,为东南名胜,交通亦称便利、于此创办森林植物园,洵为适当。斯园成立必能解决江西林业问题,兼可辅助江西花卉园艺新事业之成立。①

从这份历史文献可知当时中国及江西的林业、园艺落后的状况及创设庐山森林植物园的目的和意义,故全录于此。该《计划书》于3月间,获得江西省农业院理事会议决通过。继而胡先骕又拟具《静生生物调查所设立庐山森林植物园计划书》《江西省农业院静生生物调查所合组庐山森林植物园办法》《庐山森林植物园委员会组织大纲》《庐山森林植物园预算》等重要文件,并寄往江西,等待农业院理事会议决核准。

《合组办法》和《委员会组织大纲》也其为重要,一并录下:

江西省农业院、静生生物调查所合组庐山森林植物园办法

第一条.江西省农业院为促进江西森林之调查与木材利用以及花卉园艺之研究起见,特与静生生物调查所合组庐山森林植物园。

---

① 胡先骕:《静生生物调查所设立庐山植物园计划书》,江西省档案馆,61(1055)。

第二条.植物园一切进行之事宜由农业院与静生所合组之庐山森林植物园委员会主持之。

第三条.委员会设委员七人,除农业院院长、静生所所长与庐山森林植物园主任为当然委员外,其余四人之聘任方法按照委员会组织大纲所规定者办理。

第四条.委员会委员任期及职务另定之。

第五条.植物园主任由委员会征得农业院和调查所之同意后聘任之。

第六条.由农业院呈请江西省政府在庐山拨给相当地亩与公产,充设立森林植物园之用,其地点与亩数由农业院同静生所勘定之。

第七条.植物园开办费由农业院担负,但以农业院与静生所双方核定之预算为限。

第八条.植物园经常费由农业院与静生所各担负一半,按季拨交植物园支用,但以双方核准之预算为限。

第九条.调查所完全负森林植物园学术上的指导之责。

第十条.本办法经农业院理事会及调查所委员会之核定即为有效。①

庐山森林植物园委员会组织大纲

第一条.本委员会依据《江西省农业院、静生生物调查所合组庐山森林植物园办法》第二条及第三条之规定组织之。

第二条.本委员会属名誉职,除当然委员外,其任期各为二年,第一次由农业院理事会与静生所委员会各推举二人,并分别指定一、二年者各一人,嗣后委员出缺即由农业院与调查所自行推补。

第三条.本委员会之职权如左:

一、审议植物园办理方针及进行计划。

二、决定植物园主任之任免,但须先得农业院及调查所之同意。

三、审议植物园之预算、决算。

四、保管园产。

五、筹集经费。

六、审定植物园章程。

---

① 《江西省农业院、静生生物调查所合组庐山森林植物园办法》,江西省档案馆,61(1055)。

七、审核植物园主任推荐之职员。

八、审查及提议其他关于植物园之重要事项。

第四条．本委员会设委员长一人，代表本会处理一切事物；书记一人，掌理本会一切文件；会计一人，掌理植物园经费之收支存放。上项各职员皆由委员互选，任期一年。

第五条．本委员会开会时以委员四人之出席为法定人数。

第六条．本委员会每年开会一次，由植物园主任报告园务经过。临时会议无定期由委员长召集之。

第七条．本委员会每年应将会务经过报告于农业院与静生所。

第八条．本简章经本委员会通过后由农业院及静生所核定施行。

第九条．本简章经本委员会二人以上之提议，得到委员会过半数之决议，并经农业院与静生所核定得修改之。①

从这几份当时的文件，不仅可以获知合办植物园之组织形式及具体方法，还可见前贤行事之周密与认真。农业院院长董时进接到这三份文件后，即付之于1934年3月院理事会第二次常务会议议决，合组庐山森林植物园的管理办法，所担经常费半数6000元的预算等都获准通过，自3月起支。

1934年3月22日，在中基会第八十三次执行、财政委员会联席会议上，干事长任鸿隽提出，并经讨论通过静生生物调查所与江西省政府合作，在庐山设立森林植物园议案。合作基本方式是，江西省政府拨付地亩及开办费，每年经费1.2万元，由两家平均负担，先行试办三年。

胡先骕以其在学界的地位和出色的行政才能说服了静生所委员会诸委员，使得在庐山创建森林植物园成为大家的共识。但开办费2万元预算未获农业院理事会通过。4月1日，董时进致函胡先骕通报了农业院理事会常务会议情况。在北平的胡先骕获知开办费未能落实，十分焦急，即于4月6日复函董时进，言明此议案对于植物园实施创办至为重要。函文如次：

时进吾兄惠鉴：

四月一日手书敬悉，经常费照案通过甚慰，由三月起开支，亦可照办。

①《庐山森林植物园委员会组织大纲》，江西省档案馆，61(1055)。

惟开办费未通过，此层大费周折。盖在基金会方面认为与原议不符，则此整个案能否通过，尚未可必。且原议案正式通过将在七月，此时弟正拟向基金会请求由执行委员会另请拨款三千元，作为此半年之经常费，即以此款先行开办。

若开办费问题不解决，则此次目的亦不能达，而森林植物园将等于画饼充饥，甚或永远不能实现，不但有辜雅意，而弟亦一场空欢喜也。弟前函云可用经常费暂时开办，而开办费则必须通过者也。此尚望与诸常务理事恳商，务乞通过开办费。即使二十万元领到，尽可尽农业院先用，若嫌二万之数过巨，一万五千元亦得。通过后务乞来一正式公函，以便与基金会接洽一切，至恳。如植物园事因此挫折而不克成立，弟真无面目见人，将来农业院事，弟亦只有敬谢不敏，不再关问矣。秦子农先生随时可南下，伫待福音，即行起程。

专此，敬颂

近安

弟　先骕　拜　六日①

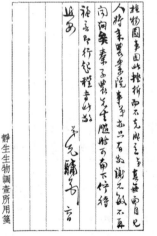

图 1-6　胡先骕致董时进函

4月18日，胡先骕再次致函董时进，云："关于拨产抵补森林植物园开办费

① 《胡先骕致董时进函》，1934年4月6日，江西省档案馆，全宗号61，案卷号1055。

一层,以任叔永兄月底回平,届时方开执委会。惟私与数位(中基会)执行委员接洽,咸认为此种办法未为尽善,可否仍请与常务理事诸公讨论,设法将开办费照案通过,一面俟叔永兄回平后,执行委员会方面再筹善法,以免一切功败垂成。"①经胡先骕反复恳请与交涉,农业院方面仍然坚持以拨产抵补开办费的意见,最终2万元开办费还是未获农业院通过,对此胡先骕也无可如何,只是加重植物园开办之难度。

其时,江西省农业院成立未久,其经费预算每年虽有20万元之谱,然事关全省农业建设,对植物园不能有更多拨付。常年经费从3月起支,即是从商议创办植物园之时开始计算,以属尽力。对创办植物园所需地亩一事,江西省农业院理事会第三次常务会议决定:指拨庐山含鄱口省立农业学校林场地址及房屋作为庐山森林植物园开办的园址和设备。1934年5月中旬,胡先骕即派愿承担建园之责的秦仁昌南下,先赴南昌,旋经九江而登庐山,了解学校林场所在地含鄱口三逸乡及周边情况,勘察地形,以确定是否宜于建造森林植物园。

农业院承担之开办费未获通过,当静生所获知农业院所划拨兴建植物园之土地,其地表上之房屋等资产,价值已达几万元后,胡先骕亦为之谅解,与中基会曾作这样解释:"昔日有房屋五幢,今惟最大一幢略加修葺,可供办公之用。据闻在昔日归私人经营时,所费不下三万余金,以此代替指拨现款开办,实超过预算所列之开办费之所能经营。"②

今从此事办理梗概,可以看出植物园的创办是多方共同努力的结果,而不是胡先骕一人就可断言。然而,从另一面,也可见胡先骕在当时学界、政界中的影响和其人格的力量。庐山森林植物园的创建和创建后不几年所取得骄人的成绩,皆与胡先骕的学术威望和行事才能有关。

---

① 《胡先骕致董时进函》,1934年4月18日,江西省档案馆,全宗号61,案卷号1055。
② 《静生所致中基会》,1934年6月12日,中国第二历史档案馆藏静生所档案,全宗卷609,案卷号21。

第二章
DIERZHANG

秦仁昌与庐山森林植物园之初创
（1934－1938）

在静生生物调查所与江西省农业院就合组庐山森林植物园进行磋商之时,胡先骕也与其静生所同人,植物标本室主任秦仁昌商定,请其南下主持。秦仁昌对建设植物园,素有兴趣,欣然接受。

一、秦仁昌其人

秦仁昌(1898—1986年),字子农,江苏武进人。出身于农民之家,自幼却受到良好的教育。1914年入江苏省第一甲种农业学校,师从中国林学前辈陈嵘和植物学开创者之一钱崇澍,遂对植物学发生兴趣。1919年入金陵大学,又得到中国植物学另一开创者陈焕镛的指导。由于家境贫寒,在未毕业之前一年,受陈焕镛提携,介绍到东南大学任其助教;在东南大学又与胡先骕交往甚密。1925年,秦仁昌感到蕨类植物研究,在中国尚属空白,遂有决心在此领域肆力。

1929年中央研究院自然历史博物馆成立,秦仁昌任植物部技师。1930年春为深入研究蕨类植物,秦仁昌获中华教育文化基金会资助,前往丹麦访问研究。6月,自上海乘船到达法国,经德国而丹麦,入哥本哈根之京城大学,投克瑞斯登(Carl Christensen)门下。克氏系当时世界蕨类植物学权威,据说人极谦逊热情,和蔼可亲。事实上一见面就给秦仁昌以良好的印象:"他是一个大约65岁精神和健康都很好的和蔼老人,如他所说,很久以前就希望我到哥本哈根来。""我告诉他,我欧洲之行的计划,是在我专著的基础上,对所有中国蕨类植物,以模式标本对照林奈、虎克和贝克等人所作的描述,重新进行描述,并根据模式标本绘图,因为林奈等的描述在区别一个种和其他种时已不再有用。他认为应该是这样。我说没有完成《中国蕨类植物志》,我就不能回国。他笑着回答说:好! 并答应尽他所能帮助我。"①这是秦仁昌当时书信的摘录。在丹麦,他很快就投入到研究中,令人尊敬的克瑞斯登每天指导秦仁昌工作一小时,一起讨论出现的问题。深入研究之后,不断修正前人的工作之误,果然如秦仁昌所预料的那样,将给蕨类植物学带来一场革命。他们相商后共同认为,过去的分类系统都过于人为,不属于自然分类系统。这一点,对秦仁昌日后的研究工作非常重要,即有创建新系统之志向,克氏教导让他获益匪浅。随后秦仁昌访问欧洲其它研究机构时,也都是围绕这一方向而搜集资料。尤其是在英国丘皇家植物园,不仅获得秦仁昌所需要的蕨类植物资料,还拍摄了 1.6 万张中国植物模式标本照片。后又在欧洲其他国家的标本馆拍摄 2 千余张。这些照片极为重要,为国人研究国产植物不可或缺的材料。

图 2-1　秦仁昌(摄于五十年代初)

关于蕨类植物,在中国典籍《诗经》中,已有"采蕨采薇"的故事,此后历代本草,都有记载。而以现代科学方法对蕨类植物进行研究,则自秦仁昌始。秦仁昌不仅对中国的所产之蕨类进行了全面整理,更重要的是对整个蕨类的分类系统进行了修订,创建新的分类系统,为今日各国分类学家所沿用,具有广泛的国际影响。

秦仁昌在欧洲留学和考察期间,还曾访问过不少国家的植物园或皇家园林,见到许多原产于中国的植物被广为栽培,并以此为荣,甚至有"无中国花,不成花园"之说。1939 年秦仁昌在云南丽江撰写关于英国采集家乔治福莱斯(George Forrest)生平文章时,曾言及其在国外所见中国云南高山花卉为西人所宠爱,及其当时感想,借此可知其办理植物园事业之原由。其文云:

忆十年前,笔者在英国时,不时参观其皇家园艺学会所主办之花卉园

---

① 《秦仁昌致胡先骕函》,1930 年 6 月 6 日,中国科学院植物研究所档案。此函原为英文,中文系邢公侠先生译。

艺展览会,及其每年春季所举行之万国园艺展览会。会场陈列滇西花卉苗木,随处可见,往往一本之价,动辄十数先令,而好之者犹争相求购,毫无吝色。每经专家评判结果,辄获重奖,报纸杂志,大为宣传,足见滇西植物在国际园艺上所居地位之隆与动人之深矣。西谚有云:"无中国花,不成花园",岂偶然哉。而回顾我国通都大邑,公私庭园所栽培者,几乎全系舶来之品,为欧美各国数百年来习见之花卉。一入国境,好之者趋之若鹜,誉为名花。舍己耘人,莫此为甚矣。最足怪者,三十年来国内各地公私林场苗圃所争相培育者,非黄金树与洋槐,即桉树,视为重要造林树种,虽僻居边区各地如云南西北各县之建设局苗圃,亦复如此,道旁公园所栽植者几乎无非此三数种劣等舶来树种,而各地固有之优良种类如铁杉、云杉、冷杉、落叶松、果松、黄杉(即美国产花旗松之一种)等等,虽近在咫尺,不知利用,或竟有不识为何物者,良可叹矣。[1]

相比之下,秦仁昌在欧洲所感与胡先骕在美国所感有类似之处,在植物资源极其丰富的祖国,其资源却不为国人所知,即是一个像样的植物园也没有。研究祖国的植物,还要跑到外国来。故有归国之后,决心创办一个正规的植物园。由此也可知悉在庐山植物园创办之后,该园以高山花卉和松柏类植物为主要收集对象之根源。1932年秋,秦仁昌回国任静生所技师[2],兼植物标本室主任。当静生所决定与江西农业院合办植物园于庐山时,秦仁昌愿承担建园之责。其时,秦仁昌在蕨类植物研究领域已取得卓越之成就。

二、选定园址

当江西省农业院理事会第三次常务会议决定指拨位于庐山含鄱口省立农业学校林场地址及房屋作为庐山森林植物园开办之园址和设备后,1934年5月中旬,胡先骕即派秦仁昌南下,了解学校林场所在地含鄱口、三逸乡及周边情况,实地勘察,以确定是否适宜建造森林植物园。考察结果,令秦仁昌非常

---

[1] 秦仁昌:《乔治·福莱斯(George Forrest)氏与云南西部植物之富源》,《西南边疆》第九期,1940年4月。

[2] 静生所技师职称如同现在之研究员,其研究员如同今日之助理研究员。

满意,回北平向胡先骕汇报其南行经过。胡先骕后云:"该林场地址及房屋曾经敝所技师秦仁昌前往踏勘,据云该地最适宜于植物园之用,面积约一万亩,多杂木,其谷底平地与缓斜地,可供苗圃用者约二千五百亩,土质肥沃,在庐山首屈一指。植有日本扁柏、枞树、落叶松、厚朴等数千株,均以蔚然可观。昔日有房屋五幢,今惟最大一幢略加修葺,可供办公之用。"①

含鄱口位于庐山东南部,《庐山志》有这样记载:"为栖贤谷最北之山巅,在含鄱岭东南,乃天池之南道,口向鄱湖而峻,势若可吞鄱湖,故云。"②在此可欣赏"湖光山色",为庐山著名景区。其地距牯岭八里,去九江五十余里。三逸乡位于含鄱岭与月轮峰之间的山谷中。南曰含鄱岭,东西横卧如屋脊,海拔 1 286 公尺;北曰月轮峰,宛如半轮月明,左右环抱,怒拨高耸,海拔 1 326 公尺;谷内三逸乡绿树成荫,溪壑交错,流泉潺湲,终岁不绝,海拔 1 154 公尺。这里地形多样,土壤肥厚,水源充沛,环境优良。如此自然条件,不仅可供栽培陈列不同的植物;同时利用自然地形,还可供营造优美的风景园林。

图 2-2 张伯烈

三逸乡在历史上,曾建有多处庙宇,今尚有多处荒冢,只是碑文泯灭,不悉何代之物,而历代《庐山志》也为失记,几无可考。民国三年(1914 年)张伯烈有创立新村计划,在此建造别墅、植树造林,并名之为"三逸乡",予之镌石,至今保存完好。并于山林地界处立有"亚农森林界"石碑以作标记。张伯烈(1872—1934 年),字亚农,湖北随州人。1912年 1 月任南京临时政府参议员,4 月任北京政府参议员。1922 年第二次恢复国会时,复任众议院议员、副议长。张亚农自 1914 年在月轮峰南麓建造别墅曰亚农山庄,此后再此栽植林木约十余载,至 1926 年已初具规模。"多数蔚然成林,惜其后管理不严,斧斤时

---

① 《静生所致中基会》,1934 年 6 月 12 日,中国第二历史档案馆藏静生所档案,全宗卷 609,案卷号 21。

② 吴宗慈:《庐山志》(重印本))上册,江西人民出版社,1996 年,第 288 页。

加。”至森林植物园开办时，“张氏当时所植主要树木有杉木、柳杉、日本枞、日本落叶松、扁柏、日本厚朴、马尾松、赤松。”①只是所余无几。今天庐山植物园内尚有一些高大树木，即植于其时。《邵元冲日记》之1926年10月6日记其游庐山时，曾来此地。云：“至含鄱岭登亚农森林游息处，远对五老峰、犁头尖、南康大道，皆绝胜。园为湖北张伯烈所建，闻购地此间颇广云。”②1927年4月胡适游庐山时，途经含鄱口时，也知道“此有张伯烈建的屋。”③不久，北伐告成，北洋政府瓦解，张氏私产被国民政府没收，三逸乡林场及其别墅也收归国有。1928年复由江西省政府议决，连同七里冲、青莲谷之国有土地和山林，拨归星子林业学校，名为演习林场。旋该校迁移牯岭。1933年江西省农业院成立，该校与沙河农林学校合并，改称江西省立农林学校，隶属于农业院。三逸乡演习林场也就改称江西省立农林学校实习林场。④

图2-3　三逸乡石刻

关于“三逸乡”一名之起源，有人认为是张伯烈时期，连同其一共有三人在此购地建房隐居而得名。1933年出版之《增订庐山指南》云：“由牯岭启行，过芦林里许，见警察派出所，所前立柴门一，横书‘江西省立林业学校演习林场’。入柴门，东行半里，路旁见有石刻‘三逸乡’三字，再行，见罗蔚文、张亚农二氏别墅。民国二年，张氏入山，约罗、朱二氏结庐是间，自题曰三逸乡，又曰亚农森林游息所。民国十三年，张氏复建立含鄱等五亭。诸亭巍立山巅，连绵里

① 《庐山森林植物园第一次年报》，1934年。

② 《邵元冲日记》，上海人民出版社，1990年，第261页。

③ 胡适：《庐山游记》，《胡适文集》第四卷，北京大学出版社，1988年，第149页。

④ 《庐山森林植物园募集基金计划书》，中国第二历史档案馆，609(36)。

许,俯视鄱湖,其眺望之佳,无出其右者。"①但在庐山植物园的文献档案中,仅言及张伯烈,尤其是地界石碑上也只有张伯烈一人。盖此后罗、朱两人离去,仅留张伯烈一人在此经营。

胡先骕获知秦仁昌勘查之结果,亦对三逸乡的地理位置、自然条件皆满意。惟可用之房屋仅亚农山庄一幢,虽大小房间 13 间及地下室,稍加修葺,即可供办公之用,然于计划中的工作几难开展,甚为担忧,即据秦仁昌探得周边情况致函农业院寻求另行解决,函曰:

> 敝所为充实森林植物园科学价值及便于园中植物学研究,曾预定将敝所历年在河北、山西、吉林、江苏、安徽、浙江、四川、云南、贵州、广东、广西各省所采集植物腊叶标本,计五万号中之副号全份,并中外木材标本三千余号之副号庋藏园中,日后并源源增添。此项标本则除办公房屋外,非另有宽大图书、仪器、标本室庋藏,不足以资安全而便于利用。现探得距农校三里许,芦林游泳池侧三十四号前俄国新写字房一幢,可供此用,该房屋现虽名为庐山管理局之芦林分局,然迄今尚未应用,仅有门者看守,相应函请贵理事核准,呈请省政府指拨该项房屋于森林植物园,为图书、标本、仪器室,以利进行。②

此幢房屋,后经农业院呈请江西省政府,江西省政府又与庐山管理局交涉,庐山管理局局长蒋志澄作如下答复:

> 遵查芦林一带地势低平,林木郁茂,水源流长,景物优美,且地近山南,与海会寺、鄱阳湖、星子县较近,可称庐山之中心,风景地势,卓越全庐。现在已有公共游泳池及网球场之设备,规模粗具,足供开发。属局历来派有办事人员及警察常驻该处三十四号公有房屋兼顾管理。上年周前局长到任,查得三十四号为属局在芦林仅有之办公房屋,兼住警察,屋小不能容,又易损坏,因另租房屋分驻警察,而以该屋专为办公等。因近年来寄住芦林之客,租房亦逐渐增加,而又为往海会一带之要道,将来汽车

---

① 陈云章、陈夏常编纂:《增订庐山指南》,商务印书馆,1933 年,第 26 页。
② 《胡先骕致江西省农业院》,1934 年 5 月 20 日,江西省档案馆,J061-2-1055。

路又拟在芦林上山,人事繁忙,都在意中。该区有办公场所之必要,况现在局址系属暂租,地点又不适宜,唯一公产之芦林三十四号,实属未便拨借,奉令前因理会,启叙缘由,备文呈复,鉴核指遵。[①]

　　庐山管理局所述三十四号房屋使用面积与秦仁昌所探得有甚大出入,或者庐山管理局为应付省政府而作此叙。其时,庐山管理局长由中央政府选任,可以无视省政府,此事也就作罢。其时,庐山中心在牯岭,芦林尚属偏僻,本书将此函摘录出来,也是藉之理解植物园建立之初,其周边之环境。

　　1934年6月5日,静生所委员会在北平举行十三次会议,听取了胡先骕所长关于筹建庐山森林植物园进展情况的汇报,并通过了静生所每年担负6 000元经费的预算。诸事办理大概,胡先骕又要求农业院令农校林场将所属地亩面积和房屋数目告知,并绘制图样,函送告知。林场面积号称有九千余亩,是否全部用于开办植物园,农业院尚有迟疑,故在函送图样时,农业院言:"惟查该场总面积共九千余亩,现合组之植物园需地若干,何处为宜,拟俟尊处派人员到赣,再行共商划分办法。"胡先骕立即复函云:"查植物园所用地亩,必须将林场全部应用,九千余亩殊非过广。前经植物园主任秦仁昌先生将此项详情与贵院长面洽,即系将林场地亩全部接收,以便开办。"[②]此亦见出胡先骕气量之大,以其时建设植物园人力和财力,其规模所需土地远远无需如此之广,农业院对此也未有太多异议,还是全数移交于植物园。其后丈量仅有4 419亩,还是划出甚多。经历年开辟使用面积也仅千余亩,其他山林作为天然保护区。

三、秦仁昌任植物园首任主任

　　1934年6月15日,胡先骕据《合组庐山森林植物园办法》第三条和《庐山森林植物园委员会组织大纲》第二条之规定,向江西省农业院函告:"敝所委员会推定范锐旭东、金绍基叔初二先生为庐山森林植物园委员。"范锐(1884—1945年),字旭东,实业家,范静生之胞弟。1914年在天津塘沽开办久大盐业

---

① 《庐山管理局复江西省政府》,江西省档案馆,61(0399)。
② 《胡先骕复函农业院》,1934年6月27日,江西省档案馆藏江西省农业院档案,全宗号61,案卷号1055。

图 2-4　范旭东

公司,创办永利制碱公司。其于静生所及庐山森林植物园多有资助。随后胡先骕又函告:"暂拟聘请敝所技师秦仁昌为庐山森林植物园主任,雷震为技士,俟将来委员会正式委任。"[1]江西省农业院也在理事会第五次常务会议上,推定理事程时煃柏庐、理事龚学遂伯循担任庐山森林植物园委员会委员[2]。

合组庐山森林植物园之双方,仿照静生所委员会,由合组双方共同组织委员会,为植物园最高决策机构。该委员会成员据《组织大纲》,静生所所长、农业院院长、植物园主任为当然委员,另由静生所、农业院各推举二人,共七人组成之。第一届委员会成员是胡先骕、董时进、秦仁昌、范锐、金绍基、程时煃、龚学遂。按《组织大纲》规定,委员会每年召开一次会议,听取园主任对上年度工作的汇报,讨论和决策年度预算及关于植物园的重大事件。

与此同时,胡先骕又令时在庐山的雷震先往林业学校办理交接手续。雷震(1903—1978 年),江西南昌县人,1923 年毕业于江西农业专门学校,即入庐山林场任技士十余年。胡先骕 1931 年来庐山调查植物时,与之相稔,此接纳为植物园职员。7 月 1 日雷震会同农业院技士冯文锦一同前往庐山含鄱口农林学校办理正式手续,将该校林场山地、房屋、家具、农具等分别赶造清册,绘制山林地图,由农林学校陈达民与雷震负责移交,并在《清册》上签字盖章。计有山林土地 9379 亩,房屋 1 幢,工人宿舍 1 幢,物品主要有《藏经》四箱共四十函、《湖北通志》一箱、竹对联一副、记温亭一个[3],盖为张伯烈时期之旧物。而明确标明为张伯烈寄存物件有大红底彩花瓷瓶 1 个、小白底彩花瓷瓶 2 个、白

---

① 《胡先骕致江西省农业院》,江西省档案馆,61(1055)。
② 《江西省农业院致胡先骕》,江西省档案馆,61(1055)。
③ 《江西省农业院附设农林学校林场地亩房屋器具山林苗木清册》,中国第二历史档案馆,609(36)。

底彩花大墫 1 个、彩花小瓦酒壶 2 把、茄褐色古瓶 1 对。林木有马尾松、黑松、日本枞、落叶松、厚朴、日本花柏、广叶杉、针叶杉等。当年播种苗有茶、针叶杉、花柏、梧桐、槭、桤等,均为当年 5 月播种。

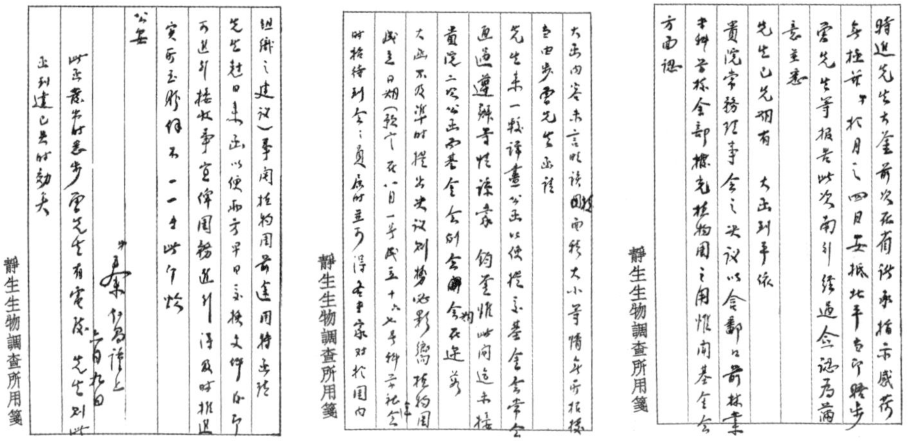

图 2-5 秦仁昌致董时进函

随后秦仁昌也赶赴庐山,着手开办工作。诸事安排妥当之后,又回北平料理他事。7 月 23 日临行之前,致函董时进,汇报筹备进展,从中略知当时情况之大概:

> 昌自离省来山后,即到此积极筹备,房屋修葺、改造、油漆,定制家具、农具,修建桥梁道路。现各事都在顺利进行中,昨日到了平方职员数人,帮同筹备。昌将各事安排妥当后,即于日内下山过京北返,料理公私各事,至迟于八月十五日可再到山。植物园正式成立,相约八月廿三、四号左右。①

图 2-6 秦仁昌与夫人

① 《秦仁昌致董时进》,1934 年 7 月 16 日,江西省档案馆,61(1055)。

秦仁昌果不负众望,董时进对他的工作非常满意,回函云:"承示筹备情形,甚佩贤劳,亦为森林植物园前途得人庆也。"①返回北平之后,秦仁昌稍加料理,即携新婚未久之妻子,一同移居庐山,在此开辟新的事业,为中国植物学史揭开新的一页,并继续从事蕨类植物的研究。胡先骕也偕静生所及中基会成员南来,会同江西农业院的成员,于 8 月 20 日举办森林植物园成立的盛典。

四、成立典礼

民国时期,中国自然科学最大的学术团体当属中国科学社,在 1937 年抗战全面爆发之前,该社网络了自然科学所有学科大多数研究者,每年夏季择地举行年会,自 1933 年始有专业学会与科学社联合举行年会。1934 年科学社第十九次年会与植物学会、动物学会、地理学会联合召开,8 月 22 日在江西庐山举行。胡先骕借此机会,在年会召开之前,于 8 月 20 日举行植物园成立典礼,邀请出席年会代表参加。这天下午一时许科学社理事会在莲花谷召开之后,即翻过大月山,经七里冲,来到三逸乡之春色满园,参加三时在这里举行的植物园成立典礼。出席典礼的著名科学家甚多,从签名簿可知有动物学家秉志、气象学家竺可桢、农学家邹秉文、植物分类学家钱崇澍、植物形态学家张景钺、物理学家胡刚复、林学家傅焕光、林学家郑万钧、动物学家张孟闻、林学家侯过等。如此之多人士前来祝贺,诚可谓庐山植物园之创建,寄托了中国科学界的厚望。

关于 8 月 20 日植物园的成立典礼,《中国植物学杂志》有《庐山森林植物园成立典礼纪盛》的报道。

> 该植物园于八月二十日下午三时举行成立典礼。由静生生物调查所所长胡先骕博士主席。行礼如仪后报告筹备此园经过。嗣由蒋委长代表王君及江西熊主席代表财政厅吴建陶致辞。继由植物园委员会及静生生物调查所委员会委员范锐,西部科学院院长卢作孚,中华教育基金会干事长任鸿隽演说,各致期望之意;嗣由植物园委员会委员、江西教育厅长程时煃演说,末由江西农业院院长董时进博士致答辞;乃相率摄影而礼

---

① 《董时进致秦仁昌》,1934 年 7 月,江西省档案馆,61(1059)。

图 2-7　庐山森林植物园成立时员工合影。前排左起：胡先骕、秉志、秦仁昌；后排左起：曾仲伦、刘雨时、涂藻、冯国楣、雷震、汪菊渊

成。莅会者,有全国经济委员会江西办事处萧纯锦,清华大学校长梅贻琦,国立编译馆馆长辛树帜,中山陵园主任傅焕光,国立中央大学农学院长邹树文等百数十人,可谓极一时之盛云。①

《大公报》著名记者王芸生当时也在庐山,获悉植物园即将成立,特往采访,其《赣行杂记》详为记述,亦为不可多得之材料,弥足珍贵。

　　十九日午后彦和(陈隆恪)先生来访,温文大雅的世家学者。承告以静生生物调查所与江西省农业院合办的庐山森林植物园,将于明日开幕,希望我去参加。并谓该园园务由静生生物调查所植物标本室主任秦子农君(仁昌)主持,系胡步曾(先骕)的高足,对植物甚有研究,可算得一个权威。园址在含鄱口。二十日午后三点钟,我特往参观这个科学集会。秦君招待甚殷,并详为解释该园发起动机及筹备经过。园址面积万亩,正在含鄱口内,土壤气候,均极适宜。经费由生物调查所与农业院各年出六千

①《国内植物学界新闻》,《中国植物学杂志》,1934 年,第一卷第三期。

元，秦氏本人不支薪。在筹备期中，范旭东氏很有助力。该园目的不在造林，而在从学理上研究各种植物，俾以其结果，改良全国的农圃。四时许，举行开幕典礼，胡步曾氏主席，行营代表王君，熊主席代表某君，及卢作孚、范旭东、任叔永、董时进诸氏相继演说，大致均对该园致甚高希望，且预料三五年后必有重大贡献。会后全体摄影，我觉得这个燕北俗夫无留面目于匡庐的必要，乃谢别，步登含鄱口，眺望鄱阳湖而归。①

　　胡先骕还邀请在庐山逭暑名家宿儒参与。《冒鹤亭先生年谱》1934 年 8 月记有："森林植物成立典礼，胡步曾邀先生观礼，未赴。"②冒鹤亭虽未往含鄱口三逸乡，但据冒怀苏所提供的《冒鹤亭日记》手稿复印件所记，在翌日诗友的聚会上，晤见胡先骕，至于面谈内容，则语焉不详。

　　由胡先骕精心策划并亲自缔造的庐山森林植物园至此宣告成立。此后，许多著名的科学家为其创建和发展给予了积极的支持，社会各界贤达也都鼎力相助。植物园之诞生，选择了极好地点——国民政府之夏都；选择了极好时间——四方学者云集庐山之时；因而也为胡先骕赢得较高声誉。其后庐山森林植物园果然不负学界的重托，在蕨类植物分类学家秦仁昌主持下，后又有植物园专家陈封怀加入，不几年，以其进步之速、成绩之优，获得广泛称赞，赢得国际声誉。在成立两年之后，胡先骕曾说："庐山森林植物园成立虽仅两年，而进步之速，规模之大，至为可惊。他日对于植物学、森林学与园艺学之贡献，殆不可以臆计也。"庐山森林植物园的创办成功，加之静生所事业不断壮大，遂使胡先骕在中国科学界的地位亦不断上升。1935 年被遴选为中央研究院首届评议员，1948 年又被评为中央研究院首届院士。但是，这样一位著名的科学家，在中华人民共和国成立之后，却受到不公正的待遇，1955 年未能入选中国科学院学部委员，且在政治运动中屡遭批判。这是另话，在此不赘。

　　成立典礼之后，9 月 24 日秦仁昌致函农业院，云"本院业于八月二十日举行成立典礼，并于是日着手园林工作，理合函请钧院核鉴备案，并祈转呈省府备案，实为公便。"农业院即呈请省政府为庐山森林植物园成立予以备案。江西省政府遂于 9 月 14 日以铨字二〇九〇号指令，"准予备案"。

---

① 王芸生：《南行杂记》，《芸生文存》第二卷，大公报社，1937 年，第 378 页。
② 冒怀苏：《冒鹤亭先生年谱》，学林出版社，1998 年，第 361 页。

五、初期员工

在植物园成立典礼之日,还召开了庐山森林植物园委员会第一次年会,出席的委员有胡先骕、程时煃、范锐、秦仁昌、董时进。金绍基缺席,由胡先骕代理。会议由胡先骕任临时主席、秦仁昌任书记。经会议讨论形成下列决议:

其一,推定本委员会职员、正副委员长、书记各一人。程柏庐为正委员长、范锐为副委员长、董时进为会计、秦仁昌为书记。

其二,追任秦仁昌为植物园主任及由植物园主任推荐各职员之任命:

(1) 技士雷震,字侠人,31 岁,江西南昌人,江西公立农业专科学校林学专业毕业,历充江西农专白鹿洞演习林场及江西省立庐山林场技士。

(2) 技士汪菊渊,字辛农,21 岁,江苏上海人,金陵大学农学士。

(3) 技助曾仲伦,字艺农,20 岁,湖南邵阳人,浙江大学代办省立高级农业职业学校卒业。

(4) 会计涂藻,字镜清,48 岁,江西丰城人,北京大学毕业,历充北大预科英文事务员兼本科法文校对员,农工部佥事,尝任事社会调查故宫抄档处保管员。

(5) 练习生刘雨时,字润生,20 岁,河南通县人,北平私立进德中学毕业。

(6) 练习生冯国楣,18 岁,江苏宜兴人,无锡私立匡村初级中学毕业。

(7) 施尔宜,23 岁,云南大姚人,浙江农学院修业。

其三,植物园主任报告筹备经过及下半年度计划。

其四,确定本园事业方针。本园事业方针:分森林植物及园艺植物之研究,研究旨趣分为"纯粹植物学研究与应用植物学研究"两个方面。纯粹植物学之研究,乃胪列各种植物聚植于一处,供学术上之研究及考证;应用植物学之研究,为研究各种植物之繁殖利用等方法,为改进全国农林事业之张本。

其五,通过下年度预算案。每月报销一次,缮写两份,一份送静生生物调查所,一送江西农业院,流水与收据存于本园,以便双方随时查核。

其六,决定报销手续。

其七,决定植物园生产之收入,全部归植物园增加预算之用。①

---

① 《庐山森林植物园委员会议记录》,中国第二历史档案馆,609(13)。

图2-8 李一平

早在秦仁昌准备南下来庐山筹设植物园时,陈封怀即向其绍介时在庐山有李一平者,认为植物园与当地事务可请他帮助,前秦仁昌探得芦林有空置房屋,或李一平告之。李一平(1904—1991年),云南大姚人,东南大学毕业,无党派人士,三十年代初来庐山养病,在养病之余,于芦林兴办存古学校,免费招收临近学生。在庐山其与国民党军政人士来往密切,故于庐山植物园事业予以热情关顾,曾推荐学生到植物园工作。在解放战争时期,因其为滇军起义和云南和平解放作出重要贡献,因而在新中国成立之后,任国务院参事,中国佛教学会常务理事。

李一平在东南大学读书时,就与秦仁昌一起从事农民运动。此时,李一平向秦仁昌推荐其学生杨钟毅、熊耀国、施尔宜到植物园工作。杨钟毅,陕西华县人,系著名的古生物学家杨钟健之胞弟,抗日战争前便已离开植物园。新中国成立后,曾供职于陕西渭南林业局;熊耀国(1910—2004年),江西武宁人,其在植物园服务甚久,作出较大贡献。

在熊耀国人事档案中,有其在1950年所写一份自传,是这样记述其来植物园:"一九三四年秋(二十一岁),庐山森林植物园开辟。这时,李先生正觉得我有些看不空,不够参禅;我则觉得白乌鸦尚在,还不够白;恰巧园主任秦仁昌先生想训练几个耐劳吃苦的助手,时地跑来要人,于是在三面同意的情况下,和另外三位同学一道,踏上了埋头研究的途程。"①在1935年11月19日熊耀国所写一通家书中,也道及其致力于植物学之志向,其云:"自学习植物颇得兴味以来,极欲抛弃一切,倾全力于植物一途,冀于一、二年后得其端绪,然后采择其他途径,以求达到昔年理想之成功。植物固非吾志,然已入其门,又不得不与搏战一相当时期,不仅于植物一途如是,治一切学问亦应如是。近思及象山'天下事即分内事,分内事即天下事'一语,又使我于上述方针,有修改之

---

① 熊耀国:《自传》,1950年,南京中山植物园档案。

必要。"①

熊耀国在其晚年有未完成的《回忆录》,月旦植物园初期同仁,毫无顾忌,为我们留下真切之文字,极富价值,摘录如次:

图2-9　熊耀国(摄于四十年代末)

　　雷震毕业于江西早期农专,在庐山林场从事造林多年,时主持开辟苗圃、造林、指导工人工作、管理工人生活,处理有关土地产权及遗留事务。

　　汪菊渊金陵大学园艺系毕业,乐观、诚恳、谦和,与人相处亲切如一家人。负责管理温室、温床和外来名贵植物的栽培繁殖。一九三六年离开植物园,其原因是播种在温床里的一批国外来的十分珍贵的裸子植物种子,一年未发芽就被挖掉了,他当时忽略了裸子植物种子的发芽力保存期有两年。秦先生认为这是不可原谅的过失。

　　井中人(化名),某农校毕业,负责管理苗圃,他原是在井中长大的,不了解自己,更不了解别人,爱摆出高人一等的架子,却又无技可佐。秦先生对此人已有了解,听汇报则更加清楚,大约过了一个月,他就离开了植物园。

　　四个练习生,只我一个高中生。秦先生规定我每周背诵一篇高中英文课文,他把课本放在一边,眼睛却望别处,读完了,他说"背得好,读音也大致不错"。杨钟毅,陕西人,他和我一样,是从交芦精舍调来,一身农民打扮,乃是李先生有意要从侧面教育当时靠农民养,而看不起农民的"寄生虫"。他忠诚老实,勤奋工作,是交芦精舍学生中的模范。

　　冯国楣,沉默寡言。刘雨时,流气十足。在逃难前夕,陈封怀把多年积蓄装在一个箱子里,托他带到南昌,认为十分可靠。过了一段时间,来

────────────

① 《熊耀国书札》,南京中山植物园档案。

信说箱子丢了,搞得陈先生去云南的路费完全靠朋友借,朋友又各有困难,很是狼狈,苦不堪言。直到抗日胜利恢复建园时,他来信说"曾在国民党空军工作,现想回庐山植物园从事旧业"。陈先生问我"怎么办",我说"不回信"。从此不知下落。①

　　熊耀国回忆中的人物,如陈封怀、冯国楣将在下文中专作记述。植物园虽然只有为数不多的人员,由于秦仁昌对员工要求非常严格,故与静生所一样具有浓厚的研究和学习气氛。据熊耀国言:秦仁昌每天早饭后出门,手拿拐杖到全园巡视一遍,风雨无阻。秦仁昌身材高大,接近两米,体格强壮、精力旺盛,夜里则在油灯之下,研究其蕨类植物,而不知疲倦。身体素质好,乃是学术事业成功之本,故其成绩非一般体弱者可以比拟。建园之初,主要任务是开辟苗圃、修筑道路、修沟砌磡、采种造林等。这些工程需要大量劳动力,招募一些民工,由雷震全权指挥,由工头监督管理。植物园制定的作息时间,技术人员和练习生每天工作八小时;场地工人,则工作 12 小时。遇到雨天也要披蓑衣、戴斗笠在外工作。在工房东边松柏岭上,挂了一座铜钟,由炊事员打钟报时,东起五老峰、西至芦林,都可以听到。每周六上午全体技术人员和练习生到办公室开会,实际就是上技术课,附近庐山林场的全体业务人员也来参加。讲解的内容包括理论到实践,植物研究方法、植物拉丁文、英文等;以及当前工作、存在的问题和今后应注意的事项,全面周到而又简明扼要。每个夜晚,技术员和练习生则自修,秦仁昌还要予以督导,因此形成浓厚的学习气氛。熊耀国之《自传》,对其成长,作如下记述:

　　起初,对研究工作感到有些枯燥乏味。后来秦先生已顾虑到初学者的苦处,特于百忙中花费一个月的时间,亲自率领我们去爬山越谷,这样一来,对工作才渐渐地发生兴趣,渐渐如同看描写得最有趣的小说一样,黑早出去,直到黑夜回来,老不记得饥饿和疲乏。研究的主要项目是植物分类及森林、园艺等,研究的主要方法是从实际工作中找问题来演绎归纳。

　　秦先生是一个富有特殊风度的学者,他常这样说:"学科学,须找实在

---

① 熊耀国:《回忆录》,手稿本,2001 年。

的证据,最忌幻想和臆断"。他又说:"最没用的是大学生,因为样样都懂得,养成了一种了不得的态度,不肯埋头苦干,却没一样弄得透彻。"而他自己,小到无可再小的问题,都非常留心,非常重视,也不要什么硕士、博士的头衔。

这印象深深地刻在我的脑际之后,使我愈想穷毕生的精力在标本夹中找趣味。①

促使熊耀国等改变的还有一个原因,当时社会对科学已相当崇尚。冯国楣曾云:在庐山体会到社会上一般人对科学家、对专家特别器重,而这些科学家也自命不凡,地位超然,政治是可以不闻不问,只是抱着科学救国的目标在研究、在工作。我亦认为只要把真实的本事学好,一样会为国家尊重。② 基于这样多重因素,在植物园为数不多的人员当中,大多一心求学,钻研业务,故而庐山植物园在开创未久,能赢得普遍的赞誉。后来这些人员都为科学家和技术专家,在国内外享有盛誉。

汪菊渊系其导师叶培忠推荐于秦仁昌,因一次种子处理不当,即遭辞退处罚,秦仁昌令其离开庐山植物园,回到其导师处,似有不近人情之处,可见秦仁昌的严厉。然而,只有如此严格管理,才能担负起建设植物园的使命。也许,这次失误给汪菊渊的教训极为深刻,使其在日后工作更加慎重,因而铸造其后来之成就。汪菊渊离开植物园后一度执教于金陵大学,1949年后,历任北京林业大学教授,北京园林局局长,1993年当选为中国工程院院士。

施尔宜(1911—2024年),

图 2-10　汪菊渊在庐山森林植物园

---

① 熊耀国:《自传》,1950年,南京中山植物园档案。
② 冯国楣:《自传》,中国科学院昆明植物研究所档案。

图 2-11　施尔宜

又名施平,云南大姚人,系李一平外甥,由李一平介绍来园者之一,但工作时间未久,即为离去。来园之前,施尔宜就读于浙江大学农学院,因参加中国共产党领导之学生运动,遭到学校开除学籍,而来庐山暂居。其晚年撰写回忆录,对其这段经历有所记录,其云:

> 这个植物园位于看日出的好地方含都口左侧一条平凹的山坳里,由中国著名的"羊齿植物"分类专家秦仁昌主持,我的工作是采集庐山森林植物标本,培养植物苗圃,花种草美化环境等。这个工作,对我曾产生相当大的吸引力,因为它和我大学学的专业对口,又符合我早先的兴趣。我从小喜爱参天大树、山涧小溪、花香鸟语、林间小路,这时期为采集标本,我跑遍了整座庐山,翻过了层层山峦,寻看了每条山谷,"只因身在此山中,识遍庐山真面目",实实在在地考察和研究各种植物的野生生态、生长条件、品种差别、虫害病害,并亲手压制标本,这些都有利于我的森林学理论和技术的提高。我若从此沿着这条人生道路走下去,它将是平平静静、自自由由,既不必防特务的跟踪,又不须为生活窘困而忧愁,在不太远的将来就可以成为一名森林植物学专家,前途广阔光明。这样的美好前景就摆在我面前,只要抓住它就能达到,它的吸引力是大的。但我反复思考,能沿着这条路长此走下去吗?我不能,不能! 国家危在旦夕,若做了亡国奴,一名有学问的生物学家又有什么用?[①]

施尔宜在植物园工作半年,即为离开,继续从事其革命事业。1950 年后曾任北京农业大学党委书记、华东师范大学党委书记等职务。

秦仁昌本人来庐山工作之时,已是知名的植物分类学家。为了研究事业,

---

① 施平:《施平文集》,华东师范大学出版社,2010 年。

秦仁昌成家甚晚,系自欧洲回国之后,来庐山之前,时在 1933 年。其夫人左景馥,清末大臣湖南左宗棠后裔,一向生活在顺适的环境中。结婚之后,即随夫君来到庐山。其时,庐山也仅仅是夏天避暑之地,每到深秋,居山之人,大多离开,山上即又恢复宁静或者寂寞。建设植物园者,却要长期工作在此,忍受漫长而又寒冷的冬季。在他人或者是为了开辟一项立足之事业,不得不忍受艰苦之环境。而秦仁昌以其在蕨类植物学的成就,完全可以继续生活在都市之中。而其毅然前来,实是为了植物园事业。为此他们作出牺牲不仅是这些,久大公司编辑出版《海王》期刊,刊载一通胡先骕致范旭东函节选,可知秦仁昌在庐山因生活给其带来之损失。胡先骕函云:

> 庐山森林植物园主任秦子农君近遭一极拂意事,其夫人拟赴安庆分娩,由牯岭下山,竟以轿夫失足跌伤,致胎儿殒命,幸大人尚无危险。子农年近四十,并无子嗣,此次意外,不得不谓为植物园牺牲,而所牺牲者大矣![①]

此事发生在 1936 年,但一年之后,老天还是眷顾仁者,赐予秦仁昌夫妇又一子,名人有后矣。但是,庐山生活条件,一直是困扰庐山植物园发展的原因之一。往后随着社会的发展,庐山修建了公路、有了一些现代生活设施;但是,用人制度与秦仁昌时代大不相同,加上政治运动冲击,难以吸引优秀之人才在此安心工作,其发展终因有限。关于此,在以后的记述之中,将有详细论述。

六、房屋设施和园林建设

在记述庐山森林植物园事业是如何起步之前,先为摘录一通 1935 年 1 月 17 日秦仁昌向江西省农业院检送上年四个月工作年报时,向农业院附呈之函,乃因事业起步之时,所费甚多,请求农业院增加常年经费,其云:

> 本园自去年八月下旬成立以来,除规定经常费每月国币一千元,由钧

---

① 《海王》第七年,第二十九期,1936 年 6 月 30 日出版。

院及北平静生生物调查所平均分担外,既无分文开办费,又无事业费,数月以来,各事设施虽力求撙节,无奈开办之初,百端待举,即至少限度之重要设备,如温室、标本室、研究调查仪器均无力置备。幸前经本园委员会委员范旭东先生捐洋贰仟元,指定建造小温室一幢,温床十柜、暖房一幢,可供小规模之繁殖研究之用。然一年以后,苟非添设较大规模之繁殖温室,绝不足以应本园之需求。再开路筑路,敷设苗圃、试验区、植物分类区等亦为本园重要设施,在以往数月中,因困于经费,不能多雇林伕,尽量开辟。他如调查本山森林现状及各县所产重要森林园艺植物种类,以及采集各种植物标本,以供植物生产研究之参考,均为本园重要工作,因经费有限,仅在庐山附近曾作小规模之调查采集。苟经费稍纾,以上各项重要事业均可于最短时间内,次第实现。

再查本园乃前沙河农林学校演习林区之旧地,其他一切重要家具、工人宿舍、农具、器皿,几无一不于本园成立以后陆续置备修缮,迄今规模粗具,而截至去年十二月底,总计所费除原有经常费及范先生捐款外,实短三千元,暂由静生生物调查所及昌私人分别借垫,应于最短时期内陆续由本园归还。

综合以上各节,理应造具下年度新预算,检同本年度预算及工作报告一份,呈请钧院鉴核,并准予请求,自本年七月起,钧院增加本园经常费二千元,同时将静生生物调查所亦如数增加,以利进行,并示复。①

由秦仁昌此函,可知植物园事业受经费限制,未能相应及时全面展开。秦仁昌所请增加 2 千元,待 6 月份,农业院同意增加 1 千元。还有植物园受经费困扰还是时有发生,因农业院经费分季度下拨,秦仁昌常在季末作函催拨,尤其是 1935 年年底,其函云:"弟今日由汉回山,查悉钧院本期经费迄未汇到,不胜焦急,目下园中职员、工人有断炊之虞,而月底在即,本月工资薪水一文无着。"②即便如此,植物园还是在有限经费中,做出令人称赞之工作。如《年报》所记录。至于具体内容,将在下文分别引用。

开办之时,仅有亚农山庄房屋一幢,用作办公室,远不敷使用,第一年乃建

---

① 《秦仁昌致江西省农业院》,1935 年 1 月 17 日,江西省档案馆,61(1055)。
② 《秦仁昌致江西省农业院》,1935 年 12 月 25 日,江西省档案馆,61(1055)。

造园主任住宅一幢和园丁宿舍一幢。园主任住宅位于亚农山庄之西首山坡上,计房屋六间;园丁宿舍为一字形,计六大间,位于距亚农山庄西南约 500 米处之山谷平地上,可容园丁四五十人,"其构造及形式,均极相称,谓为工人模范宿舍亦不为过。"①上述房屋及将要记述诸项建筑,在抗战期间,均遭毁坏,仅主任宿舍稍加维修,尚可使用,其他则待 1950 年代后重建,其用途亦多有改动。

在三逸乡建设植物园首先是清理、平整办公室附近的园地,修建道路,设防火线;其次是建立各类植物展区,此中首要是开辟苗圃。苗圃被称为植物园的命脉,在野外采集到的苗木、种子要先在此繁殖、扦插、培育,然后将生长良好者,移植于相应的展区中。1934 年植物园成立的当年即开辟苗圃 5 亩,第二年扩大至 20 亩。

庐山冬季寒冷,许多从平地引种而来的植物,在露天不易越冬,温室即为必备之设施。然植物园建立之始,用费之处甚多,资金极为有限。1934 年秋幸得植物园委员会委员范旭东之捐资 2 000 元,建筑温室 1 幢;第二年又得其捐赠 1 000 元,修造温框十余个。1935 年秋间国民党军官训练团团长陈诚,也为捐助建筑温室 1 幢。至此,所遇问题勉强得到解决。不仅如此,一些珍奇的花卉在此温室之中,可为展览,供游人参观。

图 2-12　1936 年部分新辟展区远景

---

① 《静生生物调查所技师谈庐山森林植物园成立经过》,天津《益世报》,1935 年 3 月 6、7 日。

图 2 - 13　范旭东捐资修建温室之侧面

图 2 - 14　陈诚捐资修建之温室

　　两年之后,引回植物种类增加,温室又不敷应用,1936 年 10 月 3 日秦仁昌乃向江西省政府申请经费,以建造更大温室。此将秦仁昌呈文全录如下,借此以见当时情形。

　　呈为本园植物种类繁多,拟建筑较大温室一幢,以供繁殖之需要,恳请补助临时建筑费贰仟元,以利进行事。

　　窃本园自成立以来,一方为促进植物科学之进步,一方为国家讲求利用厚生之道,责任重大,事业巨繁,迄今搜罗各地植物种类已达五千余种之多。本年复蒙国内外各农林机关,暨植物园赠送本园各种名贵植物种子,计二千余种。此项植物在幼小时,多数须繁殖于温室内,以策安全。本园原有之小温室三栋,面积过小,不敷应用(均由久大精盐公司经理范旭东先生,及陈总指挥辞修先生前后捐赠),急需建筑较大温室一幢,以应急需。查此项建筑经费,最少需洋贰千元。惟本园经费支出,进行困难,当开办之初,既未筹有分文之开办费;成立之后,亦未筹有丝毫之事业费。一切开支,仅恃每月一千一百六十元之经常费,即维持现状,犹感不足,更无论从事建筑,充实设备矣。为此用敢恳请钧府,补助临时建筑费贰仟元,以便建筑一幢以应急需,而利进行。是否有当,理合具文呈请钧府俯赐鉴核示遵,不胜迫切待命之至。

　　谨呈
江西省政府

　　　　　　　庐山森林植物园园主任　　秦仁昌①

　　10 月 26 日江西省政府复函,同意秦仁昌所请,但要求植物园再上报编制建造温室预算,以便早日拨款。12 月即得拨款二千元,并开始兴建。该年《年报》记有:"江西省政府拨临时费二千元,以供建筑温室之用。此项建筑业已兴工,其基地位于范旭东及陈辞修两先生所捐两温室之后之平台上,估计占地三千方尺,实为本园现有温室之最大者。如天气多晴,则全部工程于明年 3 月中旬可以落成,将来本园繁殖工作当更有长足之进展也。"②该项工程完工于 1937 年 4 月中旬,总投资 2.7 千余,除省政府下拨 2 千元外,余为植物园自筹。

　　其时,有几幢玻璃建筑,组合成为温室区,掩映在绿色山林之中,内有名贵鲜艳之花木,无疑是一道亮丽风景,自然吸引游山之客前来驻足参观。植物园在抗日战争撤离之前,除苗圃、温室区外,先后还设有木本植物区、草花区、石山植物区等。

---

① 《秦仁昌呈江西省政府文》,森字第廿三号,1936 年 10 月 3 日,中国第二历史档案馆藏静生所档案,全宗卷 609,案卷号 21。
② 《庐山森林植物园第三次年报》,1936 年。

七、标本室建设

植物园另一重要设施，即植物标本室之建立。此时设有经济植物标本室和蕨类植物标本室。

经济植物标本室之设立，是因为当时国内大学之生物系和生物学研究机构，多有植物标本室，而所收标本，均是广泛而又一般的标本，而于具有经济价值的植物标本未作专门搜集。森林植物园的创立，即有为农林建设服务之目的，故在组织标本室时，特以经济植物相标榜，以期于经济植物标本搜集完备，以供生产和研究之参考。在抗战前的 4 年中，该室之标本收藏达 35 600 余号，其来源除本园在庐山及其他地区自行采集以外，大多为学术机构所赠予，主要来自静生生物调查所、金陵大学农学院陈嵘、北平研究院植物学研究所、中国科学社生物研究所等。

表 2-1　1934—1937 年经济植物标本室主要采集、受赠标本

1934 年	在庐山采集	1000 余号
1935 年	静生生物调查所赠予各省标本	591 号
	金陵大学农学院森林系赠苏浙湘标本	201 号
	北平研究院植物所赠桔梗科标本	8 号
	在庐山、黄山、九华山采集	1725 号
1936 年	中国科学社生物研究所赠各地标本	1181 号
	静生生物调查所赠予各省及瑞典标本	8397 号
	爱丁堡皇家植物园赠陈封怀栽培植物标本	600 号
	在庐山采集	751 号
	在黄山、九华山采集	98 号
	在太白山、终南山、五台山采集	297 号
	在江西武宁采集	180 号
1937 年	在九华山、黄山采集	97 号
	在四川峨眉、峨边采集	600 余号

图2-15　1936年森林植物园办公之所

　　蕨类植物标本室之设立,实因植物园主任秦仁昌所从事蕨类植物分类学之研究,其自北平调任庐山,前静生所所藏蕨类标本,皆随之南下。其时,静生所收藏蕨类标本,实为东亚此类标本之最为完善者之一,尤以中国所产之蕨类标本最为齐全,1934年12月这些标本安抵庐山。又由于秦仁昌在学术界已有较高声誉,来庐山后,还不断收到来自国内外各地寄赠或交换的标本。该室标本,至抗战前已达7300号。

图2-16　员工宿舍

表 2-2　1934—1937 年主要交换、采集或受赠蕨类标本

1934 年	广东中山大学生物系	广东	120 号
	福建福州协和大学生物系	福建	23 号
	英国皇家植物园	云南	7 号
	美国国家博物院	各类	300 号
	美国 Wilson 先生	美国蕨类	13 号
	美国 Graves 先生	美国爱阿华州	3 号
	美国 Scheffner 先生	美国门荆属	21 号
	安徽六合县伏尔先生	庐山	25 号
	中山大学植物研究所陈焕镛先生	海南	543 号
		广东	40 号
	岭南大学梅卡夫先生	广东北江	73 号
	国立编译馆辛树帜先生	两广	68 号
	巴黎自然历史博物馆字乐脱太太	安南交趾	15 号
	日本京都大学理学部田川基二先生	日本	82 号
1935 年	美国纽约植物园	北美、菲律宾及南洋	2196 号
	中山大学农林植物研究所	琼州岛及广东各地	271 号
	静生生物调查所	云南	520 号
	西部科学院	四川各地	185 号
	安徽六合县伏尔先生	庐山	35 号
	本园自采	庐山	76 号
1936 年	北平研究院生物研究所	新疆、蒙古等地	152 号
	中山大学农林植物研究所	两广及海南岛	85 号
	广西历史博物馆	广西	160 号
	新加坡植物园园长何尔顿先生	马来群岛	81 号
	德瓦尔先生	庐山、北美等地	35 种
	静生所邓祥坤采集	赣西	194 号
	本园采集	庐山、黄山、太白山等	150 号

（续表）

1937 年	中山大学农林植物研究所	两广及海南岛	189 号
	广西历史博物馆	广西	85 号
	四川大学生物系	四川各地	62 号
	岭南大学博物馆	两广及海南岛	68 号
	日本京都大学理学部田川基二先生	日本及台湾	48 号
	新加坡植物园霍尔先生	南洋群岛	129 号
	美国加州大学郭拨蕎先生	菲律宾	117 号
	丹麦京城植物博物馆克利斯登先生	各国	65 号

秦仁昌既是利用这些标本，继续从事其研究，完成了专著《东亚大陆的鳞毛蕨科的研究》。该书共分 10 个部分，30 余万字，第一次清晰地讲明这群植物的亲缘关系，后为世界各国植物学家所重视。1936 年秦仁昌在第六次世界植物学大会上，当选为国际植物学会命名审查委员会委员。

八、植物的调查和采集

庐山与东南其他诸山，气候特征虽为相似，而所产植物种类却有不同。前在阐明胡先骕选择庐山创建植物园时，已有论及。森林植物园成立伊始，即开展庐山及东南诸山的植物调查，以比较其间之差异，从中引种庐山所无的种类。此种工作不仅非常需要，而且切实可行，易见成效。《庐山森林植物园第一次年报》(1934)有这样的阐述：

> （黄山、九华山）二山之植物群落，因地理经纬及气候与高度之近似于庐山，所有者大致相同，所异者为其种类较多于匡庐耳，他日庐山植物一经调查清楚，则九华山及黄山植物之详尽调查为本园必行之工作，盖二山富有园艺森林价值，而尚少闻之特产种类均可引归，在本园栽培固属轻而易举者也。[1]

---

[1]《庐山森林植物园第一次年报》，1934 年。

故而致力于庐山植物之调查,以求在短期内,探悉其种类与分布等情形,是新成立的植物园的首要任务。1934 年的最后四个月中,植物园往全山各处,计有十六次之多,得植物标本 800 余号,苗木 2 000 余株,发现 10 余种新记录。至第二年,对庐山植物调查未曾松懈,因庐山区域甚小,其植物情况基本调查清楚。《庐山森林植物园第二次年报》(1935)有全面的记载:

> 本园本年度于庐山及其附近植物之调查,仍继续进行,不遗余力,自春而夏而秋而冬,同人曾屡赴全山各处调查采集,共获腊叶标本一千五百余号,而种子与苗木犹不计焉。查本园年来所获腊叶标本之初步鉴定,已知庐山植物富有九百五十余种之多,其中蕨类植物凡一百二十八种,余则皆为显花植物。是以庐山今日所知之植物种类较之前此文献所载者加一倍有强矣,甚尤有兴趣者乃在此已知之植物中,有数属与多种前人视为华南特产,而今竟发现于庐山之南部,实为植物地理学上一大新记录。然同人深信庐山植物再经一二年之精详采集,尤以前人所未到之邃谷悬崖,则其种类犹决不至此数,此就显花植物而言也。至于蕨类植物,已经德伏尔教士最近三夏季之较详采集,已达一百二十八种之多,则将来所能加者恐无几矣。[①]

1936 年对于庐山植物的调查仍在进行,尤以在四五月间,着重采集着花植物之标本,以补标本室这类标本之欠缺,所获约 750 余号,又有许多新记录,最著名的有紫杉(*Taxus chinensis*)、光叶栾(*Koelreuterlia integrifoliata*)、亨利红豆(*Ormosia henryi*)、白云木(*Styrax dasyanthus*)等。至此,庐山植物已基本探明,得其全貌。抗日战争之后,1947 年吴宗慈再为编辑出版《庐山续志稿》,其物产之一卷,系由庐山森林植物园提供《森林植物名录》,计 1 473 种,当为抗日战争之前植物园之于庐山植物调查之完备记录。

安徽九华山、黄山之植物调查与采集,由刘雨时担任,于 1935 年、1936 年皆为前往,每次两月,得腊叶标本 200 余号,木本植物种子 80 余种,及大量苗木,其中有安徽杜鹃(*Rhododendron anwheiense*)、缺叶高山蕨(*Polystichum neolobatum*)、黄山玉兰(*Magnolia cylindric*);1937 年则由冯国楣担任,历时三

---

① 《庐山森林植物园第二次年报》,1935 年。

月,所获甚多。从安徽所得种子在园内进行了试播,今不知当时进行如何,仅悉一些重要的种子如香果树(*Emmenopteris henryi*)、贾克氏赤杨(*Alnus Jackii*)、小花藤绣球(*Hydrangea anomala*)、毛叶绣球(*Hydrangea strigosa*)、亨利椆树(*Lithocarpus henryi*)、里康槭(*Acer nikonnse*)、铁杉(*Tsuga chinensis*)等。

除上述地区的植物采集和调查外,尚有杨钟毅于 1936 年借回籍陕西之便,顺道往太白山、终南山、南五台山诸山采集;杨钟毅、刘雨时又赴四川,经成都往峨眉及峨边、天全等地,历时七月。其时静生所在云南进行大规模采集,也为植物园采集到不少种子,分批寄来,其所获腊叶标本,也检出一些种类分赠。1934 年蔡希陶在云南所采多数种子即寄至庐山试种;1936 年王启无在云南西部采得乔木、灌木、宿根植物之种子 446 份,及蕨类植物标本;1937 年王启无又在云南南部,采得种子 300 余种,球根 350 余个,皆寄往庐山;此后,静生所更派俞德浚专为植物园进行园艺植物种球之采集而赴云南。

植物园积极组织采集种子,一方面是为本园进行繁殖,增加新的种类,一方面也用于与国外植物园或农林机构进行种子交换,以获取更多的种类。种子交换乃世界各植物园之间早有之约定。庐山植物园成立之第二年,即与国内外同行建立广泛联系,1935 年"今春各种种子计二千五百余包,由本园分送于国内外植物园、农林场凡三十六所、十八国别,然因本园种子有限,供不应求,发至后来者,未能尽其所求,良用愧仄。"①而交换所得计有种子 5 700 余包。1936 年植物园采种工作,更加努力,交往范围也更加扩大。"本园本年所获中国植物种子计三千五百余包,分送世界各国植物园农业场及研究所凡六十八处。"②得种子也有 5 000 余包。此将种子交换主要机构名称胪列如下:

国外:
　　爱尔兰格拉斯纳植物园
　　爱沙尼亚植物园
　　爱斯坦植物园
　　奥地利哈任都植物园
　　奥地利维也纳大学植物园

---

① 《庐山森林植物园第三次年报》,1936 年。
② 《庐山森林植物园第四次年报》,1937 年。

澳洲梅尔巴植物园

澳洲墨尔本植物园

巴拉克树木学会植物园

比利时京城植物园

比利时植物园

波兰康尔尼植物园

波兰科宁科树木园

丹麦京城大学植物园

德国白兰门植物园

德国柏林植物园

德国汉堡植物园

德国孟登植物园

德国米尔顿植物园

法国巴黎维尔马林公司树木园

法国巴黎植物园

法国森林水利局

古巴哈佛大学分校阿诺尔特树木园

荷兰阿姆斯特丹植物园

荷兰华根宁根州立农业大学树木园

荷兰亚摩斯登植物园

加拿大俄塔瓦植物园

加拿大蒙特利尔植物园

加拿大中央农业试验场植物园

拉迪维亚大学植物园

利道大学植物园

美国布鲁克林植物园

美国哈佛大学阿诺德树木园

美国康纳克的州植物园

美国麻省克拉新登植物园

美国米乍利植物园

美国密苏里植物园

美国摩尔登树木园

美国纽约植物园

美国农部

美国斯丢阿特百花园

美国田拉西州山福氏植物园

美国新黑文植物园

美国雅礼大学

美国亚利桑拿邦洛易士汤白森西南树木园

美国伊利诺尔省摩尔登树木园

挪威阿斯罗植物园

日本东京帝国大学植物园

日本九州植物园

瑞典京城植物园

瑞典龙德大学植物园

瑞典乌布萨拉大学植物园

瑞士京城皇家自然历史博物馆

瑞士卡尔弗利卡特植物园

瑞士日内瓦植物园

苏格兰格拉斯戈大学植物园

苏联莫斯科大学植物园

苏联莫斯科迪麦亚苏研究院植物园

苏联塔什干植物园

西班牙伦西亚大学植物园

意大利罗马植物园

印度尼西亚培登植物园

英国爱丁堡皇家植物园

英国皇家植物学会植物园

英国伦敦皇家园艺学会

英国邱皇家植物园

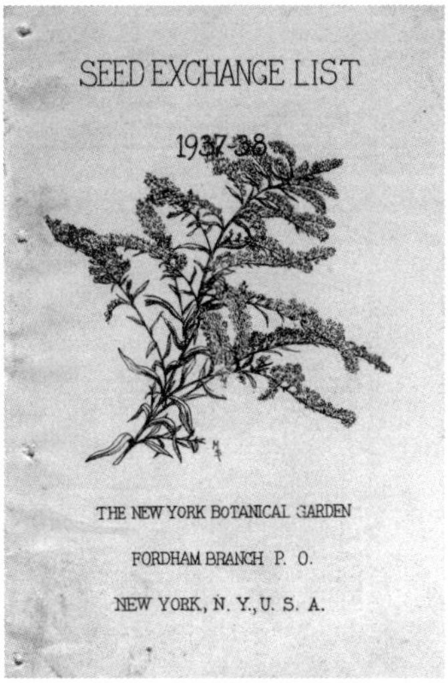

图 2-17　1937 年纽约植物园种子目录

国内：

北平静生生物调查所

北平研究院植物研究所

广州中山大学农林植物研究所

广州中山大学农学院森林系

河北百泉植物研究所

湖北省建设厅襄阳农业推广处

南京金陵大学农学院森林系

南京实业部中央农业实验所

南京中央大学农学院森林系

南京中央大学农学院园艺系

南京总理陵园植物园

山西第一森林试验场

陕西省政府林务局

台湾森林研究所

台湾植物园

武昌武汉大学生物系

云南省政府建设厅

浙江大学农学院植物园

九、募集基金

庐山森林植物园创办之时,即以世界一流植物园为自期之标准。因而事业巨繁,经费却甚少。政府支持毕竟有限,继而寻求社会支持。植物园本属公益事业,公益事业的维持和发展,不仅需要政府的扶持,还需社会各界人士之援手。为此,1935年初庐山森林植物园发起大规模的募集基金活动。此项基金之用途,一是补助经费之不足,更重要则是为永久之事业奠下基石。植物园现为官民合办,合办协议也只是试办三年。胡先骕、秦仁昌目光远大,所谋事业当是一项长久之事业。为应付不可预测之变故,必须有一笔资金,才能维系事业于不坠。于是秦仁昌致公函与江西省政府,请示开展募集活动。

窃本园蒙钧府核准,由静生生物调查所与江西省农业院合办,并拨前省立农林学校实习农场地九千余亩,充本园园址,俾本园于去年八月二十日正式成立,为江西农林事业立一始基,至为欣感。惟本园事业繁巨,责任重大,而经费预算则至寡。当开办之初,既未筹有分文之开办费,成立伊始,亦未筹有丝毫之事业费,一切开支仅恃每月一千元之经常费,既维持现状,犹时患不足,更无论百年大计矣。若不另筹良策,难免有绝膑之虞。查现在世界各国著名之植物园,如英国皇家植物园,法国巴黎植物园等,其成功之原因,虽甚复杂,要以充裕稳固之基金,有以致之。又查十年前,美国加州创办巴萨丁植物园,乃由加州大学农学院院长麦雷尔博士商得同该州各大农林场等,由各农林场捐出大段森林或场地为植物园之园址及基金。同时在植物园四周划定相当地点招徕殷户建筑别墅,即凡愿捐助该园款项在若干数以上者,均得在该园四周划定之地点内建筑房屋,而此驰名之巴萨丁植物园竟得以成立矣。

查本园全部面积计九千余亩,除供培植各区植物及造林外,尚有因土质及地势不适宜于种植之地,兹拟仿效加州巴萨丁植物园募集基金办法,为本园立一稳固妥善之基础。即凡国内热心学术研究,爱好自然之各界人士,一次捐助基金在一千元以上者,得由本园在上述之不甚适宜之地带内划给土地二亩,作为捐款者之永租地,归捐款者建筑别墅及设置园庭之用。假定永租地以一千亩计,则可募得基金五十万元,一举而本园之基础以立矣。此事前曾与中华教育文化基金董事会多数董事商讨,皆题其议,且有允捐巨款为之倡者。为此用敢拟具庐山森林植物园募集基金计划书,呈请鉴核,如蒙准予募集,即当函商国内政军学商界领袖名流,列名发起,以利进行。所拟庐山森林植物园募集基金计划书是否有当,理合具文呈请鉴核示遵,实为公便。

 谨呈

江西省政府

 附计划书一份

庐山森林植物园主任 秦仁昌①

几乎与此同时,胡先骕也为募集活动,致私函与江西省主席熊式辉,请求

---

① 《秦仁昌呈江西省政府文》,森字第七号,中国第二历史档案馆藏静生所档案,全宗卷609,案卷号21。

省政府批准同意。其函云:

天翼主席勋鉴:

客夏接聆教言,倏易裘葛。丁兹赤祸初定,疮痍未复,钧座标建设为今年行政之鹄的,宏谋卓识,至为佩仰。阳和初肇,与民更始,不世之勋,如操左卷矣。

兹有启者:庐山森林植物园蒙鼎力促成,得在乡邦立百年树木之始基,为万国观瞻之所系。公私两者咸荷姘懞,感慰之怀,匪言可喻。惟预算至寡,而事业过巨,不筹他策,难免绝脰。尝忆及十年前美国加州创办巴萨丁拿植物园之计划,以为可以借镜。其时加州大学农学院院长麦雷尔博士与该地各方林场场主商议,由彼等捐大段森林为创办植物园之基金与园址,而在植物园四周招来殷户建筑别墅,双方各得其益,而植物园不费一金以成立矣。窃思庐山植物园面积九千余亩,一部为陡峻山坡,不适种植之用,若得省政府通过,凡捐助植物园基金至若干数以上者,得由植物园划园地一至数亩作为永租,以供建筑之用。人数苟众,则可成一新村,一方植物园基金以得,一方又为繁荣庐山之良机。假设捐款二千元者给园地二亩,则以园地三百亩计,即可筹得植物园基金五十万元,而园之基础以立矣。此意曾与中基会董事数人谈及,皆韪其议,且已有允捐巨款者。用敢专函商请,如钧座认为可行,再当会同农业院正式向省政府呈请,同时并望钧座列名于募捐启,以为之倡。南京、北平、上海政、学、商界诸名流均不难请为列名也。植物园基金募得预增加之后,骕尚能向洛氏基金会请求补助林业研究经费,则植物园事业尤可扩充,而大有裨于江西林业,想亦钧座所许也。

专此,伫候回示,并颂
政安

胡先骕　谨启[1]

秦仁昌函和胡先骕函有相同之处,说明他们事前曾为商议。胡先骕之函,引起熊式辉注意,原则同意庐山森林植物园的构想;只是认为植物园山林土地

---

[1]《胡先骕致熊式辉》,江西省档案馆,61(1055)。

面积不清,其地点及四至均未叙明,即将此函抄送江西省农业院,并训令农业院会同庐山管理局查明界线。① 因此引发为期一年之久的庐山植物园勘定界址,此事将于下文记之。在园址未勘定之前,提交江西省政府第 778 次省务会议议决通过。

图 2-18　1936 年中心区全景

4 月 10 日,庐山森林植物园委员会在南昌江西省教育厅召开第二次会议,出席会议的委员有龚学遂、程时煃、董时进、胡先骕、秦仁昌,会议通过了募集植物园基金原则,并嘱植物园拟具详细办法,呈请江西省政府核准。② 《庐山森林植物园募集基金计划书》第二章第二、三节言明此基金募集方式和管理办法:

　　凡热心学术研究及爱好自然景物之各界人士,一次捐助本园基金在千元以上者(千元以下勒碑纪念),得由本园在指定地带内划给土地壹百贰十方丈作为永租,归捐助本园基金者建筑别墅之用。所拨土地以此为限,而不以捐款之多寡为比例,这是有别于市场的地方。
　　基金保护办法,依照国立清华大学及静生生物调查所等基金保管方式,交由中华教育文化基金会保管,植物园每年仅得动用其利息,由植物

---

① 《江西省政府训令》,建字第 3489 号,江西省档案馆,61(1055)。
② 《庐山森林植物园委员会会议记录》,中国第二历史档案馆,609(12)。

园委员会核定,供建筑或设备或常年经费之用。①

此次大规模募集基金得到了当时国内各界名流的支持,纷纷加入发起人行列。他们是林森、蒋中正、蔡元培、张人杰、黄郛、孔祥熙、王世杰、吴鼎昌、王正廷、石瑛、翁文灏、陈果夫、韩复榘、熊式辉、朱家骅、程天放、刘健群、金绍基、周诒春、胡适、钱昌照、李范一、孙洪芬、蒋梦麟、任鸿隽、梅贻琦、罗家伦、范锐、陶孟和、江庸、汤铁樵、俞大维、卢作孚、邹秉文、程时煃、龚学遂、董时进、胡先骕等共计40人。② 从前文所引胡先骕致熊式辉函云"望钧座列名于募捐启,以为之倡。南京、北平、上海政、学、商界诸名流均不难请为列名也"。盖此40人皆为胡先骕、为庐山植物园所感召。再次证明胡先骕当时的社会声望和庐山植物园事业之重要。此还有一通胡先骕致马君武者函,即是邀为列名,可再为说明。

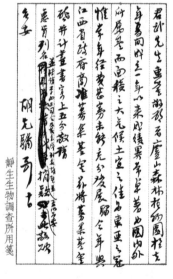

君武先生惠鉴:

敬起者:庐山森林植物园于去年夏间成立一年以来,成绩异常卓著,为国内外所属望。而面积之大,气候土宜之佳,为东亚之冠。惟常年经费甚寡,未能充分发展,骕今年与江西省政府商准募集基金。募集启并计划书寄上五份,敬恳列名,并转请李、白两司令及黄主席列名发起并捐款,至以为要。

专此敬颂

台安

胡先骕 拜 十日③

图2-19 胡先骕致马君武函

马君武系广西大学校长,函中李、白两司令,黄主席即广西军政要人李宗

---

① 《庐山森林植物园募集基金计划书》,中国第二历史档案馆,609(15)。
② 《庐山森林植物园募捐簿》,中国第二历史档案馆,609(15)。
③ 《胡先骕致马君武》,1936年,中国第二历史档案馆,609(15)。

仁、白崇禧、黄绍竑。胡先骕欲借马君武的影响，邀请广西军政界人士加入。不知何故，他们都未列入发起人之列。此也说明胡先骕与军界交往甚浅，但这并不影响募集活动的开展。其《募集基金启》云：

> 庐山森林植物园于牯岭附近之含鄱口，其地气候适宜、土壤肥沃、水源充沛、面积近万亩。规模宏大，为东亚之冠。而自成立以来，成绩卓著，为世界各国所重视。自开办迄今，本园搜集及与各国交换之种子苗木已达一万二千余种，镒基已立，发展堪期。惟常年经费过少，而计划不能达所预期，是以呈准江西省政府为大规模基金之募集，尚乞国中贤达，惠然解囊，集腋成裘，众擎易举，使兹名园经济基础得以奠定，事业得以积极进行，则国家社会咸利赖之。①

中国文人雅士自古就雅爱山水，寻觅云容岩影之变化，听大浪啮矶之声响；或临流垂钓，或松下息荫；更有卜居于此、归葬于此的人生取向。庐山得自然之灵、交通之便，在近代更有夏都之誉，自然吸引时贤的向往，因之牯岭一隅，名人别墅林立。庐山植物园所在地含鄱口三逸乡，历来都是来庐山游览必到之地。这里擅林泉之胜，无尘嚣之烦，南俯则鄱湖如镜，东眺则五老岳峙；太乙拱于西，月轮大月诸山环于北，景物秀绝，虽黄龙、芦林也有不如。更有甚者，当园林布置、道路修缮、建筑完工之后，立于含鄱岭上，回望三逸乡中的植物园中心区，尽收眼底，一切都掩映在绿色的丛林之中，宛然人间仙境，令人赞叹不已。有如此美妙的欣赏角度，在中外名园中，殆不多见。今日植物园入门处，昔日称为横门口，曾有一楹联：曰"横门虽设未常关，山侠来游容易入。"②此联不知出自何人之手，虽说不上多少绝妙，但也确实道出此地园景的开放自然，不似都市中的园林囿于一隅，那样局促。有如此林地，自然也为时贤所钟爱。惜庐山植物园募集基金活动开展未久，即遇抗日战争事起，而被迫中断，捐款者仅有任鸿隽、黄郛、陈登恪、韩复榘四位先生而已。

---

① 《庐山森林植物园募集基金启》，中国第二历史档案馆，609(15)。
② 汪少林：《江西名胜楹联》，江西高校出版社，1994年，第218页。

十、任鸿隽之古青书屋

在庐山植物园募集基金活动中,虽经各方名流倡导,但受时局影响,仅有四人认捐。而此四人当中,仅任鸿隽一人别墅于 1937 年夏建成。《庐山森林植物园第四次年报》记有:

> 叔永先生之别墅,已于本年六月落成,地位适中,风景宜人,实为本园基金捐助人所建别墅之第一完成者。室前庭园花卉,现由本园着手布置,其全部工程,由牯岭上海商业储备银行信托部承包,材料工程,堪称俱美。①

图 2-20　任鸿隽

任鸿隽(1886—1961 年),字叔永,原籍浙江吴兴人,清季应试署籍巴县,便为四川巴县人。1906 年入上海公学,后游学日本,进东京高等工业学校应用化学科。参加同盟会,辛亥革命后返国,任南京临时政府总统府秘书。1912 年赴美国留学,先入康乃尔大学、次入哥仑比亚大学研究所,分别获得化学学士及硕士学位。在美期间,除组织"中国科学社",还与胡适就改良中国文字与文学等问题,展开激烈的辩论,促使胡适提出"文学革命"口号,引发新文化运动。1928 年执掌中基会干事长,对胡先骕事业多有关顾。

1937 年"七七事变"爆发之后,任鸿隽受中央政府邀请,于 7 月 14 日赴庐山参加著名的庐山谈话会,与竺可桢等同居在美国学校。会议结束,又因竺可桢、梅贻琦等游山兴浓而偕同往各景点,曾欲赴植物园查看新造之屋而未得。随经上海,而返北平,以接家人再来庐山

---

① 《庐山森林植物园第四次年报》,1937 年。

居住。《竺可桢日记》对其在山上行踪有所记载，此不具录。

8月初，任鸿隽携家人经平汉铁路到汉口，再而九江而登庐山，先是下榻美国学校。在其给中基会会计叶良才的书信中记有其行程：八月四日函云："船上人众天热，极为烦闷。昨日上山，途中即遇大雨。今日浓雾四塞，雨仍不止，温度在华氏七十三四，大有深秋之意，视前两日判若隔世。两日不见报，不知北方局势如何？南方有无新事故？至为系念。此间植物园新居，因天气恶劣，尚未往观。美国学校起居安适，多住一、二日亦自不妨也。如有来示及代转之件，仍请寄交庐山植物园秦仁昌君转即得。"①8月8日又函云："弟于今日移居植物园。此间新居两三日内可布置就绪，兄及夫人如有暇，望能来此小住，畅谈为快。孙先生等有无信息，是否打算离开北平？时局有何新发展？均以为念。"②孙先生系中基会新任干事长孙洪芬。

任鸿隽在植物园的别墅，自名为"古青书屋"。2001年时年八十高龄任鸿隽长女任以都先生，应著者之请曾赠送古青书屋照片一帧，并附函云："现在附上手边幸存的旧照片，是1937年秋季我家搬进'古青书屋'后拍的。房子刚刚盖好，正房后面那座小屋，是厨房、存贮室和佣人住处。房子两旁，每边一条山涧，每日听潺潺水声，是我们当时从北方去的孩子们认为十分新鲜的美事！山坡上生满野栗子树，不知现在尚有吗？"任鸿隽有子女三人，庐山的一段生活给了他们美好的记忆。

图 2 - 21　任鸿隽之古青书屋

任鸿隽此番在庐山消夏、游览之余，留下一些诗作，于其新居有"我来卜居苦无所，茅屋偶落山之根"之句。还有《庐山谣》之作，清新可咏，从中能见

---

① 《任鸿隽致李良才》，1937年8月4日，中国第二历史档案馆，484（1026）。

② 《任鸿隽致李良才》，1937年8月8日，中国第二历史档案馆，484（1026）。

其与家人山居之快乐。诗云:

庐山高,高又高,过了锦涧又天桥。拼着脚劲登五老,回望汉阳在云霄。庐山高呀高又高。

庐山秀,秀得透,是处山石一样瘦。天池路傍出龙角,遇仙亭边见佛手。庐山秀呀秀得透。

庐山奇,奇更奇,多少名泉看不及,石门三叠古来传,还有卧龙在幽僻。庐山奇呀奇更奇。

庐山美,美无比,春花冬雪俱可喜,杜鹃开作红地毯,冰蕊大如糖果子。庐山美呀美无比。①

此系任鸿隽为其子女而写。任以都回忆云:"先父因为在方搬入时,石工建屋前的阶梯还未完工,每天仍在工作,搬运大石头,就吭唷、吭唷地高声唱,那歌调极其抑扬,所以有一天撰了这首《庐山谣》,配其歌调,我们三个孩子就马上唱起来,至今不忘。"②在山中,任鸿隽还写有《五十自述》一篇,其晚年在撰写《前尘琐记》时回忆曰:"当民国二十六年抗日战争发生的时候,我和家人曾在庐山森林植物园内住了约半年,当时我正满五十岁(我生于1886年),在山中住着无事,曾写了一篇约一万字的《五十自述》。"③。除此之外,因时局紧张,任鸿隽还与中基会下属机构主持者保持书信来往。从所见到的材料看,除叶良才,还有北平图书馆馆长袁同礼。

9月8日致函叶良才,对中基会如何应付局势变化,作出指示:"八月份赔款如期拨到,尤可表示中央财政之有办法。目下处于非常时期,会中款项自应有一种临时办法,以免许多重要事业因经费不济而致停顿。洪芬先生如一时不能南来,似应由在京沪各董事先行集议一定办法,庶不致多所分歧,于临时发生之事件难于应付也。"函中所言之事,须作说明:"赔款"系庚子赔款,此由美国政府退回给中国,成立中基会。此时,即由中央财政直接将每年所赔付之款项,按月下拨到中基会。其时,任鸿隽以辞中基会干事长之职,而由孙洪芬

---

① 任鸿隽:《庐山谣》,赵慧芝先生抄示。
② 《任以都致胡宗刚》,2001年2月16日。
③ 任鸿隽:《前尘琐记》,手稿本,1950年。

担任。

10月9日任鸿隽致函北平图书馆袁同礼，也邀其来植物园修建别墅，云"在此间植物园造房，不必先交款领地，亦可兴工，房价小者用木造，一千元即可得。兴工时盖以秋季为佳，冬间冻雪，春间多雨，然农事较忙，又不宜也。兄如有意来兴筑，最好便中来一视，并畅谈一切。弟等在此已作过冬准备，虽颇不欲，亦无如何也。"①10月25日再请袁同礼来山一游："山中近日天气颇佳，兄如来山，自以早来为妙，再晚则天寒，不宜游览矣。何时驾临，请先示知。谨当扫榻以待，但须自带铺陈，恐敝处所有不足供用，荒寒至此，想不笑也。"②

叶良才因在上海忙于中基会事务，袁同礼因在北平处理图书馆是否南迁、及与长沙临时大学是否合并等事，皆无暇来庐山一游。任鸿隽也因时局动荡，而牵挂在北平沦陷区的图书馆、静生生物调查所、营造学社等学术机构，或维持、或南迁，无心在庐山安居。

越明年，时局更加严峻，2月2日再致袁同礼函，即云"弟等上年十二月末，本有下山准备，嗣因车票无着，遂复中止。目下山住虽颇安适，然长此以往，亦非了局，现正积极筹备，月内或可下山他往。"③2月19日任鸿隽遂携家眷经九江乘轮船赴汉口，转粤汉路至长沙，与已在此的袁同礼、傅斯年、蒋梦麟等会晤商讨诸事。

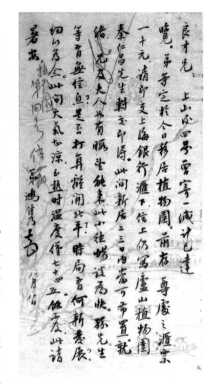

图 2-22　任鸿隽致叶良才函

---

① 《任鸿隽致袁同礼》，1937 年 10 月 9 日，《北京图书馆史料汇编》，书目文献出版社，1992年，第 449 页。

② 《任鸿隽致袁同礼》，1937 年 10 月 25 日，《北京图书馆史料汇编》，书目文献出版社，1992年，第 451 页。

③ 《任鸿隽致袁同礼》，1938 年 2 月 2 日，《北京图书馆史料汇编》，书目文献出版社，1992年，第 508 页。

图 2-23　任鸿隽在庐山森林植物园拍摄之雪景

　　不料任鸿隽此次离开庐山之后,就未曾返还。1938 年冬在整理平生所写诗稿时,仍以庐山此屋名之,曰《古青诗存》,蔡元培为之撰跋。惜此集未曾刊行,终也不知"古青"之寓意。不过,仅此可知任鸿隽之于庐山的情感之深。

　　抗日战争时期,庐山森林植物园西迁至云南丽江,待胜利后,庐山的园林和建筑几乎全毁,古青书屋也未能幸免。1948 年任鸿隽在上海致函胡先骕,言:"在庐园中弟所建山屋之残骸,内人欲将出售,以期略补家用,不知有办法否?"①然在通货膨胀极为严重的情形之下,任鸿隽所托,自然是了无结果,此屋后来也未曾修复。

十一、勘定界址

　　庐山森林植物园成立之时,山林地亩皆承继农林学校林场的全部面积,但是当时界址并不明确,虽说有近万亩,却无正式的法定依据。1935 年初,植物园发起并组织募集植物园基金活动,胡先骕致函江西省主席熊式辉,请求批准实行。因募集基金的方式是以出让植物园土地,作为永租地,供捐款人建造别墅之用,此事前已有述,今为介绍由此事引发对植物园所属土地的勘界工作。

①《任鸿隽致胡先骕》,1948 年,中国第二历史档案馆,484(1026)。

　　熊式辉在接读胡先骕请示函后,认为"来函所称庐山森林植物园面积九千余亩,其地点及四至均未述明,殊属无凭核定"。而令江西省农业院会同庐山管理局"查明界址,核议具报,以凭核办"。① 由此展开了为时一年有余的勘界工作。其经过如下:

　　江西省农业院接到 1935 年 4 月 10 日省主席熊式辉的指令后,即于 4 月 12 日致函庐山管理局,言明此次勘定界址之缘由,并致函农业院庐山林场技士冯文锦。派他与庐山管理局接洽,查明核议。

　　4 月 18 日庐山管理局局长蒋志澄复函省农业院,云植物园本来之面积,本局"无案可稽,碍难照办"②。4 月 22 日农业院再致函管理局,言明植物园土地之由来,"查该园所有林地,本系本院附设农林学校所属演习林场,经二十三年五月七日本院理事会第二次常务会议议决,拨交该园备用,并呈请省政府备案。其面积四至,并经农林学校绘具地图报院转至该园存卷备查,兹特绘具一份,送请贵局参考,即希按图会同本院庐山林场实地勘明。"③庐山管理局即请庐山林场主任钟毅派员会同查勘,钟毅回复云"森林植物园园址面积广表,欲求勘测周详,似非短期可以藏事。兹值本场场务正忙,实属无暇及此,请俟秋季定期会同查勘。"④此事被延一年之后,直至第二年 11 月,江西省政府才以"建一字第七二六〇号"训令,为植物园园址界线至今尚未勘明,由农业院向建设厅调取案卷,派员会同庐山管理局迅速彻查。有此训令,至 12 月 15 日基本勘定完毕。完毕之后,秦仁昌有函呈送江西省政府,汇报大致经过,摘录如此。

　　　　兹奉前因,遵即与农业院所派技师陈振,技士梁孙根、邱琨,技术员熊肇元,庐山管理局派秘书袁镜登,科长裘向华,于本年拾一月二十七日上午,在庐山管理局协商查勘本园界址应取步骤。当经决定原则二项:(一)本日下午先会勘张伯烈地界址,决定后再测量面积;(二)由植物园向涂家埠农林学校调阅关于该项林地之卷宗。下午即实地会勘张伯烈亚农森林场界址,经查明东至七里冲,西至芦林前俄国租界,南至大口与太乙村葛

① 《江西省政府训令》,建字第 3489 号,江西省档案馆。
② 《庐山管理局致江西省农业院》,江西省档案馆。
③ 《江西省农业院致庐山管理局》,江西省档案馆。
④ 《庐山管理局致江西省农业院》,1935 年 6 月 24 日,江西省档案馆,全宗号 61,案卷号 1055。

陶斋所有山地为界，北至刷子涧。原有"亚农森林界"界石，尚多完整可识，惟间有数处业已失踪者。当即会同补钉木桩七个，以资标记。至此项界内面积就有若干，须待本园测量后，再行呈报。再查亚农森林场以外各地，如五老峰、青莲谷等处，应否仍归本园管理？依拟前项决议第二项，俟由本园向涂家埠农林学校调阅前省立林业学校扩大该项林地之卷宗后，再行另案呈报。①

1937 年植物园又补刻界石，3 月开始，至 11 月结束。11 月 27 日植物园主任秦仁昌曾致函庐山管理局，请其派员察看界石，并准予备案。函电云："本园园址界线前经会同贵局暨农业院于二十五年十一月二十七日勘定，并呈奉省政府'建字九〇二八号'指令备案；复于本年三月二十一日以森字第六六号公函请贵局派员会同补刻界石。兹查上项界石业经本园补刻完竣，特函请查照备案。"②1937 年《庐山森林植物园第四次年报》对此次勘定界址始末作了详尽的记载：

> 本园成立以来，土地界址，迄未正式勘定。按前江西省立林业学校，移交本园宗卷内，仅有彩色实习林场地图一幅，四址具详，但未经省府及庐山管理局登记备案，实不足为本园土地界址之根据。本年，经省府明令江西农业院、庐山管理局、庐山林场、会同本园，重行勘定。计东至七里冲、西至太乙村、东南至骆驼蜂、北至刷子涧，共计面积四四一九亩，全线冲要地点，均竖有本园界石为记。除已向庐山管理局登记，曾得执业证外，并经呈准省府备案。本园久悬之土地界址问题，于此解决矣。③

1936 年江西省建字九〇二八号指令仅是对园址界线备案，而未涉及园址面积、执业证等。1938 年 1 月 10 日秦仁昌又呈文江西省政府，请求省政府对此再予备案。函文云："兹查本园园址面积业经测量完竣，……共计面积四四

---

① 《秦仁昌呈江西省政府文》，森字第廿七号，1936 年 12 月 15 日，中国第二历史档案馆藏静生所档案，全宗号 609，案卷号 21。

② 《庐山森林植物园文稿簿》第二册，中国第二历史档案馆，609(12)。

③ 《庐山森林植物园第四次年报》，1937 年。

一九亩,庐山管理局查照,并已由该局发经理字第二三号管业证,理合检同本园平面图一份,备文呈请钧府鉴核备案,实为公便。"

经过六十多年的风雨,世事变幻,庐山森林植物园当时所得《执业证》《管业证》均已遗失,省政府指令备案的文件今也不知藏于何处,惟有立于山野林间刻有"植物园界"字样的界石尚存,作为后人最可靠的依据。

十二、政府要员来园参观

早在植物园成立之前,蒋介石曾携夫人宋美龄来含鄱口游览。时在 1934 年 5 月 12 日。是日上午十时蒋介石一行登临含鄱亭,后在亭中午膳。十二时半来到当时林校林场视察,由林校技士陈达明接待。蒋介石对此间设施破败甚不满意,事后陈达明致函江西省农业院。其函云:"(蒋介石在此曾说:)此地风景最好,中外人士来牯岭者,莫不到此游览。此处务宜布置成一模范森林公园,使游人得一休息之所。房屋久不修理,太不像样。以后务宜布置清爽,下次当再来看。"陈达明此函即向学校报告,校长又转请农业院下拨房屋修缮经费。为此,农业院下拨 200 元。于 7 月间修缮完毕,房顶油漆,四周墙壁补缝出新及全部水沟、门窗、厨房、厕所、客厅、膳厅、办公室等全部粉刷油漆,共需工料费 367 元,即要求农业再行补拨。此时,林场已被植物园接收,乃令林场将账目移交植物园办理。

此再摘录陈达民呈农业院函中与蒋介石对话内容,借此可知其时农校林场情形:

> 蒋委员长　暨夫人同到职场境内含鄱口町上游览,并用午膳,十二时半亲临职场视察,询问并面谕各节分条列下:
>
> 问:几时来此,有多少人在此;答:去年学期到差,技士一名,偕工人六名。
>
> 问:多少经费;答:每月百余元。
>
> 问:地方多大;答:共有五六千亩,造林面积占四分之一。
>
> 问:底下茅屋何以不修;答:此屋属罗姓,因无人过问。又谕云:可以收回改造或拆除。
>
> 职送委员长出境,至下首金姓被火房屋边时,又问:此屋属谁,何故被

火;答:此屋由罗姓出售于金姓,因看房之人不慎被火。又问基地多大;答:几十方。又问:现在怎样;答:金某欲重建筑,校中拟收回自用。又面谕:务将林场境内金姓罗姓茅屋等,一律收回归公家应用。①

金姓罗姓房屋后被植物园购买,由雷震办理相关手续,使得植物园内没有私人房产。

植物园成立后,1936年盛夏的某一日,秦仁昌正在办公室工作,突然跑来一个宪兵,云蒋委员长将要来参观,秦仁昌遂命陈封怀随同一起往横门口等候。不久,蒋介石和夫人一行几十人乘轿而至。其中有军政部部长何应钦、次长陈诚,行政院秘书长翁文灏等,由江西省主席熊式辉陪同。秦仁昌导游参观新开辟的一些园区,并至办公地点察视。蒋介石询问了一些工作情况,人员结构、生活条件等,对科学家的工作甚加赞佩。蒋介石对植物园的创建曾给予支持,1934年8月成立典礼时曾派代表莅临;前述植物园募集基金,曾邀蒋介石为发起人之一;此后1937年蒋介石曾批准补助植物园临时费一万元。陈诚则认为园艺工作甚有意义,曾捐建温室一幢,后又推荐其侄子来园学习。

图2-24 蒋介石到访庐山森林植物园留影

植物园草创伊始,诸事粗陋,不值一观。经两年努力,园区基本形成,尤其是1937年夏天草本植物区所植300余种大丽花盛开,浓艳缤纷,鲜美夺目,寻不常见。一时四方游客纷至沓来,中西人士之来欣赏者,数以千计,莫不称颂

---

① 陈达民:《为呈报蒋委员长视察庐山林场面谕情形恳拨资修理房屋由》,1934年7月2日,江西省档案馆藏农业院档案。

为庐山佳境。国民政府主席林森,汉口英国总领事毛斯,国学大师钱穆等均曾
驾临参观。是夏中国儿童教育社在庐山举行年会,三百余名会员于会后来植
物园畅游竟日,诚空前之盛况。

第三章 庐山森林植物园丽江工作站 (1939—1945)

DISANZHANG

诞生于 1934 年的庐山森林植物园,不几年便以优异成绩令世人瞩目。其园艺植物研究更是取得开创性成绩,为此中央研究院在规划全国科学发展时,云"庐山森林植物园与国产园艺植物之调查与种苗之收集颇为注意,将来当有成绩可观。"①然而去此仅三年,即遇抗日战争全面爆发,再一年日军沿长江西上,九江、庐山悉为沦陷。植物园员工不得不弃园而去,先往云南昆明,后再往云南丽江。终在丽江建立庐山森林植物园工作站,度过艰难的抗战时期。

一、西迁之前

　　"七七事变"爆发之后,因中基会决策迟缓,致使静生所未能如胡先骕先前提议那样迁所至南方,只好依靠中基会与美国的关系,继续在北平予以维持。而此时之庐山森林植物园尚未受到战争直接影响,各项工作仍按计划顺利进行。1938 年上年度与国外种子交换所得,和派人赴四川、安徽等省采集,及俞德浚在云南特为庐山植物园所采等各路种子,经播种均有良好之结果;夏初,秦仁昌主任还亲往湖南衡山,调查蕨类植物之结实情况,兼及采集,所得标本,亦复不少。

　　植物园园林建设也有进展,草本植物,早已分科栽培。1938 年夏,更将其余之木本植物,也分属划区移植;初春,开辟园中松杉岭北麓之荒地,为草本花卉区,种植各种宿根草本花卉,达七十余种;又建石山植物区一块,以便将草本花卉,及鸢尾等须要排水良好,多沙砾环境能生长的种类,而移植时,已临秋后,此时植物园已濒临战区,工作遂告停止。总之,自植物园创建至不得不撤走人员短短四年之间,经引种培育成功,各类植物共达 4 千余种②。如此成绩,

① 《国立中央研究院评议会第一次报告》,1937 年 4 月印行。
② 《静生生物调查所第十次年报》,1939 年。

令人艳羡;而要放弃,却让人酸楚。

在撤离之前,植物园之房屋建筑已有温室六幢、总办公室一幢、员工宿舍二幢及工房厨房等。还有一幢重要建筑,本是寄托植物园之希望,却在未竣工之时,也不得不放弃。该项工程系 1937 年 2 月,植物园向管理中英庚款董事会申请,请求建筑森林园艺实验室及仪器设备补助金。该会第四十六次董事会议决定,同意补助一万元,分两年拨付。工程于当年 8 月开始动工,在开工之时,植物园即向中英庚款董事会去函,报告工程进展。其函云:"本园建筑森林园艺实验室,原系应研究实验上之急用。故本园需要此项建筑、设备,实刻不容缓。且此项建筑规模甚小,预计四个月内即能完工。加上山上天气,冬令冰冻甚厉,届时一切工程势必停止,故全部工程以能在冬令以前完成始称万全。为此特殊情形,拟请贵会仍照原订计划,如期完成,甚裨益本园前途,当匪浅鲜也。"①此后,植物园再次致函,言明此工程须在年内完工,"查上项建筑,尚不能在本年冬令以前完成,则因高山寒冷,冰冻甚厉,已成部分难免椽落崩塌之虞,势必影响全部工程,功亏一篑,实为可惜。"要求将一万元经费一次拨付,以便进行。② 若在承平之日,植物园本可向银行借垫,无奈值此国难之时,银行已停止发放借款;而植物园自身常年费,在此时期,也非常竭蹶,没有可供挪用之数。在董事会方面,下拨之款来源是以英国退还庚款作为基金,借充各实业部门办理生产建设事业,而以借款利息办理教育文化事业。所资助之事业按年度计划执行,分别拨讫,无余款可资提前支予,故只有等待下一年度。《庐山森林植物园年报(民国二十六年)》有这样记录:

> 森林园艺实验室,位于温室之后,为一字形之二层楼房,计长一百尺、宽三十六尺。内有实验、标本、图书、储藏等室各一间,办公室十间,预计全部工程,需费一万元,由中英庚款管理委员会补助之。于本年八月中旬动工,现已完成外墙,来年初冬,当可落成,以便迁入办公室也。③

---

① 《庐山森林植物园致管理中英庚款董事会函》,森字第卅九号,1937 年 8 月 13 日,中国第二历史档案馆藏静生所档案,全宗卷 609,案卷号 21。
② 《庐山森林植物园致管理中英庚款董事会》,1937 年 11 月 12 日,中国第二历史档案馆,609(24)。
③ 《庐山森林植物园第四次年报》,1937 年。

　　然而,至1938年6月16日,该会董事长朱家骅来函称:"自去秋战事发生以来,本会对于补助建筑之费,均暂行停拨,届时能否照拨,亦仍须视时局情形如何,再行酌定。"①该项工程后期5千元,终未汇来。但是,盖起一半之建筑,不能任之,今不知秦仁昌从何处筹集到经费,力争在1938年完工。谁知房屋工程进行到架设房梁,铺订屋面板时,只等盖上铁皮瓦,庐山也遇沦陷,植物园人员却要撤迁而去。待抗战胜利返回时,此幢未完成之建筑,仅剩一些短墙而已。后改建为一层,也未作森林园艺试验室之用。

图3-1　撤离前之尚未完工森林园艺实验室

二、西迁经过

　　抗日战争全面爆发后,为应对严峻之形势,1937年9月1日庐山森林植物园召开第七次园务会议,秦仁昌在会上对植物园工作作了如下安排:

　　　　际此国难数重,在非常时期内,各机关经费均虑困难。本园当然未能侧身于外,兹后各项消费,亟应简省,以免陷入窘境,并将暂可缓办者,停止购备,设备费亦不得超过每月预算。至于职员薪水,自三十元以上者,暂支半数,本人之办公费五十元,亦暂不提支,均自九月份起实行。其余

①《朱家骅致庐山森林植物园》,1937年6月16日,中国第二历史档案馆,609(24)。

半数,俟时局稍平,于经费无虞缺乏时发给。所雇工人,自本月起,亦应裁减,可留工作得力者,以资节省,而免靡费。①

　　既是在此非常时期,整个民族将面临难以预知的灾难,而植物园一面加紧建设,一面也在作撤离准备。第二年,1938 年 6 月 26 日长江要塞马当失守,赣北即告被占。7 月 5 日湖口失守,7 月 23 日日军在九江附近登陆,遭到我军抵抗,由此拉开著名之武汉会战序幕。武汉外围有九宫山、幕阜山、庐山和大别山,在此布置重兵数十师,预筑坚固阵地。② 在庐山附近虽然修筑阵地,但我军所采战略是边打边撤,以拖延日军西进日程,以便东部之人力、物质设备有时间撤至西部,以作持久之抗战。而在一般百姓对战略决策难以知悉,就是对局部战役也难获战况。1938 年 7 月 24 日秦仁昌欲先往长沙,当他获知国民政府部队将放弃庐山,才立即指示其他人员也立即离开庐山。关于植物园西迁之经过,时在该园任职的冯国楣于 1998 年应著者之约,撰写《庐山森林植物园丽江工作站始末记》回忆文章,于此有详尽之记述,摘抄如下:

　　　　庐山沦陷前夕,秦仁昌主任已把其夫人左景馥送往湖南长沙左家(左宗棠老家),而植物园内秦氏也安排了陈封怀、刘雨时、冯国楣等人留守,并预存了六个月的粮食、食盐、腌肉等食物,同时将园内的标本、图书、以及丹麦国请秦主任鉴定的蕨类腊叶标本一起送到庐山美国学校内寄存,准备战后取回。

　　　　当秦主任知道庐山将很快被日兵侵占前夕,由庐园工人抬轿送至下山,至陈诚(游击战时的司令)住处,陈诚告诉他,庐山已划为游击战区,庐山森林植物园员工不能留守,均应下山避难。当时秦氏即写信给陈封怀,要大家从速离开,庐园工人回来后将秦氏的信交给陈封怀。当时大家商量,决定离山到南昌,离园的有陈封怀夫妇、刘雨时、冯国楣、冯瑞清、刘□□等,由含鄱口下山,从星子县沿公路向南昌方向步行,途中有军车回南昌,几经交涉才同意带我们到南昌。在南昌我们均要到了难民证。第二天陈封怀夫妇就转往吉安而去,我与刘雨时、冯瑞清、刘□□则在火车站

---

① 《庐山森林植物园园务会议记录》,中国第二历史档案馆,609(17)。
② 何应钦:《八年抗战之经过》,文海出版社,《近代中国史料丛刊》第七十九辑。

乘坐运牲口的空车皮往长沙去，殊不知火车经萍乡至湖南醴陵途中的老关站时，与长沙来的一列军用火车相撞，结果是两车头撞到车站上，幸好我们均未受伤。当时车站用不到六小时把车修好，我们仍乘空车皮到长沙。

在长沙住到左家，其时左景烈有病在家。遇敌机轰炸，我们就躲在门口的防空洞内，系用沙袋堆集的简陋的防空洞，左家的门窗玻璃破碎了几块，其他没有什么破坏。第二天，我们去查看了离住处仅百余公尺的炸弹坑，约有一公尺左右的直径，并未伤人。以后我们每天一早均出城至田坝里，有水车可躲避，至太阳快落山时再回到家中。后购到从长沙至贵阳的公共汽车票，到贵阳后，又等汽车票至昆明，又等了很久，才坐上汽车抵达昆明，找到了文庙（即孔子大成殿），其时已有蔡希陶、邱炳云等云南生物调查团的同事在此，后来秦主任由广西转往越南河内也到了昆明，陈封怀夫妇、雷震夫妇也先后自江西经广西到了昆明。①

于这段文字，需要补充的是，植物园寄存在庐山美国学校的物品共 120 箱，每只箱长 2 米，高宽约 1 米，甚为巨大。其中也有私人物品，约每人一箱。庐山美国学校，是因当时在庐山的外国侨民众多，为教育其子女，而由外国人士自己设立的学校。在第二次世界大战的远东战场上，英美始为中立立场。植物园之设想与前述北平静生所的设想一样，认为日人会礼遇英美人，美国学校可免于难。故植物园每月出资 30 元，租借该校房屋多间，供物品的摆放，并请负保管之责。

秦仁昌从庐山到达星子之后，见到陈诚，闻曰国军将放弃庐山，秦仁昌让工人带回一函给陈封怀，如冯国楣所言，该函今已不复见到。有幸在牯岭美国学校吴校长（Roy Allgood）的档案中，有几通秦仁昌离开庐山之后，写给他的信函，藉之可知撤离之确情。

图 3-2　庐山美国学校吴校长

---

① 冯国楣：《庐山森林植物园丽江工作站始末记》，手稿，1999 年。

秦仁昌是 24 日离开庐山,第二天早上三点到达南昌,27 日达到长沙,31 日致函吴校长,有云:

> 陈夫妇以及其他植物园的成员今天都已经安全到达。他们从庐山到长沙的途中经历了非常危险及艰苦的旅程。陈先生在德安丢失了他的部分行李,主要是些衣服。长沙仍然是安宁的,尽管许多居民为避免遭到轰炸,还是在 21 号或 23 号转移到乡下了。我正设法到乡下去和我的家人见面,希望在那里和他们呆一个星期,然后回长沙,开始计划我们八月底去云南昆明的行程。我们计划在那里开设另外一个植物园,在云南西北的高山地区收集种子、球根,在昆明附近先为种植,希望在战争结束之后,带着这些回到庐山植物园。①

8 月 3 日秦仁昌又去一函,报告其在长沙情形。8 月 18 日在准备去昆明当中,再致一函,对庐山植物园管理予以委托。节录如此:

> 谈谈植物园的事情,我们已经得到了你的许多支持。在您没有被迫离开牯岭之前,请求你担负植物园管理工作,在这种环境下设法拯救它,使房子不被损坏。植物园现有六名看管人,都非常忠心,他们保证尽力保护植物园的所有财产。他们每人都已得到八月以后三个月工资,平均每月共 90 元,同时得到 6 担大米,可供他们半年的生活。他们中的两个负责人的名字是 Wang Ta-chin(黄大全)和 Yi Chi-wen(叶其文)。随着时间的流逝,你能不时地向他们了解植物园的情况,当你有空的时候写些信告诉我。为了能让他们坚守自己的工作,你能从十一月起,从我离开牯岭前放在你处款项中,支付每人(6 个人)每月 10 块。这六人的主要任务是照看好房屋,防止各种植物被损坏,为幼苗生长的苗圃除草。如果这六个人不能完成所有的工作,还有两个或四个植物园原来的职员可能会回来加入他们的行列,他们每个人也会得到每月 10 元以及平分的大米。
> 我已经收到中华教育文化基金董事会的通知,允许植物园同仁们去

---

① 《秦仁昌致 Roy Allgood 函》,1938 年 7 月 31 日,Roy Allgood Headmaster: The Kuling American School.

云南,在云南昆明建立一个高山植物园,那里有足够大的面积,可以种植我们收集到的植物。当我们能够回到牯岭的时候,我们会带回所有在云南种植的植物。正如你所见,尽管战争在爆发,我们的工作仍然在进行。①

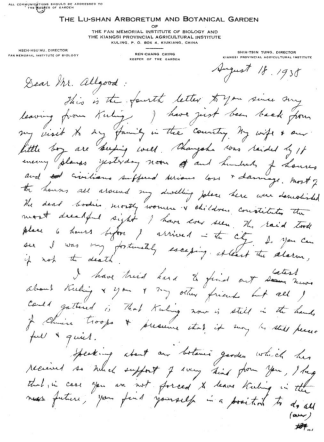

图3-3　秦仁昌致吴校长英文信函之一页

此通函件十分重要,由此可知在此重要时刻,植物园处于何种状态。首先,在植物园人员撤离之时,虽然已明确是撤往云南昆明,继续工作;但中基会同意植物园意图,是在撤往云南的途中。中基会决议似乎只是一个认可,而不

①《秦仁昌致 Roy Allgood 函》,1938 年 8 月 3 日,Roy Allgood Headmaster: The Kuling American School.

是未雨绸缪,难怪胡先骕要对时任中基会干事长孙洪芬予以批评,云静生所若不是自己筹谋,便要落入敌手。庐山植物园的情况亦复如此;或者,在七·七事变之后,胡先骕与秦仁昌即已商定,若庐山不保,即迁往昆明。其次,植物园主要人员离去之后,尚留有六名工人看守,并一一作出安排,并请吴校长督促管理。只是这些人员为临时性民工,其姓氏并未见诸档案之中。

1939 年 2 月吴校长离开庐山去上海,植物园改由赫伯特管理。一年半后,秦仁昌根据吴校长和赫伯特分别多次来函所悉庐园近况,曾作函向胡先骕报告。其函云:

> 庐山本园自去年七月起至本年二月底,由代管人赫伯德(G. Horbert)及牯岭美国学校吴校长(Roy Allgood)二位先生主持管理,一切工作如常进行。二月底吴离庐[山]以后,即由赫伯特一人主持代管。吴校长三月初间由沪来函,中有关本园者,节译如次:"庐山植物园在余(吴校长自称)离开牯岭时(按为二月底),情形仍甚佳,至少可说在现状下如汝(指本园主任秦仁昌)所希望的佳。今春山上天气不如往年之冷,故园中温室费用极少,赫伯特先生照料植物园甚为热心可靠,在他督率之下,雇有一班工人,照料各种植物及用具,均称小心谨慎。目下园中工作虽不能称为完美,但余等在现状下,已算尽了全力矣。园中房屋及其他财产,因驻军略受损伤,但在现状下,不能算太坏。近来华军纪律甚佳,彼等与我等通力合作,保全植物园矣。"又赫伯特先生二月二十日来函,亦称庐山本园尚称平安,工作如常。嗣六月六日及十月十二日复接赫先生两函,报告本园工作在彼督率管理之下,照常进行云云。闻之欣慰,际此非常时期,赫先生犹能不屈不挠,尽力保全本园,实属难能可贵,非其平日对本园事业兴趣之深,曷克臻此。①

然而,这样维持的时日并不长久。1941 年 12 月太平洋战争爆发,庐山森林植物园与北平静生生物调查所的命运一样。在日军侵占的庐山,英美侨民也受冲击,纷纷离开庐山,寄存在美国学校的物品被日军霸占。当日军获悉植物园与静生所之隶属关系后,便把部分物品运往北平,与其所霸占的静生所物

---

① 《秦仁昌致胡先骕》,1940 年 7 月,中国第二历史档案馆,609(19)。

品放在一起,供日军使用,所有图书都均盖有"北支派遣甲第一八五五部队"的番号印章,今日中国科学院植物研究所图书馆和庐山植物园图书馆的藏书中,都藏盖有此印章的旧籍,不失为日本侵略中国的又一罪证。此后不久因赫伯特病故,植物园园林遂沦落为无人看守的境地,园林也就只有任其荒芜,房屋也任人拆毁。

植物园主要人员在撤离时都去了云南,如上所述;但前往者,只是雷震去了未久,不知何故,即返回江西。后入江西省农业院在南城麻姑山设立的林业实验所,一度任该所所长,从事森林植物的调查、繁殖及病虫害的防治工作。[1] 陈封怀在云南工作几年后,即回江西泰和,在新成立的中正大学任教。但也有未能随

图3-4　盖有日军番号印章的庐山森林植物园图书

之远行者,熊耀国就因武宁家中有老母需要奉养而未同行,而是回老家,先以所领到植物园发给薪津,在当地从事植物采集,这些标本在胜利后,皆运回庐山。其后,为维持生活,只好在当地中学任教。

三、设立丽江工作站

庐山植物园大多员工在 1938 年 8、9 月间陆续到达昆明,皆加入静生所在云南刚刚组建成立的农林植物研究所。然而从北平静生所撤离人员亦多来该所,致使在黑龙潭中的所址无房舍容纳。植物园本有志于高山花卉研究,遂决定往高山花卉种质资源极为丰富的丽江设立分所,于当年 12 月到达。

丽江位于云南省西北部,是云贵高原与青藏高原连接部位。县城海拔高度为 2 418 米,北连迪庆,南接大理,西邻怒江州,东与四川凉山和攀枝花接壤。

---

① 《江西农业院设立林业实验所》,《农业院讯》,1941。

境内多山,主要有玉龙雪山和老君山两大山脉。有金沙江和澜沧江两大水系。海拔最高是玉龙雪山的主峰扇子陡5 596米,最低点是七河区江边坡脚金沙江出境处,海拔1 219米,形成了寒、温、热兼有的立体气候,因此蕴育丰富的植物资源。丽江自古就是一个多民族聚居的地方,共有12个世居少数民族,主要为纳西族。此地民情风习,言语宗教,社会制度与中国东部大异,既是气候、地理、交通也是东部地区所罕见。此前虽有西人长期在此采集或传教,静生所俞德浚也曾在此采集有年;但是选择来此作长期住居,开辟事业,首先具有适应此特殊环境之能力,和坚忍不拔之毅力与创造之精神,方能有成。因为一入其境,语言不通,币制不同,治安等皆是问题。外出采集,往往数十里无人烟,食宿无所,一切日用所需,须事先准备,露宿之帐篷,为旅行必备工具。

图3-5　今日丽江大研镇古城,当年庐山森林植物园丽江工作站即设于城内

庐山植物园选择前往丽江,诚可见主其事者具有非常之能力与精神。1958年秦仁昌为交代历史问题所写之《自传》是这样记述其率队前往丽江之经过:

　　我等匆匆撤离庐山,辗转到了昆明,加入蔡希陶同志等筹设的静生生物调查所昆明分所,所址设在离昆明十余里的黑龙潭一个破庙内,不久唐

进和汪发缵两同志从英国归来,因而所址狭小,而且人浮于事,大家计议将庐山植物园的人员分到云南西北部的丽江县设立工作站,开展康藏高原植物的调查。原拟由陈封怀同志率领前去,我仍留昆明工作,不料他在动身前一日忽然病倒,不能前去,临时改由我率领启程。

我们在一九三九年一月底到达了丽江之后,遇到了第一个困难问题是租不到房子。丽江是个少数民族地区——麽些民族,他们过去从来没有出租房子的风俗习惯。我们那时实在是进退两难,经过了几天的奔走,托人设法,在我们同行的旅伴中,有一丽江人,他极力帮忙,最后在一个破落户家中分租了几间房子,才算安定下来了。后来向丽江建设局商借了三间房子作办公室,开始进行工作。①

秦仁昌回忆所言来丽江时间在 1939 年 1 月,而 1938 年《庐山森林植物园年报》却云在 1938 年 12 月,当以《年报》为准。该《年报》记载初来丽江情形也甚详,录之如次:

本园于去年十二月中旬迁抵云南极西北隅之丽江,承地方长官及士绅等之热心协助,得借用丽江县建设局空余房屋。一部稍事修葺,作办公及园丁夫役食宿之所,并租赁办公室附近民田四亩为临时苗圃,租用私人住宅一部,为职员宿舍,嗣又承建设局让用该局东侧围墙内园地一块,为盆栽植物与莳播稀珍植物种子之所,为时未久,一切工作得照常推进,实初不及料者。

迁丽江以后,其唯一困难厥为劳工问题,因此地男性劳工固不缺乏,然皆怠惰成性,动作笨慢,其工作效率之低劣,视国内其他各地之劳工实有天壤之别。幸承静生生物调查所云南生物调查团俞季川君之介绍,得雇用雪嵩村农民赵致光一名。该民前随已故苏格兰爱丁堡植物园采集家福莱斯脱氏(G. Forrest)工作多年,老练可靠。复由彼介绍其同村工人,曾随赴氏采集或随美国采集家陆约瑟(J. F. Rock)服务有年者八九人。此辈工人均曾经一番训练,对野外及室内诸项工作均甚熟练,故颇称职。本园现有劳工概系此辈丽江土著者也。

---

① 秦仁昌:《自传》,中国科学院植物研究所档案。

本年丽江及其邻县春秋两熟均遭歉收,而以丽江为尤甚。六月以后,粮食来源渐稀,价格日涨。迨十二月中,米价每升(约重十磅),涨至国币四元五角,视去年同月每升加四角者,几增十一倍矣。其他物价亦靡不涨至五六倍以上,一般平民生计固感空前之困难,即本园工作之进行,亦颇受影响。

然丽江为滇省西北重镇,康藏咽喉,环山带江,为近数十年来中外学者研究滇西北植物之中枢。本园迁此于工作之推进,自有莫大之利便,虽遭逢前述之种种困难,而一切工作仍能顺利推进,不可谓非幸也。①

秦仁昌来丽江,在大研镇找到落脚之处未久,曾向胡先骕呈函汇报近况,从中还可知到达丽江之情形之一二。此函写于1939年5月15日,来丽江仅五月余。其函云:

步曾先生道鉴:

顷奉昆明来书,敬悉一切。康所能望成立,并以仲吕主其事,实惬鄙意。因为在此工作,视庐山无二致也。封怀可长期留昆明,协助滇所工作,无来此之必要,并曾请渠训练一二学生,便将来继任有人矣。

顷接洪芬、叔永两先生来函,欣悉本所(包括本园)下年度经费基金会通过九万元,则是下年经费已不成问题矣,本园一万元当亦无问题。兹奉上事变后本园临时预算一份,合计全年国币一万一千一百元,而采集(此系本园今日主要工作)费,每月仅二百元,似嫌太少。庐山本园每月一百元亦系最低之数,因代管人 Mr. Herbert 系私交关系,并不取薪。美国学校房租每月三十元,系供本园储藏标本书籍等物之用,该校当局负相当保管责任,实不为多。故预算内可以节减者,仅昌之津贴月五十元。封怀及雷侠人薪水或可酌减,但无论如何紧缩,每年至少需一万元,应如何支配,请改添后示知遵循。值此非常时期,本所及本园之事业仍应尽力维持,薪金不妨酌减或停聘预定职员。再封怀及昌之薪水自本年一月起,迄今五月,未得一分,值此时期,汇转殊感不灵,拟请转知基金会,以后按期径寄

---

① 《庐山森林植物园年报》(自二十八年一月一日起至同年十二月底止),中国第二历史档案馆藏静生生物调查所档案,全宗号609,案卷号19。

昆明上海银行代收，至一、二、三月之薪水究寄何处？如何补救，亦请设法为感。

至庐山本月情形，接代管人 Herbert 上月来信，一切均称满意，西国友人对本园事业不辞艰难，令人钦佩不已。江西农院补助费由去年七月起已奉令停发，俟大局平定，方能续拨也。昌等在此而采得各种苗木如杜鹃、樱草等，均已栽培成活，将以一部分赠滇所布置园庭，即灿烂可观矣。

慕韩兄中风，闻之恻然。对捐助事十分赞同。

专此奉复，敬颂

祇安

晚　秦仁昌　拜上　五月十五日①

函中所言康所，乃是其时胡先骕拟请教育部出资，在西康省设立农林植物研究所，并以周宗璜主其事；其后该项谋划未得实现。1939 年，时任西南联合大学生物系助教之吴征镒偕云南大学生物系助教刘德仪，在结束大理考察之后，曾有丽江之行。在其晚年作文怀念冯国楣，曾有这样记述：

在丽江除拜访了秦仁昌先生夫妇，做他家的客人之外，还得秦老引见，见了时尚留居丽江的 Juseph Rock 和另几位传教士，而老冯则引我们二人去雪松村见到了 G. Forrest 采集家，农民赵致光等赵氏兄弟、叔侄，也是他引我们看了他从山上移栽到坝子里的高山花卉。更为到今天仍然记忆犹新的是时逢八月中秋，纳西族"放孔明灯"和在四方街的盛况。我们还喝了鹤庆酒，吃了丽江粑粑。②

由上所引，可知植物园来丽江之后，大致情形。在安顿下来之后，最困难还是经费问题。江西省农业院所担负的半数经常费，已为停付，此时仅靠中基会每年 5 千元经费开展工作，十分吃紧，常有拖欠员工工资情况。但丽江植物资源的丰富，给人带来兴奋，又似乎将眼前的困难有所忘却，故很快便投入到

① 《秦仁昌致胡先骕》，1939 年 5 月 15 日，中国第二历史档案馆，609(19)。

② 吴征镒：《百兼杂感随忆》，科学出版社，2008 年，第 420 页。引者按：文中言及见到英国采集家 G. Forrest，盖记忆错误。G. Forrest 在 1931 年 12 月即已去世。

工作中,一样做出令人艳羡的业绩。大约在1940年间,考虑到终要返回庐山,故将此处命名为庐山森林植物园丽江工作站。

四、研究成就

秦仁昌在此继续其蕨类植物研究,为工作便利起见,在仅有的几间办公室内,仍辟出一间作标本室之用,陈列方式一如图书馆之书籍,极其简陋。此处标本来源除在当地大量采集外,仍能得到国内其他学术机关的赠予。仅1939年一年共得895号,主要有岭南大学所采广东、广西及海南标本,四川林黎元所采重庆北碚标本,静生所俞德浚所采云南西北部标本。[①] 据目前所掌握的有限史料还获知,此后之1941年曾与远在陕西武功之西北植物调查所建立联系。其时,该所所长刘慎谔有昆明、云南大理之行,获悉秦仁昌在丽江设立工作站,即去函搜讨种苗;秦仁昌亦借机向其索要西北蕨类标本。秦仁昌复函略谓:"前奉自大理及保山发来各函,均经拜读,备悉一切,谅兄已安返武功。此间一切安好,本园去年所采种子全批寄尊处,谅计日可达,球根因碍于时季已迟,且交通阻梗,未能奉上,只有稍待耳。按自陕寄滇之包裹邮费极高,将尊处如有蕨类标本寄来,可少用纸,以节用费。"[②]在丽江秦仁昌还与美国农部派遣采集员洛克时有学术交流。

秦仁昌之研究,除积极从事《中国蕨类植物志》之编写,并不断发表新种,更重要的是1940年发表了《水龙骨科的自然分类系统》的论文,刊于陈焕镛主持的中山大学农林植物研究所出版之《中山专刊》[③],该文从蕨类植物的外部形态和内部结构及生态习性等进行比较研究,"把当时世界上包罗万象的水龙骨科划分为三十二科,归纳为四条进化线的方案,震动了世界植物学界"。秦仁昌后来是如此评价自己此项工作:"水龙骨科的自然分类一文是我关于世界蕨类论文之一。在此以前,所谓水龙骨科在整个蕨类植物界中,是最大的一科,以种的数目论,占了蕨类植物的将近4/5,这个数字上的不相称,引起了我对它

① 《静生生物调查所年报》,1939年。
② 《秦仁昌致刘慎谔函》,1941年4月9日,中国第二历史档案馆藏北平研究院档案,全宗卷394,案卷号447。
③ 秦仁昌:《水龙骨科的自然分类系统》,《中山大学农林植物研究所中山汇报》,1940,5(4)。

在长期工作中的不断注意,终于根据外部形态及内部构造的异同,初步把它分裂成为 33 科。这应该被认为在近代分类学上一个革命性的行动。这并不是说这个新的分类法在它的体系上已经完美无缺,相反的还有很多缺点,如我在最近七年多来已经发现了的。"①这是世界蕨类植物分类发展史上的一个重大突破,当时研究蕨类植物的权威科波伦德在他的名著《蕨类植物志属》序言中写道:"在极端困难的条件下,秦仁昌不知疲乏地为中国在科学的进步中,赢得了一个新的位置。"②秦仁昌因之荣获 1940 年荷印隆福氏生物学奖。按此项奖金,专为奖掖研究热带农林植物者,此前数十年照章受奖仅限于东南亚等国人士。授予秦仁昌实因其在蕨类植物研究领域厥功至伟,也在于树立国际学术合作。该项奖励是邀请秦仁昌赴爪哇茂物植物园访学。后以太平洋战事爆发,未能前往。汤佩松对秦仁昌蕨类系统学研究成就予以赞誉,后来曾评价云:"虽然这一系统当时遭到守旧派的反对,但随着科学的不断进步,在以后的年代里逐渐为许多学者所采用。"③

如今,秦仁昌系统已具广泛的国际影响,在蕨类植物分类学中占有重要的地位。为此,中国科学技术委员会于 1993 年授予秦仁昌"国家自然科学一等奖"。2001 年 5 月国际蕨类植物学术会议在北京召开,与会的外籍专家在会后由美国密苏里植物园主任、中国科学院外籍院士雷文(Peter Raven)的率领下,特赴庐山植物园,向秦仁昌创建的,并曾经工作过的,而最终安息的庐山植物园进行礼拜,这是今人对前人最好的纪念。

在丽江,秦仁昌除了继续其蕨类植物研究外,还兼为致力于云南经济植物调查,发现多种经济植物为他省所未有,或虽有,而其效用不够显著。并与清华大学农业研究所汤佩松合作,鉴定云南经济植物,以作其生物化学研究之参考。还曾受西南经济研究所森林部委托,调查云南森林情况。

留驻昆明之陈封怀,协助农林植物研究所工作。时与陈封怀同在农林所工作之王启无,因与陈封怀夫人张梦庄同是清华大学校友。1973 年王启无已定居美国,致函台湾清华大学校友会,专为怀念昆明时期之张梦庄,藉此可知

---

① 秦仁昌:《中国蕨类植物研究的发展概况》,《植物分类学报》,1955,3(3)。
② 转引自邹安寿、裘佩熹,《蕨类植物学家秦仁昌》,见《中国现代生物学家传》第一集,湖南科技出版社,1985 年,第 42 页。
③ 汤佩松:《序秦仁昌论文选》,《秦仁昌论文选》,科学出版社,1988 年,第 1 页。

陈封怀情形之一二。其函云：

> 本级张梦庄女士（外文系）毕业后，即与清华助教陈封怀先生结婚，张、陈两府，本是旧亲。抗战期中，陈先生自英归国，任职于新迁到昆明的植物研究所。所设于昆明近郊黑龙潭，陈家住黑龙潭上观，时弟即寓下观，日日相见。那时他们有一个极活泼的小男孩，嬉戏于泉林深处。现在想来，在战乱扰攘之中，实是桃源仙境也。上观为汉之黑水祠，古木森森，正庭花木亦盛。梦庄画有唐梅图一幅，是写生之作。植物学大师及诗人胡先骕为之题画，还记得以下一部分："古木犹存窈窕姿，××××××××。堪佳闺阁丹青手，妙写唐梅黑水祠。"[①]

陈封怀在昆明完成俞德浚自 1937 年至 1938 年两年在滇西北及康南所采报春花标本及报春花属各种种子。俞德浚系承担静生所与英国皇家园艺学会及爱丁堡皇家植物园合作采集任务，得植物标本不下万余号，仅以报春一属，得植物标本 400 号，种子标本 130 号。此经陈封怀研究，得撰《云南西北部及其临近之报春研究》[②]和《报春种子之研究》[③]两文。有云："关于报春植物之搜集，经吾国各方采集者，数量甚多，但从未如俞君在云南西北部大半时期专为此属之搜集者，故此次之成绩，可称吾国报春采集中之最卓著者。著者得此机会研究俞君所采之标本，将此属中各组、各种及变种之产地罗列成文，藉资为研究此属者参考。并在此标本中发现新种三种，新变种三种。"陈封怀在英留学时，即以报春分类为职志，此得丰富的研究材料，遂使其学大进，奠定其终生研究事业。文中有一新种，被陈封怀命名为俞氏报春（*Primula yuana*），并云："此新种之命名，系纪念俞季川君。俞君尝以报春野外生长情形告余，又因此

---

① 据胡先骕《忏庵诗稿》，此诗题为《为叔永题张梦庄女士所绘唐梅》，诗云"枯干犹存窈窕枝，凌寒照影俨多姿。嘉君闺阁春风手，偏写唐梅黑水祠。"又秉志亦作《题梦庄女士唐梅图》，录之如此，可作诗话之助。其云："陇头应见宋之问，东阁曾逢杜少陵。写信襄阳孟处士，策蹇踏雪到昆明。昆明万里春风暖，古寺奇葩已先展。暗香浮动尺幅间，一枕梦游夫何远。"

② 陈封怀，《云南西北部及其临近之报春》，*Bulletin of the Fan Memorial Institute of Biology*，1940，9（5）。

③ 陈封怀，《报春种子之研究》，*Bulletin of the Fan Memorial Institute of Biology*，1940，10（2）。

采集成绩之优异,故特以俞君姓名此新种,以志不忘。"①由此可见他们的友谊。在《报春种子之研究》一文中,对 130 号报春种子,其中包括 30 种,15 组植物,根据其种子性质,作为分类的依据进行了研究。陈封怀还对于云南产之乌头属,飞燕草属,人参属之植物均曾详作研究,并为云南特产之三七订立正确之科学名称[*Panax notoginseng*（Burkill）Chen]。俞德浚还采得三百余种杜鹃,也经陈封怀予以鉴定。

陈封怀在云南工作至 1942 年,因农林所已难以为继,而胡先骕已往江西泰和,出任在此新设之国立中正大学校长。得胡先骕之招,而回江西任教。他的《自传》是这样记述的:"当研究所经费困难得几乎瓦解时,静生方面介绍我去江西国立前中正大学（即现在南昌大学前身）任教授。我因为想到抗日胜利之后,复员庐山的方便,就跑到江西的泰和。一直过了六年的教授生活。"②关于陈封怀此前之事迹及此后之于庐山植物园之复员,还待下一章详为记述。

五、植物采集

庐山森林植物园迁往丽江的首要目的,乃是收集丽江所产各种珍奇森林园艺植物种质,予以繁殖,并采集该地植物腊叶标本以供研究。云南西北部植物之丰,几冠全国,而丽江大研镇地位适中,工作尤称便利。来丽江之时,招募八九名前曾受雇采集之当地村民,这些人员均受过一番训练,对野外采集及室内工作皆甚为熟练。有了熟练的工人和向导,故于工作的开展十分便利。制定三年调查计划,于当年即将丽江及中甸两地植物予以详尽之搜集。

1939 年采集分三路进行:一往滇康交界之中甸、一往丽江东部之玉龙雪山、一往丽江其他各地。采集重点在丽江与维西交界之金沙江与澜沧江之分水岭,及丽江东部之金沙江西岸等处。在植物丰富地点,皆作数次采集,以求详尽无遗。三路工作于年底 12 月中旬始才结束。此外还曾于 4 月中旬前往鹤庆之南松桂马耳山采集。采集之成绩,该年《庐山森林植物园年报》记有:"计得腊叶标本六千三百九十一号（每号四份）,活植物八百余号,种子九十四号及珍奇木材标本十八号,内三号系乔木杜鹃,极为可贵。半年所得活植物材

---

① 陈封怀,《报春种子之研究》,*Bulletin of the Fan Memorial Institute of Biology*,1940,10(2)。
② 陈封怀:《自传》,中国科学院华南植物研究所档案。

料概有各种经济价值,其重要者计有杜鹃六十余号、松杉植物十二种、蕨类六十余种、兰科三十余种、天南星科八种、木樨科十种、报春花属三十余种、蔷薇科四十五种、豆科三十余种、菊科二十八种、罂粟科五种、紫薇科五种、玄参科十五种、紫草科九种、瑞香科七种、鸢尾属八种、龙胆科十八种、忍冬科二十五种、黄杨科六种、木兰科三种,其他各科种类不及详备。总观一年中之采集成绩殊为圆满也。"①所得活植物皆植于苗圃,种子除自己播种外,还分送云南农林所等机构。

图3-6 冯国楣在丽江玉龙雪山下(1941年)

此后采集情况,由于档案保存有限,难知确切。其时,担任采集任务者,主要是冯国楣,其成就后来也最大,被誉为云南四大采集家之一。幸其晚年所写自述中,于是时的采集工作,较为为尽,或可补此中欠缺。

1939年早春,由冯国楣带队往鹤庆马耳山采集植物标本,曾在金沙江岸的朵美、姜营等地采集标本,其时虽是过新年时节,而朵美已如夏季,正在采收甘蔗以制糖,我们还到金沙江内游泳以消暑热。在马耳山工作时住在荷叶村,当时治安极差,各地土匪较多,村民也在躲避土匪抢劫,而我们仅有压标本用的草纸,因此每天均入山采集标本,可惜马耳山很少森林,故标本收获不大,后来从松桂经鹤庆才回到丽江。至5月,我又带队到中甸调查植物,当时中甸还不用法币,主要用四川银圆,一个银圆抵7角法币,不是通用的银圆,因此到中甸去之前,先要将法币在丽江商号(铺面)换成四川银圆,不然到中甸后就无法工作。早在去年底云南静生生物调查团的俞德浚同邱炳云从四川木里经过丽江时见了面,俞氏

---

① 《庐山森林植物园年报》(自二十八年一月一日起至同年十二月底止),中国第二历史档案馆藏静生生物调查所档案,全宗号609,案卷号19。

谈到中甸工作时认识中甸有刘营官、陈营官,小中甸有中甸民团总指挥汪学丁,哈巴雪山的哈巴村有回族杨姓的可住在他家,有房屋可烘烤标本。因此我们到中甸先后均见到了他们,工作时确有帮助。在中甸时到了仙人洞雪山、石膏雪山,小中甸找到民团总指挥,但由于送礼不足,表面上客气,实际上他下面的火头(即乡保长),很不乐意让我们采标本,事实上中甸的县长在当时仅管着金沙江边的乡保长,对高山上的藏族是管不着的。后来我们到安南厂、北地、哈巴等地工作,都比较顺当。我在中甸时,因当年夏季雨水大,直到秋季我才到靠近木里的俄亚(当时丽江的商人在挖金矿),由木里土司的介绍才让我们住在村中群众家,后来我们才回到丽江。

1940 年由我带队从维西顺澜沧江,先到小维西、康普、叶枝、换夫坪工作后,转到德钦县的茨中,上卡瓦卡工作,后又过怒山到怒江边,过腾溜索(系用高山剑竹编的绳索,并用木制溜板,架在溜索上穿上滑行而过的一种交通工具,木溜板上牛皮条,绑在人身上或牲口身上,由高处向低处滑行,是古老原始的交通工具)即到对岸。我们就到了菖蒲桶,在丙中洛、尼瓦陇等地工作,后又往茨开(现在的贡山县县城)后面的黑普山(即高黎贡山)工作。有一天夜间,我们正在帐篷中闲聊,当地向导由于经常在山间活动,夜间就来讲:有老虎(孟加拉虎)经过,要我们小心,当时我们在帐篷门口烧起一堆大火,并将辣椒丢入火堆中燃烧,发出辣味,以防老虎来冲帐篷。第二天早上去水沟边就发现了老虎的脚印,大家才吃惊起来。从贡山工作至年底才返回丽江。秦主任把蕨类植物标本初步鉴定,说有 20 多个新奇种类云。①

工作站自 1939 年起,"三年间共采集了标本 2 万余号,其中发现了很多有价值的蕨类植物新种数十。"②冯国楣"在云南各地采集植物标本 7,625 号(仅据野外记录本统计),今存于中国科学院昆明植物研究所、中国科学院植物研究所和中国科学院华南植物研究所标本馆。其中有新植物 359 种(蕨类植物 53 种、种子植物 306 种)"。③ 冯国楣还曾往中甸、维西等县调查天然森林。抗

① 冯国楣:《庐山森林植物园丽江工作站始末记》,手稿,1999 年。
② 《静生生物调查所年报》,1939 年。
③ 包士英:《云南植物采集史略(1919—1950)》,中国科学技术出版社,1988 年,第 127 页。

战胜利后,冯国楣不曾返回庐山,先在国立丽江师范学校任教,讲授博物及农艺。1946 年回昆明,以庐山森林植物园名义入农林植物研究所。1950 年后农林植物所改名为中国科学院植物所昆明工作站,后又改名为中国科学院昆明植物所。冯国楣在该站、所主要从事杜鹃花研究,终成著名杜鹃花专家。著有多卷本《中国杜鹃花》,这些成就之取得,盖源于在丽江工作多年。

六、绝处逢生

在抗日战争中,中基会对所赞助的机构没有持续几年,就因法币不断贬值,而难以为继,静生所亦难以置身于外。故静生所所属之植物园工作站也就困境重重,工作陷入停顿,人员生活亦难维持,不得已有人员在当地中学兼课。所幸恰逢此时,1942 年 6 月国民政府农林部批准在丽江金沙江流域设立"林业管理处",秦仁昌兼任处长。① 秦仁昌遂将植物园工作站人员也纳入该处,使得原有之工作不致中断。1944 年 7 月出版的《林讯》杂志,介绍了该处当年的情况,其经常费为 146,760 元,事业费为 271,312 元,合计 418,072 元。职员 15 人,工警 29 人。② 在已是通货膨胀之下,这些经费也是难以维持其事业。秦仁昌于此事始末,有如下记述:

> 四二年冬,昆明分所转来国民党农林厅林业司的信一封,说要在后方成立八个国有林区管理处,金沙江流域林区管理处决定设在丽江,要我代理林管处主任。经商议后,大家都同意我接受这一职务,藉以也可以维持一下生活。当时没有考虑到少数民族地区实行森林国有化的计划是不容易的,而且经费不多,人手不足,我们只做了一点森林自然调查工作和采集了一些植物标本。在调查中,由于未能深入了解,有时误将私有林认作国有林,因此引起了农民的不满,坚决反对收回国有。到抗日战争胜利半年前,因农林部经费困难,所有的国有林区管理处,全部停办了。③

---

① 《丽江地区志》下册,云南民族出版社,2000 年,第 148 页。
② 《林讯》,1944 年,第一卷第一期。
③ 秦仁昌,《自传》,中国科学院植物研究所档案。

与此同时,秦仁昌等还进行了一些应用技术的研究。1941年经多次试制,制作松节油及透明松香获得成功,并与当地资本家集资组建大华松香厂,从事批量生产。在创设之初,每日生产仅二、三百磅,质量与进口无异,而价格甚低,为商人所争购。秦仁昌对此项产业有良好的展望,曾言:"云南松林甚多,原料丰富,此种事业,将来大有展望,与国计民生,定多裨益也。"①秦仁昌在致刘慎谔函中,亦有此言,且还云有肥皂之生产:"此间松香厂,日有进展,出品销路亦畅,本月后肥皂部成立,专制洗衣皂供滇西之用,尚为有希望事业也。"②当事业成功之后,当地资本家则借故辞退了秦仁昌。关于大华松香厂及肥皂厂,《丽江地区志》有较为详细记载:"秦仁昌到丽江采松脂化验,证明云南松富含松脂,提炼的松香、松节油品位高、质量好。1939年筹建大华松香厂,生产出五级松香产品(水晶号、黄金号、柠檬号、琥珀号、茶晶号)和药用、工业用两种松节油。"③该志又云:"1940年在大研镇王家庄昆庐阁办大华松香厂。1943年生产'大华'肥皂。肥皂生产成本低,赢利多,畅销于楚雄、大理、保山等地。松香销至上海、香港等地。1946—1949年达到兴盛,月产松香3吨,松节油600斤,肥皂300箱(百条装)。"④该厂于1950年改名为丽江县第一化工厂。秦仁昌脱离松香厂后,把经过两年的试验和生产松节油及透明松香方法和经验,写成《技术秘本》。1949年后,秦仁昌将此秘本交于云南省林业局,希望广泛应用于生产。

秦仁昌无论在庐山,还是在丽江,为了机构之发展或生存,与社会各界人士相接触,以取得他们的支持,这一切皆显示其出色行政能力,本应令人赞佩。但是,这些社会交往,在1949年之后,在意识形态之中,却被看作是历史问题,需要交代、审查、背负起沉重的罪名。在此摘录一段在反右运动之后的整风运动中,将秦仁昌排队列为"中左",审查结论如下,由此可见秦仁昌蒙受之灾难。

　　解放前在静生工作,当时同事反映他有权术,作风刻薄,和胡先骕关

---

① 《庐山森林植物园工作报告》,1939年1月1日至6月30日,中国第二历史档案馆,609(27)。

② 《秦仁昌致刘慎谔函》,1941年4月9日,中国第二历史档案馆藏北平研究院档案,全宗卷三九四,案卷号447。

③ 《丽江地区志》中卷,云南民族出版社,2000年,373页。

④ 《丽江地区志》下卷,云南民族出版社,2000年,145页。

系加深,但也和他对立过,因此到庐山植物园工作。在庐山时期,由于和陈诚是连襟,时有来往。也最早知道国民党军撤出九江的消息,但他一家先逃,留下当时同事陈封怀等人。陈至今对他不满。庐山植物园后迁丽江,他又因和国民党的关系兼任丽江国有林场的主任,利用职权兼营松香厂,和当地地主豪绅争利,关系很坏,以致后来被赶出丽江(胜利复员到昆明)。在丽江也和美国特务(美农部特派职业特务,植物学家洛克,解放前不久美特派飞机接回)以及一些外国传教士(均有特嫌)来往颇密。①

1949年后秦仁昌在政治上,实是极力拥护中国共产党,工作积极,曾担任全国人大代表,1955年当选为中国科学院学部委员。但其历史陈迹,仍是抹不去的阴影,无论其如何表现进步,学术成就如何享誉海外,也只能是被当局所利用,而不被信任。

① 《左中右人员排队表说明》,1958年,中国科学院植物所档案。

第四章 DISIZHANG

陈封怀与庐山森林植物园之复员

（1946—1949）

胡先骕在筹谋开创中国植物学事业之初,即以国际著名机构的建制、学术规范和学术水准为标准。如研究所之设立,学术刊物之出版,研究项目之选定等皆然。当其创办庐山森林植物园时,亦复如此,即以英国邱皇家植物园为楷模。1934 年夏在筹办森林植物园时,静生所研究员陈封怀通过中英庚款董事会组织的留英公费生考试,获得资助,特往英国爱丁堡大学留学,专习植物园造园及高山花卉报春花的分类。该校所属爱丁堡皇家植物园,也是世界著名之植物园。

一、陈封怀其人

　　陈封怀(1900—1993 年),字时雅,江西义宁(今修水县)人,出身于诗书簪缨之家,曾祖陈宝箴,官至湖南巡抚,推行新政,在戊戌变法失败后,被慈禧太后赐死,此给陈家后人以极大影响。陈封怀曾言:"我的家庭自从曾祖父参加政治失助之后,他的子孙们就都抱着不问政治,厌恶政治的消极态度,完全缺乏向丑恶现实作斗争的精神,而以清高书香之家作标榜。"[①]祖父陈三立,为清末著名四公子之一,近代诗坛之祭酒;父陈衡恪,著名画家;叔父陈寅恪,著名历史学家。陈封怀自幼随祖父长大,1927 年东南大学生物系毕业。其间陈封怀父亲病故,英年早逝。叔父陈隆恪有《送封怀侄返南京入学》

图 4-1　陈封怀

① 陈封怀:《自传》,中国科学院华南植物研究所档案。

一诗,道出家中长辈对其希望。诗云:"汝父敦纯更孝亲,艺余书画自惊人。悲怀病榻弥留影,望作吾家致用身。历境渐谙病有味,学农长使腹藏春。寻芳休过头条巷,飞燕巢倾恨未伸。"①毕业之后陈封怀往清华大学任助教,1931 年 1 月入静生所,先后在河北、吉林等地采集标本,发表有关镜泊湖植物生态和河北省菊科植物分类的论文,积累了丰富的实践经验。

陈封怀出国留学之所以选择爱丁堡植物园,实是因为庐山植物园有培育中国高山花卉,开发园艺花卉新品种之旨趣,而爱丁堡植物园引种我国云南高山花卉已获较大成功,杜鹃花、报春花既是通过该园的工作而传播于欧洲。1904 年至 1931 年该园先后七次派遣福莱斯(G. Forrest)在云南西北部采集,共得标本六千余种,其中有一千二百余种为科学上新的发现。其中,最可惊人者,莫过于杜鹃和报春花两属植物最多,前者有 302 新种,后者有 116 新种。② 陈封怀在爱丁堡植物园不仅可得到相关之知识和材料;还因为爱丁堡植物园的园林景致也富盛名,尤以自然式造园风格著称,与中国园林有相通之处。

陈封怀在英国爱丁堡植物园,得该园园长,著名植物学家史密斯(W. Wright Smith)指导。在研究和学习之余,经史密斯同意,陈封怀还对该园栽培之珍奇植物进行采集,制作成腊叶标本,共得 600 多号,其中有中国所产杜鹃花属植物 300 号、报春花属植物 50 号,及岩石园和温室植物 250 号。这些标本在陈封怀回国后,连同爱丁堡植物园所赠予其所藏在中国所采之报春花附号标本,全都转赠给庐山植物园。陈封怀在留学期间,其夫人张梦庄也得到胡先骕的关照,入静生所任图书管理员。

两年之后,1936 年 5 月 22 日,在陈封怀即将学成归国之时,植物园委员会在南昌洪都招待所举行的第三次会议上,通过了聘请陈封怀任植物园园艺技师,以加强植物园的园林建设的议案。陈封怀 7 月返国,在北平稍事停留,即偕夫人一同来庐山。此后植物园园林布置、园艺进展皆出自其手。

爱丁堡植物园中之岩石园,予陈封怀以深刻印象。在英期间,陈封怀曾作文在《中国植物学杂志》予以介绍。"岩石园之来由,乃模仿高山岩石上天然生长所有一切植物之状态,不仅摹仿外表形式,且将其内部地层构造及土壤种种

---

① 陈隆恪:《同照阁诗集》,中华书局,2007 年,第 84 页。
② 秦仁昌:《乔治福莱斯(George Forrest)氏与云南西部植物之富源》,《西南边疆》第九期,1940 年 4 月。

情形无不揣摹之,盖非此植物不能适应其环境也。"①庐山森林植物园欲培植高山花卉,应有岩石园之建设。陈封怀来庐山之后,即为开辟石山植物区。惜此园刚开始动工,即遇抗日战争全面爆发,待 1946 年陈封怀重返庐山之后,予以重建,即今日之岩石园也。

在熊耀国晚年关于植物园的回忆中,之于陈封怀及夫人张梦庄最为亲切,其云:

图 4-2　陈封怀与夫人张梦庄

陈先生博学多才,聪明过人,他一面指导工作,一面进行分类研究,在菊科、报春花科、毛茛科等十多个科方面,皆下过扎实的功夫。他平易近人,重感情,知疾苦,对基层工作人员亲如一家,诚恳耐心,诲人不倦。

师母张梦庄,湖南长沙人,清华大学英语系毕业,多才多艺,乐于助人,在校时爱运动,曾是篮球队员。球类运动剧烈,运动过量,亦易伤身。师母年轻时,注意不够,中年后肺部多病。她母亲黄国厚,当时七十多岁,住在一起。早年留学日本,学教育,回国后任长沙女子师范校长,杨开慧是她早期的学生。她那种温文尔雅,虚怀若谷的风范,难以尽言。

师母平时想人之所想,急人之所急,对身边的青年学生及职员工作体

----

① 陈封怀:《英国爱丁堡皇家植物园》,《中国植物学杂志》第二卷第三期,1935 年。

贴入微,亲如家人。她知道庐山是偏僻幽静之地,担心大家不耐寂寞,主动要求大家利用假日参加打桥牌,学英语,既能增长知识,又可调剂生活。在危难时刻,她有沉着稳重的应变措施,化险为夷。

一九三六年师母见我一身农民打扮,工作又比别人辛苦,要我把衣服交老女工何妈洗,我说"用不着,自己洗惯了,还是自己洗。"此后每周何妈要来收几次衣去洗,不给,师母就亲自来收。现在回想起来,仍然泪流不已。

师母不是政治家,政治嗅觉却非常灵敏。一九五七年,共产党整风,大鸣大放,一开始她就告诫我,说"年年搞政治运动,那个运动不被坏人用来陷害好人?"要我少说话,最好不说话。①

从事植物学研究,大都远离都市,而亲近自然。这必然给生活带来困难,在中国植物学开创之时,情形更是如此,何况还有许多野外采集调查任务,完全可以想象这给员工及家人带来了多少寂寞、劳顿和辛酸,只是苦于此类材料贫乏,难以述说,熊耀国之回忆权充当时从事生物学研究人员生活状况之一斑。在前几章所记当中,已有不少涉及陈封怀的文字,此不再重复,本章所记为抗战胜利之后陈封怀所领导的庐山植物园之复员。

二、主持复员

早在 1943 年夏,胡先骕调陈封怀从云南昆明来江西泰和中正大学任教,意在以泰和地近庐山,将来可由陈封怀主持庐山森林植物园之复员。抗战胜利后,任鸿隽在指示北平静生所复员的同时,也于庐山植物园复员予以指示,在与胡先骕的信函中屡次言及,1946 年 1 月 6 日云:"庐山植物园收复后情形如何,兄在南昌时,派人前往察看接收否?鄙意以为宜先派陈封怀兄前往接收。在美国学校内储存之物尤为重要,不知损失情形如何?"②胡先骕于上月 6 日已就植物园事向任鸿隽作有汇报,只是当时邮路梗阻,未能及时达览。其函云:"植物园已经萧叔絅看过,房屋已全无,图书标本一百六十箱皆被日人运

① 熊耀国:《回忆录》,手稿本,2001 年。
② 《任鸿隽致胡先骕》,中国第二历史档案馆,484(1026)。

走,已饬司令员责成收回。只要来年静生所预算决定,经费寄到,即可派陈封怀前往恢复。"①

在陈封怀返回庐山之前,时在武宁之熊耀国已前来庐山察看。其在1945年抗战即将胜利之时,即准备回庐山继续作研究工作,曾向秦仁昌呈函,云:"离园以来,日在飞机大炮声中,转徙流离,虽倍觉困顿,而采集工作,年必数次进行,深入万山丛林之中,发见新见之品颇多。服务协和中学、武宁师范等校,已连续五年,此盖暂时栖身之计,一俟师等返庐,乃当摆脱教务,来园继续工作也。武师已决定于本月十五日由石门楼迁至县城,此刻武宁到星子间,仅有军队来往,虽有少数商人行走,亦多遭匪劫,庐山情形完全不知。本月二十日左右,拟冒险往庐视察吾师五年心血所铸成之植物园,详以告师,以便进行复兴工作,余容复告。"②在熊耀国晚年,曾将其返回庐山查看之事面告笔者,并云也曾向陈封怀去函汇报所见情形。

其时,对于庐山植物园情形各方皆甚关心,尤其是寄存在美国学校的物品究竟如何,更是牵动很多人的心。在云南大学任教的秦仁昌牵挂存于美国学校之物品,乃致电国民政府军政部部长陈诚,请其嘱咐接收部队对该项物品予以妥善保护。当获悉寄存物品全部不知下落后,再次致函陈诚,请其设法追索:其函云:

辞修部长勋鉴:

　　接奉十二月十日手书,惊悉牯岭存件已被日军运去,当即以虞电请设法查明昔日牯岭日军事首长姓名,予以拘捕,审讯存件下落,以便追回。查,美国学校三层楼,红顶校舍内共存有庐山植物园植物标本、图书七十九大木箱。弟费二十年之搜集、研究,及不知若干精力与金钱,即在欧美四年之研究,内尚有研究笔记本一箱,均未经发表,要非金钱所能购得,就中尤以三万八千余种之蕨类标本,为世界独一无二之科学材料之搜集,为中国今后最宝贵材料,久为日本学者所垂涎。此次为其运去乃系预定之计划,不过为弟今后研究工作及中国学术计,非设法追回不可。同时中央研究院地质研究所奇珍图书及岩石、化石标本一批,约两百箱,藏于美国

①《胡先骕致任鸿隽》,中国第二历史档案馆,484(1026)。
② 熊耀国:《自传》,1950年,南京中山植物园档案。

学校之三层校舍之顶楼内,亦已为日军运走。统拟备恳请钧台查明当日驻牯日军长官,设法逮捕,严讯各物之下落,以便弟前去认领运回,造福中国科学不啻七级浮图矣!

　专此奉渎,敬颂

勋祺

　　　　　　　　弟　秦仁昌　拜上　一九四六年一月七日①

经查这些物品皆被日人运往北平,因日人发现植物园与静生所之间的关系,遂将两家之物品放在一起使用,待1950年才自北京运回庐山一些。寄存在美国学校的物品,还有李四光所领导的中央研究院地质研究所的图书和标本。

历经战乱之庐山森林植物园园林,景物全非:千亩山林变成荒山,原有名贵苗木3100余种,有些已株枯萎殆尽;有些可自然生长者,则已蔚然成立。原有生活及工作的建筑设施概被拆毁,家具杂件更是荡然无存;园林道路也被洪水冲毁,处处杂草丛生。面对断垣残壁、满目疮痍,无不感慨良多。陈封怀重

图4-3　1984年夏,陈封怀(中)与熊耀国(右)、王秋圃(左)重返庐山植物园合影

① 中国第二历史档案馆馆藏档案,全宗号5,案卷号11682。转引自孟国祥编著《抗战时期的中国文化教育与博物馆事业损失窥略》,中共党史出版社,2017年。

来到庐山，主持的复员系何时，现不知确切时间。熊耀国之《自传》云："一九四六年夏，陈封怀先生写了几次信要我回植物园工作。"召集旧人，共同复兴旧业，当为陈封怀来山未久之事，据此推定陈封怀重来庐山在 1946 年初夏时节。正式复员则在当年 8 月 1 日，人员编制规定为：主任一人、技师一人、技士二人、助理二人、粗工技工八人。主任即陈封怀，技师初为俞德浚，后将唐进列入，均未曾来庐山，技士二人，一是雷震，重来庐山一年余，后在庐山为农业院直接工作，1949 年后任职于江西省农林厅；一为熊耀国。技士月收入仅一担余米之数，生活尚难维持。助理二人，一为王秋圃；一为冯国楣。冯国楣尚在昆明云南农林植物研究所。技工粗工八人，有熊耀国自江西武宁招来之邹垣、王名金等。仅此数人而已。

三、筹集经费

庐山森林植物园正式复员时间定在 1946 年 8 月 1 日，即从是月起，静生所开始下拨经费。关于植物园复员初始情况，先录一段《静生生物调查所三十五年度工作报告书》中关于庐山森林植物园一节：

> 二十八年庐山沦陷于日军之手，庐园乃迁往云南丽江，本园则由留山英人 Horbert 尽义务照料。原有之办公大厦为日机所炸毁，庚款会补助金所建之大厦则未竣工，太平洋战事发生后，原存于美国学校之图书标本，被日人运回北平本所。后英人病没，房屋无人照料，多被拆毁。曾商请江西善后救济分署补助五百万元，将小房一栋修缮作为办公之用，以经济困难只能将道路略为平治修理，苗圃工作尚未能积极进行，然苗木数十万株，皆已长成，极有价值。今又受中正大学委托，栽培海会寺永久校址所需之各项苗木，又兼管庐山管理局夙负盛名之庐山林场与担负美化庐山之设计与实施之任务。又拟开辟经济农场及茶场，以备广植最著名之庐山云雾茶，正恢复原有之种苗事业，已得甚多欧美各公私机关来函洽谈种子，今后此事业不难超越战前状况。惟目前经费极为窘迫，盖本所今年经费过少，不能兼顾本园，而江西省农业院亦以经费支绌，不能供给本园开支，故全赖多方设法筹措经费，曾呈请蒋主席补助经费，经农林部在林业经费项下拨付三百万元。明年仍当继续陈请补助，一方面则将筹募基金，

举办生产事业,以维持并发展本园事业。①

　　1946 年仅得到农林部补助和静生所下拨之经费,由于数额至少,故于工作进行甚微。是年夏,胡先骕借来庐山参加江西省教育厅主办讲习会之机,又为植物园发起向社会各界募集基金。其致函朱家骅有云:"敝所承补助五百万元,虽同杯水车薪,亦感厚谊。前承面允代为庐山森林植物园募捐基金,尤感盛情。稍迟当以捐册呈奉也。"②但此次募集结果与上次尚有不如,至于具体情形今多有不知。而于江西省农业院所应承担半数之常年经费未能恢复,1946 年底陈封怀再次致函江西省农业院,声明庐山森林植物园仍属静生生物调查所与江西省合组之事业,要求省农业院按战前所签订的《合组办法》,下拨所担半数之经常费,其函云:

　　查本园由贵院与静生生物调查所合办于民国二十三年,成立以来,从事各项农林植物之调查研究与试验,颇具成绩。七七抗战军兴,迁移滇省西北部之丽江,继续工作,不遗余力,以滇省政府之钦重与匡助,使工作获得不少之便利。

　　抗战胜利后,复员返庐承蒙蒋主席暨农林部之资助,得以进行修建房屋、整理园景、开掘苗圃,并继续各项研究试验等工作。自本年八月一日正式恢复开始工作以来,已将办公室及种子室二房屋修建完竣,整理苗圃五十市亩,与世界各国农林植物研究机关交换种子二千一百号,交换种子一千零四包。

　　迩来世界著名之农林植物研究机关,如美国农部、英国皇家植物园、爱丁堡植物园等均来函要求本园在研究技术上合作,足证本园事业为国内外学术界所重视。惟以经费拮据,成绩表现与理想所期,"研究试验各项农林植物之繁殖利用,为改良我国农林生产事业及人民生活之基础,并促进植物学科之进步"之目标,相差甚远。

　　查本园所需经常费向由贵院与静生生物调查所各负担一半,爰将本

---

① 《静生生物调查所三十五年度工作报告书》,中国第二历史档案馆,484(1026)。
② 《胡先骕致朱家骅》,1946 年 8 月 14 日,"中央研究院"近代史研究所档案馆藏朱家骅档案,301‐01‐23。

园三十五年度自八月一日起至十二月底经常费支付预算书，函送贵院查照，惠予照拨，以利进行。①

其时江西省农业院事业已甚为凋敝，1946年8月18日《华光日报》刊载一篇该报记者采访农业院院长萧纯锦之报道，仅从报道之题《经费无着百废莫举，农院形同虚设》，可知大致情形。江西省农业院接陈封怀函后，院长萧纯锦即呈函省政府："兹者战事胜利结束，前项工作，自宜恢复，继续办理，以宏森林业务。"而省政府先征求省财政厅、省建设厅意见。在征求期间，12月15日陈封怀又致函农业院，要求下拨第二年的经常费。省政府审议之后，经1947年3月18日第1874次省务会议，议决照拨，但将经常费预算改为补助费预算。即江西省农业院由原先主办之一方，现仅以资助身份参与其事。但是，作为资助者，对植物园组织架构、方针政策却要有决策权，即提出"原组织大纲，因事实变更，有失时效，兹为适合目前实际需要起见，特将原合订办法，重行修改，另拟合办办法。"此新《办法》由农业院主导，其第一条，将合办植物园目的界定为"为促进江西森林之调查与经营及木材利用之研究"更多注重于应用研究；园主任任命原先由静生所任命，要求改为双方共同任命。修改《合组办法》向静生所征求意见，静生所所长胡先骕1947年4月29日复函农业院，对修改合组办法，"无有异议，即照原案认可实行"。②又经省政府1888次省务会议议定，继续合办得以通过，并补拨植物园1946年下年度经费200万元，1947年预算1 200万元也照列。农业院所出资款项数目虽大，在后来物价飞涨的情况下，还有较大幅度的增加。实际上这些资金，于植物园工作的开展，仍是杯水车薪。至1948年农业院半数经费，

图4-4　萧纯锦

---

① 《陈封怀致江西省农业院》，1946年11月30日，江西省档案馆，J061-2-01057-0001。
② 《胡先骕致江西省农业院》，1947年4月29日，江西省档案馆，61(1050)。

共计一万零九百九十五元,其中包括员工薪津六千四百八十元,员工米贴三千八百四十元,办公费六百七十五元。所列这些数额,未乘以物价上涨之成数。

1949 年初,陈封怀对静生所和农业院所拨经费之少,未符合办之意,在致任鸿隽之函中,不免有所抱怨。曾言:"庐园自抗战破坏之后,基础全无,恢复多年前之规模本非易举,况经费如此拮据,更难应付矣。晚屡向步曾师言及庐园系静生与江西省府合作,双方担任之数相等,方能符合作之意义。三年以来,静生自顾不暇,故在此亦无能为力,实庐园之不幸也。"[1]又云:"关于经常费,三余年来,省府与静生之接洽,从未有平衡支付,以最近而言,省府所拨之款,月仅七八万金券,不能够买二石米之数。"[2]以静生所所拨之少,农业院尚有不如,可以想见农业院力度之微小。其时,江西方面对合办植物园只是基于历史,没有推脱理由,勉强为之。1947 年,植物园按月造就名册,多次向农业院申请员工生活补助费,当时政府对公职人员发放生活补助费。最后一次申请在 7 月间,农业院院长萧纯锦因与植物园有渊源关系,对植物园甚为关心,其有这样批示:"关于植物园请领生活补助费事,至为重要,如不解决,势必影响该园工作。兹会计室与一科互为推诿,必致误事。"后将此提交省政府议定,作出"补助机关照规不发生活补助费,所请恪于规定,仍属未便"决定。[3] 按《合办办法》,有一半主办责任,生活补助费至少应提供一半;但现在却认定植物园属"补助机关",未免失去信誉。更有甚者,1948 年 6 月,江西省农业院改隶为江西农业改进所,而将过去行政职能转移至江西省建设厅,此时植物园依旧向建设厅申请经费,建设厅遂转至农改所,云"庐山森林植物园本年五月请领员工生活补助费,预算及名册,请核转。"但农改所"核与省政府紧缩编制(25%),名额不符",而予以拒绝。植物园仅有六七人,已不能再少;何况裁减员工事先未曾通知,属临时决定,如此情形,也说明政府已近于崩溃。

复员期间,最大之植物调查是 1947 年之赣西北森林资源调查,此系静生所与中央林业实验所合作进行,由庐山森林植物园承担。植物园希望农业院按合办办法,也分担一定数量经费,何况调查区域为江西境内,符合续办之宗

---

[1]《陈封怀致任鸿隽函》,1949 年 1 月 25 日,中国第二历史档案馆,484(981)。
[2]《陈封怀致任鸿隽函》,1949 年 4 月 2 日,中国第二历史档案馆,484(981)。
[3]《江西省政府指令》,1947 年 8 月 8 日,江西省档案馆,61(0399)。

旨。植物园呈函云：

> 二十四年，庐山森林植物园曾派员往武宁之锯齿轮山、朱家山等处采集，时匪风正帜，未能深入理想之境。然已发现珍贵品种多种，业由庐山森林植物园撰述于国内外刊物发表。今呈上《合作调查赣省森林资源计划书》，合作经费一千万元，中林所负担半数，静生所负担半数之半数，庐山森林植物园认为江西省农业院也应负半数之半数，即二百五十万元。①

农业院将植物园所请转呈省政府，省政府认为合办植物园属补助性质，7月21日回复农业院云："该园在省总预算内并未列有单位预算，所有本年度省府拨发该园每月经常费一百万元，纯系补助性质，所请未便照办，应由该园自行设法筹支。"而此前农业院院长萧纯锦于6月9日向兴业股份有限公司总经理陈其祥筹款，7月29日兴业公司复函，允为补助300万元，拟作三期拨付，第一期100万元当即拨付。关于此次调查，下节有详细记述。

战后复员，江西省有农业善后推广辅导委员会，1947年该会配给植物园洋犁、铁铲及蔬菜种子等，植物园对此甚为感谢。但配给化学肥料，计硫酸铵480斤、磷酸钙120斤，却被庐山林场领取，而无法追回，乃请该会予以补发，却未有下文。

而与农业院合组植物园的另一方静生所，于植物园却是尽其所能，但由于其自身经费紧缩，如前引该所《年报》所言，故而下拨予植物园的经费便可想而知。至1949年1月，静生所在不得已情况下，以出售显微镜之款，作为植物园修葺房舍之用。该显微镜被清华大学购去，得美金500元。② 终使植物园因战争破坏的建筑得以修缮，然修缮尚未完工，于是年5月，庐山即得解放。

向上申请经费所得至寡，为陈封怀早已预见，故在复员之初即开展向国内外出售种子，以所得收入，弥补经费严重不足。1946年秋即大规模采集种子，是年冬编制《售品目录》，所售种类有种子、苗木、标本，每种植物列有中名、拉丁名、播种期、价格、说明等。陈封怀还为本目录亲自撰写引言，全录如下：

---

① 《庐山森林植物园致江西省农业院》，1947年6月14日，江西省档案馆，61(1219)。
② 赵慧芝：《任鸿隽年谱》(续)，《中国科技史料》，第10卷第1期，1989年。

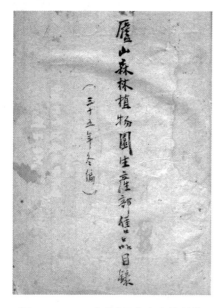

图4-5　1946年编制《庐山森林植物园售品目录》稿本封面

我国森林园艺事业本落人后,经八年之抗战复摧毁无遗,复员以来,一切建设皆积极恢复,各项种子苗木之需要虽日见增加,然优良可靠之品,殊不易得。本部志在发展森林园艺事业及美化地方,益以多年之经验及国内外诸专家之协助,故所出种苗皆蒙社会赞许,最近更注意于原有品种之改良及新奇种类之搜集,并积极研究,大量繁殖,定价格外低廉,以期协助建设,增福社会,而非以营利为职志也。①

此雅训简洁之文,阅之可知,陈封怀出售苗木,并非唯利是图,而是为了发展中国森林园艺事业,此亦为植物园历来之目的。经营结果,国内由于受社会经济政治动荡影响,收益不佳;国外尚可,而每年也仅得一二百元美金。因为与国外通信交换种子等,邮费一项,一月非十元银币不能开支。印刷种子目录五百份,费去一百元。且在庐山、九江换兑美元甚不方便。其后,邮寄费用甚高,难以负担,1948年9月24日,陈封怀还致函江西邮政总局,询问是否可将标本、种子以往按邮件小包改为普通货样方式邮寄,"为减轻是项负担,以利于学术研究之发展"。但是,江西邮政总局下函庐山邮政局,请按规定与植物园予以解释。是项负担,未获减轻。

通过项目合作,从中央林业研究试验所、哈佛大学阿诺德树木园得到外出调查经费。陈封怀还将自己在南昌中正大学兼职任教所得贴补员工生活。王秋圃有回忆曰:"1947年初,我在南昌失业,很是沉闷,5月初接到陈先生从庐山来电报。叫我就去庐山,我非常兴奋,马上就上山。在那时的生活是十分清苦的,记得有几次我们职工没有粮吃了,陈先生从南昌大学(中正大学在四九年后改名为南昌大学)领来的薪金,除自己一家生活之外,都给我们用了,并靠

---

① 《庐山森林植物园生产部售品目录》,1946年冬,庐山植物园档案。

自己种洋芋来补充粮食,但是由于工作非常有兴趣,环境又优美,也忘了清苦,好像置身世外,过隐居生活一般。"①王秋圃(1920—1988年),浙江温岭人,抗日战争时来江西,入中正大学学习,为该校首届园艺系毕业生,此后跟随陈封怀,毕生从事植物园事业,终为中国科学院武汉植物研究所研究员。陈封怀自1945年8月被中正大学农学院聘任为农艺系教授,月薪560元,至1948年下学年停聘。1949年2月,又得校长林一民之聘,其来函云:"上学期因吾兄以公务冗忙,故未请为屈驾,本学期拟请屈就理学院植物学系教授。"②陈封怀担任此教职至1949年5月。

筹得款项,除用作人员薪津外,即是修理园中房屋。其中最感迫切者,首为职工宿舍,次则办公室。先为修理一栋小屋,陈封怀携家人在园中住居。办公室系一临时茅屋充之,每逢大雨,则不能安身,故将重要书籍标本移置于陈封怀私人书室中。其余员工皆住居在牯岭,离园五六里之遥,因伙食及其他问题不能按时来园工作,风雨时期尤感不便。后将办公室修理完成,而原有之办公室改作宿舍。而于研究设施,也尽可能恢复,1947年勉强将一小温室修复,因款项不足,屋顶仅三分之一盖以玻璃,余则以茅草覆之,将畏寒植物布置于其中。由横门口至办公室,中有一桥已毁坏,于是年修复。拟恢复标本室,使复员后所采标本及被日军运至北平静生所之标本和在云南所采标本运回后储藏和陈列,然终因筹款无多,未及修缮。不得已,仅请木工做起几个标本柜,所费已多,还难以敷用。

1948年底,北平与外界通讯时断时续,静生所与所属之庐山森林植物园联系几乎中断,故而植物园只好与在上海的中基会直接联系,陈封怀即与任鸿隽多有书信来往。随着1949年5月庐山被解放,这些通信也就结束。在所留下十余通的函札中,可悉在时局急剧动荡之时,为了维持科学事业于不坠,任鸿隽可谓是呕心沥血,想方设法,在经济上予以支持,即使是汇兑之事,也想尽办法,以减少汇费。陈封怀更是不计个人安危得失,率领员工坚守在偏僻的山间,继续工作。

此录其中来往书信各一通,以见陈封怀、任鸿隽用心之良苦,及植物园当时之情形。

---

① 王秋圃:《自传》,中国科学院武汉植物研究所档案。
②《林一民致陈封怀函》,1949年2月25日,江西省档案馆藏中正大学档案。

其一,陈封怀致任鸿隽。

叔永先生赐鉴:

　　昨奉三月二日手教,敬悉庐山植物园经费蒙允增加至六十元美金,感激之至,并允拨款修建房屋,令人兴奋不已。园中需要房屋,感觉最迫切者,为职工宿舍,次则为办公室,目前除晚一人在园中外,其余皆住居牯岭,离园五六里远,因伙食及其他问题不能按时来园工作,风雨时期尤感不便。目前办公室系一临时茅屋充之,每逢大雨,则不能安身,故将重要书籍标本只好移置于晚私人书室中,斗室之中,公私什物,错乱杂陈,殊欠妥当,故双方修建皆不可少也。园中前原有之办公室可以兼作宿舍,晚拟将此修复,庶能解决双方之问题矣。现正托人估计工程,以最低价之办法计划之,此计划日内即行寄上也。

　　昨接步曾师由中基会转来之函,知平津方面情形尚好,甚慰。并曾提及德熙兄赋闲日久,处境困难,且所患肺疾,尚未痊愈,欲来庐园休养,兼可解决其生活问题。晚对其生活问题曾托俞大维设法,但值此时局,未获若何结果。至于来山休养一节,庐园目前仅能维持现状,欲添工人,尚感不足,园中技士二人,其收入仅一担余米之数,生活实难维持,其他助理员二人,皆单身人,尚能勉强维持。去岁雷侠人在此任庶务,闻经费不足,不得已乃辞去,此皆实际情形也。想步曾师不知此中情形,又以为中基会有充实助补,故可使庐园能得增补职员也。庐园房屋缺乏前已言及,舍经费外,德熙来此,住居问题亦难解决,除向人租赁,别无办法,晚对此种费,无法筹措,实令人惶恐焦急也,希望先生去信时便将此事代为陈述,庐园处境中困难,实无法容纳之。前中基会转拨付德熙千元,其数过微,不能作何用处,不知步曾来信对此事曾向先生谈及否?倘本月经费能略有办

图4-6　任鸿隽签名赠送陈封怀其
　　　　著作《大宇宙与小宇宙》

法,只好在此中转去若干,不知如何。

　　关于由沪汇款汇水吃亏过大,实不合算,托在浔商家兑拨,打听后即行奉告。如建筑费较大,则不如派人来取,似较汇水为少,不知尊意以为如何。

　　匆匆函此,敬颂

道安

　　　　　　　　　　　　　　晚　封怀　敬上　三月十日

衡哲先生代为均候。①

其二,任鸿隽复陈封怀。

封怀先生大鉴:

　　十四日来示奉悉,弟于十四亦上一缄,十六日会中奉寄久大盐业公司汇票纸四十万五千元,计均达左右矣。

　　庐园办公室及宿舍建筑费,据此次来缄,估计需要银元七八千元,此数太巨,非此间所能筹划。盖此项建筑费之来源,实即静所出售显微镜之款,该款总数为一千五百美金,前即汇上金元三万余元(约合美金一百五十元),故所余仅美金一千三百余元耳。假定此款全拨作建筑费用,仅可换银元一千六七百元(银元及美金换价时有变更,以上结算为此间最近市场价格),而步曾先生处是否另有其他开支,尚不可知,故鄙意庐园建筑费至多只能以银元一千七八百元为限。此数如何支配最为适当,拟请尊处另行一计划,并可能之预算掷下,以便提交基金会通过拨款。在时局及物价急剧变化中,一切设施皆非出以迅雷闪电的手段,不可如旧年年底三万金元可完成之建筑计划,至款项寄到时,已因物价上涨而叹乎不可矣。及后之视今,安知不如今之视昔,此弟所汲汲不遑为兄等着急也(步曾先生或为三万金元汇到,房屋问题已先解决矣)。

　　三月份庐山经费由九江久大公司拨兑,想已照收无误,如建筑费亦能同样办理,兄即有亲自来沪之必要,但此是后话,目下须先将计划及预算寄下为要。

---

① 《陈封怀致任鸿隽》,1948 年 3 月 10 日,中国第二历史档案馆,484,(981)。

　　专复，即颂

　　时祉

弟　任鸿隽　拜　卅八年三月廿一日①

　　1948 年时，任鸿隽还为植物园的造林及茶园、果园之开辟致函蒋梦麟，请求农村复兴委员会予以补助。这些请求虽费不少心血，而所补甚微。

四、为中正大学海会新校址育苗

　　中正大学战时在江西泰和开办，而其永久校址在战前已选好在江西庐山之海会。抗战胜利之后，遵照蒋介石指令，作迁校至海会计划。海会在庐山东麓，其处古迹有海会寺、白鹿洞书院，近有军官训练团等。由于大学校址广袤，已将该地古迹近址包含其中，且有绿化计划，由中正大学农学负责，恰农学院农艺系教授陈封怀在庐山主持植物园复员，农学院院长周拾禄（在中）乃将办理接收白鹿洞书院房屋和先前林校林场土地交付陈封怀办理，而育苗工作由农学院与植物园合作进行。

　　1946 年秋，由陈封怀草拟合约，合办繁殖苗圃。圃地设于白鹿洞附近，先行扦插一些行道树幼苗。此有 1947 年春，陈封怀致农学院一函，为催拨经费事，且派雷震前往交涉，从中可知合作大致情形：

　　　　敝园与贵校合办繁殖苗圃，三十六年度事业费计四百九十七万元，除已由贵校拨给二百万外，未领之数二百九十七万元。兹以春季育苗业务繁忙，为使工作进行方便起见，拟将未领之数提前拨发，以利进行，特派敝园技正雷震前来，即烦查照，惠予接待。②

　　余款顺利拨来，经一年工作，植物园在苗圃繁殖苗木有枫杨、白果、法国梧桐、香柏、花柏等计 4.3 万余棵。12 月，中正大学派学校主任秘书汪义方（庆寅）来庐山考察，并请陈封怀为之物色一人，在白鹿洞看守苗圃。其返回未久，

---

① 《任鸿隽致陈封怀》，1948 年 3 月 21 日，中国第二历史档案馆，484，（981）。
② 《陈封怀致中正大学农学院》，1947 年 4 月 10 日，江西省档案馆，37（0701）。

陈封怀致函云:

> 庆寅吾兄大鉴:
>
> 　　别后谅已安抵校中,承嘱雇工友一人看守白鹿洞林场一节,弟以为雇工友如系外地人,则人地生疏,徒费工资;如系本地人,则不无监守自盗之虑;不若由校中派一低级职员驻守白鹿洞(借住白鹿洞附近之上板李村),一面由弟派园雷先生予以协助。第一先将林场界址认清,以后只须注意梭巡,则彼盗伐者有所顾忌矣。未悉尊意如何,此点关系林场将来甚巨。
>
> 　　尚乞吾兄与周院长在中兄商定,即追加合办繁殖苗圃事业费,预算已寄在中兄,兹附上副本乙份,请查核赐予玉成为感。
>
> 　　专此,敬请
>
> 大安
>
> 弟　陈封怀　顿首　三六年十二月五日①

因为第二年需要对前年所植之苗进行移植,为此周拾禄于1月中旬也来庐山,查看实情,并与陈封怀面谈,均认为移植在3月底之前必须完成。返校后,周拾禄即向学校提交600万元预算。其后,中正大学并未迁至海会之拟定校址。1950年该校改名为南昌大学,特来函询问苗木之事,植物园为之提供一定数量之树苗。

中正大学准备从南昌望城岗迁校至庐山南麓之海会,还因陈封怀与校长萧蘧为清华校友,得其信任,而将迁校基建款拨入庐山植物园账户。"后来因为解放战争发展迅速,工程一直未能启动。而当时国民党经济已濒临崩溃,金元券迅速大幅度贬值,人们争相抛售,以抢购银元、金条等硬通货。这笔基建巨款眼看日日缩水,许多好心人都劝他把钱取出来,换成银元,只要过几日,再把原数的金元券存回去,从中即可大赚一笔,对个人、对植物园都有利。但陈认为不可,一直坚持无校方通知,不可动用。当时无人理解,都说他太傻。江西解放后有关方面清查这笔款项,通知陈封怀交代问题。当时人们无不为他担心,恐他此去回不来了。在南昌,办案人员无一相信他的陈述,认为在旧社会不可能有这样有钱不取的人,一定要他承认挪用公款或贪污。陈一时气急,

---

① 《陈封怀致庆寅函》,1947年12月5日,江西省档案馆,37(1104)。

一拍桌把一个印色盒砸烂了,气氛十分紧张。幸好此举惊动了军代表杜雷同志(后调任华南农学院党委书记),吩咐手下暂不做结论,并派专人上庐山查账。结果事情很快得到澄清,这笔款项确实未曾动用,只是早已一文不值了。"①即便在植物园最为艰难时期,陈封怀代管这笔巨额经费,也不曾挪用。

中正大学农学院也曾派学生来植物园实习,现仅知1947年暑期有7名学生抵达。其到达之后,植物园作函告知农学院,有云:"贵校农艺系三年级学生吴智羽、胡必位、欧阳琼、王遂纲、黄家骅、傅学训、王永顺等七人利用暑期来本园实习,本月十五日到达本园。"实习时间为一个月,但具体情形则不知矣。

五、调查与采集工作

复员时期植物调查与采集工作主要在三个区域进行:一为庐山地区,一为江西、湖北、湖南三省交界地区,一为云南南部地区。调查工作于1947年即开始进行,第二年也曾继续,第三年由于受时局影响,野外工作几乎陷入停顿。

植物园位于庐山之中,采集庐山植物,有便利条件,自创建以来,无论何时,只要需要,即为调查,以求有深入全面了解。全面抗战之前本已作全面采集,复员时期,再将庐山植物作为调查的重点。1948年《庐山森林植物园工作年报》:"本年度仍继续进行,详细调查庐山各类植物之分布及其生长情形,并采集各类植物腊叶标本与种苗,供室内研究及栽培之用,先后采得腊叶标本630余号,森林园艺植物种子160余种,观赏树苗木180余株,及植物球根530余个。"1949年春季,采集庐山各类开花植物标本250余号。

雷震也在本山采集,但农业院对于其安排,甚为奇怪。1947年农业院嘱雷震在庐山为农业院采集标本和种苗,且让植物园借垫经费。为此陈封怀复函农业院,"贵院派本园技正雷震以采掘庐山野树苗及采集种子,需经费三百万元,由本园暂行垫借,拨交雷技正应用等由。查本园经费支绌,无款可垫,贵院采掘庐山苗木种子工作,拟请由本园代为办理为妥善。"雷震致函农业院院长萧纯锦也作同样言语:"采掘庐山野生树苗,暨种子所需经费三百万元,由植物园垫付一节,经一再与陈主任面洽。陈主任表示,植物园无款可垫,并谓采掘苗木种子事,请由院委托植物园办理较为妥当等语。窃维庐山植物种类繁多,

---

① 胡启明、汪国权:《陈封怀传》,未刊。

采掘破费时日,植物园经常派赴全山各地采集标本种子,能附带为本院采掘苗木种子,自可收事半功倍之效,未稔钧长以为然否?"但陈封怀温和之建议,雷震谨慎之赞同,并没有改变农业院之安排。此后雷震一直在为农业院工作,1947年年底,雷震完成一篇《庐山天然林之调查》一文,系其重返庐山,以一年半时间所作调查之结果。惜当时未正式发表,仅以手稿呈农业院,其后殆已遗失矣。

湘、鄂、赣三省交界地区植物,此前未曾有人作深入调查,熊耀国在抗战期间虽对武宁植物有所采集,尚不全面。此时欲作全面之调查,恰逢静生所所长胡先骕与农林部中央林业实验所所长韩安联系,因中林所系国立机关,经费尚为充裕,即而商谈两所合作事宜。乃以湘、鄂、赣边区的

图4-7　雷震在庐山三宝树之柳杉前留影(摄于1933年)

森林资源调查为合作内容之一。其调查经费共计500万元,静生所和中央林业实验所各担负一半,庐山植物园承担此务。经遴选,派技士熊耀国率领技术员叶永丰及练习生二人前往,于当年6月1日出发,至年底返回。历经赣西北十二县,途程二千余里。此区域的植物调查自此始,得腊叶标本1538号、木材标本32种、球根1100余个、种子71种,成绩尚称丰富,其中还有不少新种或新纪录。熊耀国于次年写就《湘鄂赣边区森林资源调查报告》,今抄录其"引言",以见采集始末。

　　湘鄂赣三省接壤处,山脉绵延,纵横千里,其间奇峰绝壑,不可胜数,珍木异卉,极为繁茂,植物种类、农林产品蕴藏之富,皆超乎吾人平日想象之外,然以地处偏僻之故,从无人注意。庐山森林植物园(以下简称本园)有鉴于此,乃于二十四夏,派编者前往调查,时以匪风正炽,未能深入理

想之境,然已搜得珍贵植物品种及重要农林产物资料甚多,自此遂益知此区森林资源之不可忽视,而益增本园同人对此区之研究兴趣。

二十七年秋,九江失守,庐山危急,编者避难于此,在战云笼罩中,艰苦奋斗,继续调查,每深入人踪罕至之处,所见植物杂然,多为前所未见者。自是每年皆不避艰险,入山调查,综计历年所采腊叶标本一千八百余号,其中特殊之品甚多,且有树种证实为新种,已由本园转载于国内外刊物发表,至于其他重要林木及各种经济植物尤不胜枚举。

去年夏本园与中央林业实验所,咸以建国方殷,学术研究正宜积极进行,特合组湘鄂赣边区森林资源调查队,由编者率领,于六月一日自本园出发,道经九江、德安、永修、武宁、阳新、修水、通城、平江、铜鼓、宜丰、奉新、靖安等十二县,深入伊山、太平、黄龙、幕阜、黄冈、余袁、锯齿仑诸山,计程二千零七十里,费时八月,采得腊叶标本一五三八号,六七七三份,木材标本三二号,森林园艺植物种子一二六种,重要观赏植物生苗一一〇二棵,土壤标本一七号,树木圆盘五号、二十个,绘制图表四〇号。惜为经费所限(预算一〇〇〇万元,在采集期中,物价上涨十至三十倍,工作人员由三员三工,裁为一员二工),工作成绩未能尽符理想。近数月来,虽勉强于艰苦中继续奋斗,然为节省运费,缩减开支,计不能不于中途停止,锯取树木圆盘,及木材标本,择便采收森林园艺植物种苗,裁减工作人员,停止调查湘赣边境之武功山、上高之蒙山、武宁之九宫山、朱家山、严阳山、永修之云居山、奉新靖安境内之西山山脉。关于农林产物之调查,亦为经费、人力、时间所限,一部分地带且不安全,故除修水、武宁、铜鼓、宜丰四县尚有较详细之统计数字外,余皆未及调查,现全部标本种苗仍滞留武宁县城,无法起运。因之科学性之调查报告刻下无法编成,此次报告仅系通俗性质,简陋之处在所难免,阅者谅之。①

熊耀国对赣西北植物之采集,用力最勤,对这一区域植物区系较为熟悉。《调查报告》还对该区经济植物作特别说明,如重要树木 180 种,主要农作物 80 种,特用树种 20 种,重要观赏植物 210 种,常用药材 270 种。如此丰富自然资源,作者认为可以用于森林之更新、作物之改良、天然林之抚育、整理、保护,以

---

① 熊耀国:《湘鄂赣边区森林资源调查报告》,1948 年,江西省档案馆。

及观赏植物之引种栽培,药用植物之繁殖提炼,荒山荒地之利用等等,皆有利用价值。若"加以研究试验,及精密调查,以奠定长江流域各地经营农林事业之健全方案,使经营者有所依据,不仅事半功倍,且可收一劳永逸之效。"庐山植物园为农林生产服务之建园之旨趣,在此得到体现。

野外采集,异常辛苦,前一章所述冯国楣在云南采集情形,已有所了解。熊耀国同样不畏辛劳,早在抗战之前,其之精神便得秦仁昌赞扬。此番在外采集,更是勇往直前,深入许多人迹罕至之域,所得也较为丰富。还是摘录其《回忆录》中相关文字,仅以当时未有宿营帐篷一项,而所遇之情形即为后人难以想见。

> 出外采集主要由我和杨仲毅负责。一般人采标本有三不去:即不通车的地方不去,没有招待所的地方不去,生活物品缺乏的地方不去。我们则反其道而行。通过多年采集,我得到的经验是:越是偏僻险峻,生活艰苦的地方,越能采到珍惜标本。因此,几乎每次回来都有新种或新分布,秦先生一拿到手上,惊叹不已,久久不能放下。他知道这些标本来之不易,经过多少艰苦,乃是无法想象。
>
> 一次,在山高林深之处找到个小茅棚,只有一个铺位,住有两夫妇带两个小孩,养了一头猪,白天用绳子系在外面,晚上牵进来,预防虎狼。我们有三个人,割点茅草垫地,就和猪睡在一起。粮食完了就采野菜吃。有这样的条件还算好的。没有人住的地方就找山洞,废墓穴,只要能藏身避雨。但身边一定要烧堆火。据长期采药的老人说,任何野兽都怕火,见了火就不敢近前。有时猴子寻伴,大吼大叫,深夜被惊醒。有好山洞的地方,一住就是十几天,到处都可采得充足的野菜充饥。山高,风大、天寒,拾一些干柴烧火过夜。[①]

秦仁昌也有丰富野外采集经验,在二十年代,曾参加或率领几次重要采集,故能体察熊耀国之付出。1983 年,秦仁昌已登八十有五之高龄,在北京收到庐山植物园所编《庐山植物名录》,认为所收蕨类植物尚有欠缺,给南京熊耀国写信,让他花一二年功夫,在山上山下深入采集,必大有增加。并云:"您采

---

① 熊耀国:《回忆录》,手稿本,2001 年。

集标本训练有素，现在还能爬山，出去好好采集，并寄一份到北京，保存在新成立的国家标本馆，永留纪念。"①可见秦仁昌对熊耀国野外工作之肯定。其时，熊耀国亦已过古稀之年，尚能从事野外工作，可见其体质非同常人。至于所嘱采集之事，则未见进行。此时熊耀国在南京中山植物园工作，并不在庐山，多有不便，在此不表。

由于通货膨胀，1947年在采集途中，就因物价上涨而使经费不敷使用，虽坚持到年底始才返回，但尚有不少区域未曾到达，只有留待第二年。1948年，与美国哈佛大学阿诺德树木园商定，由其资助500元美金，继续上年之调查，以获得更全面之材料。然而接到阿诺德树木园来款已是秋间，故熊耀国率队出发也就甚晚。所经区域仅九江、瑞昌、德安三县交界之岷山及永修之云居山，收益不多。

《湘鄂赣边区森林资源调查报告》于1948年编写完成，并油印分寄各有关机构参考，并在《中华农学会报》九月号刊出。此时庐山植物园主管机关改为江西农业改进研究所，其亦得到植物园呈送《报告》。该《报告》不知被农改所何人阅读，农改所将其读后意见致函于陈封怀："本年四月《调查报告》内容尚属充实，应准存转。惟尚有需申复及补叙如此：1.原报告内列修水杉木年伐量为550,000株，经查与前全国经济委员会所调查产量为86,000株，相差悬殊。2.原报告列松材之产销状况，全年采伐量以立方公里为材积量单位，核有未合；3.铜鼓、宜丰、靖安三县竹、麻、纸业，产销状况，漏未注明单位，应予补叙。4.各种调查数字未据详叙来源。"该读者非专业人士，似在专找《报告》之笔误和遗漏，此若为一般读者，也不足为怪，但以植物园之主管机构名义发来，则有降低此项工作成绩之意。

当然，此报告为通俗性质，熊耀国本拟待木材标本圆盘运到，腊叶标本名称全部鉴定完成，再着手编写科学性质报告。但不久中华人民共和国的成立，此后社会发生根本性变革，庐山植物园亦有新的任务，该区域调查没有继续，《报告》亦未重写，即使原报告中所倡导深入研究，以及对该区域农林生产的指导意义，也被淹没。

前已有言农业院并未直接为赣西北考察拨付经费，但院长萧纯锦为考察向兴业公司请款，得到兴业公司允诺之时，熊耀国率队于6月1日出发，已近

---

① 《秦仁昌致熊耀国函》，1983年12月31日。

一月矣,时在武宁考察采集。院长萧纯锦于 6 月 27 日派农业院技士张光锜参加该工作,令其前往武宁与调查队会合;但是,张光锜在武宁工作仅两月,因与熊耀国不断发生龃龉,而要求离队。其致萧纯锦一长函,数落熊耀国种种不是,实为其不知调查采集之意义,且又畏惧野外工作之艰辛,以为农业院已出资,即可左右考察采集内容和路线,遭到拒绝,乃作此下策。此摘录其在武宁黄龙山所写之此函,以见野外之情形和矛盾之源起。

　　际斯于高不接天,俯不见人之黄龙山巅石洞中,而职与熊君耀国间之演变,竟不料至此。职以奉院令及承钧座意授,愿为调查森林资源,以备政府或兴业公司开发利用而来。抵黄龙山脚后,以目睹该山海拔在一千公尺以上者,非但乔木无有,即荆棘亦不复生,当即向熊君耀国提议分工合作,由职携一二工友自幕阜山麓分三四驻站前进调查,再行汇合。而彼则默然不语。次日坚持必须登山至顶,声言采集。斯时职亦以为既已同行,自有容忍,姑亦随同登山,一察究竟。乃彼此则自抵石洞后,携一二工人为该园采取草本标本。乃力斥彼曰:此为合办之森林调查团,并非贵园一己以谋发现一二新种,定定新名之采集队。

　　兹者职以痛定思痛,该园既不守信义,吾人自可不必参加,所采标本,一律不取,抑钧座追还其二百五十万元(职在此数月膳食费,据估计消耗该园者,实不满十一二万元,当可照扣)。请改派徐技正来此合作,由院再作单独之调查,亦可敷用。二责成该调查队长着重森林材积之调查、绘图及计划报告,以符该园森林调查计划书原意。二者何如?恳乞钧谕示遵。

　　职以奉钧座谕令而出,卒不能全胜善好以归,无法争取主动地位,院中汇款于植物园者太速,至不能不授人操刀,听命唯人,致自招人之排挤宰割也。兹职意拟暂返修水县城,以候钧示。①

　　农业院遂招回张光锜,为此于 9 月 6 日致函植物园,云"令在外采集之张光锜调回,而其担任森林植物园采集及立木材数量调查工作,请植物园所派人员继续办理。"但未说明张光锜退出之原因,有难言之处。此中根源,乃因农业院本应下拨之款,却当作合作费用,农业院气量狭小,以为出资即有领导权。

---

① 《张光锜致萧纯锦函》,1947 年 8 月 27 日,江西省档案馆藏江西省农业院档案。

若如是,岂不是出资一半之中央林业实验所,也要派人参加考察乎?

由于物价上涨,至 11 月间,熊耀国考察告一段落,经费也去大半,所采木材、腊叶标本计 1500 余号,无法运回,植物园又向农业院萧纯锦请按比例追加经费,但农业院作如是回复:"此项超支经费,本院已无此预算,中途无法筹拨。至腊叶标本、木材仍希于整理后送院。"不知其后植物园将所采标本检出一份送于农业院否?

但其后植物园呈送熊耀国所撰《调查报告》,江西省农业院时已改名江西农业改进研究所,该所对报告作出贬低之评价,不知是否与张光锜退出事件有关。而张光锜在 1948 年年底,单独在江西之《经建季刊》发表《赣西北森林之初步调查报告》,该文前言云:"综计此次之调查与采集,山中环行凡八十余日,所至均山峦重叠,人迹罕至之区。自武宁之伊山始,中经太平山及修水之南岭黄龙山而至湖南平江之幕阜山止,计程五百余里。"该作者在外仅六十天,也未到湖南平江,有意夸大考察时间和区域。报告内容也为该作者在考察中所得,不知其所在机构江西农改所作如何评价。

庐山森林植物园第三项调查系在云南南部之采集。战争结束之后,冯国楣尚在云南,即以庐山森林植物园名义与云南农林植物研究所合作采集,因同在静生生物调查所领导之下,故易于进行。仅以 1948 年而论,所得云南南部一带森林园艺植物种子及标本,计草本植物腊叶标本 780 余号,木本植物腊叶标本 290 余号,种子 70 余包,球根 500 余个。其后,农林所与庐山植物园一样,同被中国科学院植物分类所接收,为该所所属之昆明工作站工作,冯国楣不曾返回庐山,而在昆明工作站工作。其所采集除寄回一些种子外,其他连同丽江工作站时期所采标本皆未运回庐山,而收藏于昆明。

六、繁殖试验

繁殖试验所用材料,除上述三个地域所调查采集所得种苗外,还恢复与国内外植物园与农林学术机构的种子交换关系。计有美国渥太华植物园、美国威斯康州约翰森私立树木园、美国华盛顿树木园、美国农部、印度打铁岭植物园、印度加尔各答植物园、荷兰生物研究所、荷兰阿姆斯特丹植物园、荷兰莱顿植物园、法国蒙诺私立植物园、加拿大蒙特勒尔植物园、南京中央大学、北平北京大学森林系、昆明云南大学森林系、南京总理陵园等。每年所得各类种苗有几百种之多,均要进行移栽、扦插、播种等项试验。

图 4-8 四十年代末植物园全景

　　其试验内容可分为两项:一为插条繁殖试验、一为经济植物栽培试验。插条试验系以木本植物落叶类,如小檗、棣棠、木槿等二十余种;常绿树类,如花柏、翠柏、柳杉、冷杉、黄杨、茶花等六十余种。以硬木插条予以试验,剪去其二年生之枝条先端约长四至六寸,插一百至二百枝于沙质壤土之温床中,保持其湿润,结果成活率均在 50% 以上。对草本植物,如四季海棠、百合、卷丹、大丽花、草本绣球等二十余种,分别以叶插法、鳞茎插法及嫩枝插法予以试验。叶插法、鳞片插法均用细沙置于大花盆中作插床,嫩枝插法是以沙质土壤置于大花盆中为插床,每种计用一百至三百个插枝作试验,将插床放置于荫棚之下,结果成活率均在 60% 以上。1946 年,胡先骕与中央大学郑万钧发表水杉生存新种,引起极大反响。1948 年,郑万钧派人专赴湖北万县采集水杉种子,以所得广为寄赠国内外各研究机构,庐山森林植物园得种子 50 克,经王秋圃繁殖试验,结果共得成苗 2 700 余株,从当时国内各处繁殖报道看,美国哈佛大学播种之后,发芽甚好,但以庐山植物园所得结果最好。王秋圃撰写成《水杉在庐山初次繁殖试验经过》一文。

　　经济植物栽培试验,有糖槭、漆树也曾作种子发芽率试验。头年由于雨水太多,致使发芽效果不佳。第二年继续播种,始有较好结果。糖槭(Acer saocharum)种子系向加拿大托贝种子公司购得二磅。该植物可在其皮部取糖汁,在北美一带为主要糖蜜之来源,其时国内尚无机构试验,若试验成功,可大量推广栽培,以增加糖蜜之生产,裨益非浅。观赏植物如荷兰引来之唐菖蒲,凡十二个品种；法国引来之大丽花、香石竹、桂竹香，以及西洋参等名贵种十余种，均分别栽培试种成功。

七、遭匪记险

植物园内房舍因经费困难，复员几年，仍未能全部修复。大多员工在牯岭租房而居，不仅增加开支，还浪费来回时间。在园内仅有陈封怀一家住居，颇为寂寥。其时，社会动荡，土匪猖獗，也颇有危险。1948年4月2日，陈封怀致函任鸿隽，要求拨款修缮园中房屋，也言及其本人和家属之处境。其云：

> 庐山植物园自复员以来，无日不在挣扎中。最初应步曾师之命，不加考虑，接收此园，以后逐渐发觉种种困难。此园之成立至少基于三大原则之上：（一）地址、（二）经常费、（三）建筑。除地址以外，其他二方面皆成问题也。尤以此园设于偏僻之处，建筑更为重要，今年借房问题不能解决，不但须另花一笔租金（约银元二百元），且工作仍不能理想推进，职员难安于其职。以外表观瞻论，园中虽收藏植物种类数千种也，但无办公室等之设备，外人皆不以为一机关，而更不以为一研究机关。因之不知植物者，只见断垣残壁，满目荒芜而已。幸晚一家，独居园中，而能伴此孤园耳。
>
> 年初园之大门口岗警被盗匪击伤，事后警察岗撤去，人谓植物园独居一家可危也。友人劝晚迁牯岭，以防万一；但因鉴此园无人看守，故冒险仍住此地，盖园中所栽培之植物非有人照顾不可也。[①]

读罢陈封怀此函，对其于困难当中，仍坚守岗位，竭力维持而有所敬佩。其后，担心盗匪之抢劫，果然发生了。1949年6、7月间，庐山已被解放，因植物园处于警戒线以外，曾先后遭土匪抢劫四次，员工衣被什物损失甚多，所种蔬菜三余亩，计马铃薯二亩、包心菜半亩，其他半亩，其中马铃薯、包心菜在一夜之间被挖拔一空。熊耀国未完成之《回忆录》记有一次遭劫事，录之如下：

> 1950年一个深夜，我和邹垣住在种子室。突然土匪破门而入，用一条

---

① 《陈封怀致任鸿隽》，1948年4月2日，中国第二历史档案馆，484，（981）。

绳子把我们两人绑在一起,步枪搁在窗台上,说"不要怕。我们是来检查的。"陈先生一家三人住在西上侧宿舍,我们最担心的是陈先生家。他家因常有名人和外国人来访,摆设得比较讲究,像是富贵之家。我们两人,匪徒一眼就能知道是穷光蛋,没有搜身。哥哥送我的一支白金水笔,放在前室桌子上,因踩破了笔管,用布条扎着,匪徒拿起看一眼就甩在地上走了。大约过了半小时,寂静无声了,慌忙解开绳子,跑到陈家,只见二老坐在客厅,贻竹还只有七八岁,睡在内室未醒。师母说:这些人都是山下农民,并不是惯匪。八年抗战,加上土豪劣绅的压迫剥削,穷得喘不过气来,才临时起意为匪的。我早就作了准备,万一他们来了,无非是要钱,我特地放六十块大洋在书架上,他们一进门我就指给他们看,说:"这是今天领到的工资,你们生活困难,都拿去吧。"带头的像一个首领,听我说完,就把钱放进口袋,眼含泪水吩咐同伙:"不要吓唬小孩,不要乱翻东西。"她说"六十块大洋在农民眼里,是个大数字,可以买三十担谷,三百斤猪肉,内心满足了,所以内室都没有进,就走了。"如果不给他们点好处,就要伤害人身,后果不堪设想。[1]

陈封怀一家因守于庐山植物园,为对付土匪,其实早有准备。陈夫人果敢沉着,临惧不乱,非一般女子所能。或者正是她的支持,促使夫君陈封怀能在此度过艰难之时期。

在植物园屡遭匪劫后,由庐山军管会乃拨借牯岭中路 174A 号房屋一栋于植物园,作办公研究之用,将储藏在园内各类植物标本、图书及一部分重要文卷公物予以迁移,以便保护。

---

① 熊耀国:《回忆录》,手稿本,2001 年。

第五章 DIWUZHANG

中国科学院植物研究所庐山工作站

（1950－1958）

1949 年乃革故鼎新，新旧交替之年代，中国国民党在大陆统治之旧时代结束，中国共产党领导之新时代开始。庐山森林植物园在先前复员时期，经费窘迫，工作进展缓慢。故于新时代充满期待，希望得到新政府大力支持。起先被江西省政府接管，改名为庐山植物研究所，不久中国科学院植物分类研究所成立，又被纳入该所之工作站。

一、庐山植物研究所

1949 年 4 月底至 5 月 18 日庐山成为真空状态，庐山植物园员工仍旧照常工作，继续在庐山采集和照应园中苗木及所有财物。自 5 月起，中基会所拨经费断绝，其他接济也为断绝，但仍旧工作，但员工生活均自行维持。5 月 18 日上午十一时三十五分，中国人民解放军冒雨到达庐山，此为庐山被解放时刻。当日，全山有居民数千人，在大雨中鹄候数小时，欢迎解放军，欢迎新时代的到来。庐山植物园也有员工参加这一欢迎活动，同样期盼自由、平等的实现，期盼科学事业的昌明。

6 月植物园与九江军管会接洽，得该会拨给生活维持费，员工生活暂以解决。植物园诸项工作如采集植物、鉴定标本、扦插苗木等均得继续进行。

江西省人民政府成立后，省人民政府建设厅（后改为农业厅）于 8 月下达"关于省直属各地农林场园工作的训令"（建农字第一号），对包括合办事业如庐山森林植物园在内的省属农林场园有关单位发出临时指令："场园设备，须妥为保存，不能有丝毫损失，更不得任意搬走，场园名称，在未经本府明文批准前，不得有所更改。"[①]9 月，植物园编制并呈报今后为期一年之《工作计划及经费概算书》，言明庐山森林植物园工作旨趣："在纯粹植物学之研究与应用植物

---

① 江西省人民政府：《关于省直属各地农林场园工作的训令》，《江西林业志资料》，第三辑。

学之研究两端。"此实是向新政府自我介绍,以获得支持。又云:"凡各项工作计划之内容均不出此二端,然每年度工作之计划须视当时之需要而决定业务之重心。"所列计划:研究方面有继续调查庐山植物以编辑《庐山植物志》,整理园内各类植物分类区,拟新设立药用植物、食用植物、特用植物区。应用方面以本园各类苗木将园内荒山予以造林,开辟新苗圃,大量采集林木种子以供推广育苗之用。一般事项主要是修复职工宿舍、办公室、标本室各一栋,以便工作之进行。这些计划预算及员工薪金共计:15,938,688.00 元。① 这些工作内容几乎都是先前工作之延续,或先前之计划而苦于经费,而无法实施之项目。

10 月 21 日,省建设厅又下达"关于制定江西省农林场整理办法的通令"(建农字第四号),指令"原庐山林场与庐山森林植物园合并,由农林总场直接领导,以林业试验研究为主。"②至此,静生生物调查所与江西省农业院合组之庐山森林植物园正式结束,并改名为"庐山植物研究所",由厅指派吴长春为所长,廖桢为副所长,而陈封怀被调往江西农林科学研究所任副所长。

庐山植物研究所成立之后,列举主要工作是造林、护林和植物调查,前两项为林场工作内容,植物调查则是植物园研究项目。1950 年 3 月在江西省农林场会议上,廖桢报告植物所情况,其中关于植物园情况有:调查采集庐山各类植物,计得标本 150 号;鉴定木本植物种名 30 余种;搜集草药 21 种;向国外出售种子 78 种,因邮局不办理国际包裹尚未寄出;赠送国内各机关种子 119 包。言及面临困难有:补充设备如显微镜、玻璃种子瓶、标本纸、罗针仪等;提高员工待遇,庐山物价高出九江百分之五十至百分之百。③ 1950 年 12 月庐山植物研究所林场与植物园又分开,植物园部分被中国科学院接收。在此一年零四个月中,植物园工作并未按其当初计划那样开展起来,仅从事一点本山植物调查和种子采集,园区和建筑没有予以恢复或重建。当中国科学院接受时,该所曾提交一份"庐山植物研究所概况",云"现有技士四人、技术员三人、技工等廿五人,从事整理,以期早复旧观。惟诚觉为难者,经费之问题也。倘能获

---

① 《庐山森林植物园工作计划及经费概算书》(三十八年十月一日至三十九年九月三十日止),庐山植物园档案。
② 江西省人民政府:《关于制定江西省农林场整理办法的通令》,《江西林业志资料》,第三辑。
③ 江西省农业科学研究所:《江西省农林场园会议汇刊》,油印,1950 年 3 月。

有充裕之辅助,则该所之使命得以完成焉。"①需要指出的是:所言人员数量,当包括林场人员。由此也可知,在此一年多的时间里,工作进展无多,乏善可陈。

二、改隶于中国科学院植物研究所

在庐山植物园被江西省人民政府接收的同时,北京之静生生物调查所被新成立之中国科学院接收,与北平研究院植物学研究所合组成立中国科学院植物分类研究所。静生所所长胡先骕因其在北平解放之前,发表大量政论文章,主张在国共两党之外,组织新的政治力量,而走第三条道路。此种政治诉求显然不合时宜且不为新政府所容忍,变被打入另类。此时,大势已变,胡先骕自认为已获得身身后名,不再坚持自己政治主张,也不谋求一己之名利,只愿继续其植物学研究。在办理交接过程中,胡先骕对静生所遗留问题,一一提出处理意见,请中国科学院予以考虑。对于庐山植物园等分支机构,要求在组建植物分类所时,将其也纳入到植物分类所,作为分类所下属之工作站。1949年12月14日,在静生所整理委员会第一次会议上,胡先骕说:

> 我个人主持此(静生)所二十一年,除此所外,尚有庐山植物园及云南植物园(即云南农林植物研究所),庐园与江西农业院合办,英庚款曾捐助若干经费作为建筑费之一部分,惜原来的办公室被日本人炸毁,复员后规模当然不及从前,但其中标本甚为珍贵;苗木有二十多万株,最珍贵的水杉苗木,去年并从湖北运去一些台湾杉的苗木。现由江西省人民政府接收,改为森林研究所,原主管人陈封怀先生已被江西省任命为农事试验场场长,兼管庐山植物园工作。如果陈先生调来北京工作,可对北京市区风景的布置帮助不少;又前在云南农林研究所工作的俞德浚先生(近在英国)可调至庐山工作。②

1950年1月20日,静生所整理委员会遂作出:"静生所在江西设有庐山植物园,在昆明设有云南农林植物研究所,北平研究院在武功与昆明各有工作

---

① 庐山植物研究所:《庐山植物园研究所概况》,中国科学院档案处档案。
② 《静生生物调查所整理委员会第一次会议记录》,中国科学院档案。

站,应请本院接收。"之决定。2月,中国科学院植物分类研究所正式成立,任命钱崇澍为所长、吴征镒为副所长。庐山、昆明、西北工作站相继组成。其后,又将中央研究院植物研究所高等植物研究室,组建为华东工作站于南京。中国科学院成立之时,对中国植物学发展作出规划,根据此前之基础,先在首都设立植物分类研究所,待其分类学以外的其他学科得到发展,成为植物学综合性研究所,后于1953年将植物分类研究所易名为植物研究所。而于京区以外之研究机构,因受条件、人才等诸多限制,先作为分类所之工作站,待其发展之后,再独立成为研究所。

2月13日,植物分类所第二次研究工作人员会议召开,曾讨论各工作站如何接管等问题。胡先骕与陈封怀素来关系密切,借与陈封怀书信来往,知悉庐山植物园近况,故为之报告。4月22日,植物分类所召开工作计划委员会会议,专门讨论所外拟建工作站问题。在此次会议上,胡先骕再次报告庐山近况,并言"我所对该园如何办法,应有决定"。会议对庐山植物园作出处理办法为:"请院与江西省当局表示本所愿与江西省农业科学研究所合办庐山森林植物园,或其他调查研究机构,本所可补助设备与采集等费用。"至于中国科学院与江西省来往公函未曾见到,据事态之发展,江西省方面完全同意分类所之提议。其他工作站之设立,也得到云南省和西北农学院同意,9月6日遂在北京召开工作站座谈会。听取各拟建工作站负责人汇报,商讨如何与地方交涉事宜。陈封怀已被确定为庐山工作站主任,即应召前往北京出席。

在会上,陈封怀报告了庐山植物园被江西省政府农业厅接管之后,与庐山林场合并一年来情况,江西各方都同意将庐山植物园改为科学院工作站,其本人也愿前往主持。惟办理植物园的任务需要明确,完成这些任务需要什么设备,希望配备。关于庐山植物园,会议形成"中国科学院植物分类研究所在庐山设立工作站及植物园办法草案",并与江西省农业厅订立合作办法。综合其内容,主要如下:

一、工作站工作方针与具体任务根据分类所之规章及计划,并配合当地具体情况和实际情况而制定。工作站工作制度,依据中科院以及分类所各项章则及决议制定之。

二、人员编制:保留原有人员。有主任一人,研究人员三人,技术人员二人,工人或技术工十五人,仅新增一名事务员。

　　三、房屋：拟请中科院函武汉中南区军委会，请求在牯岭划拨有十余间房屋一幢，以作工作站办公之用。请中科院将前中央研究院地质调查所房屋予以维修，并拨予工作站使用。植物园内被毁房屋，予以修复工房一幢、温室一幢。

　　四、设备：农业厅前接收植物园的财产、图书应交还工作站。存于北京原庐山植物园标本运回庐山。工作站同人所研究专科材料，寄往庐山。植物照片配齐一全份。

　　五、经费：员工工资及园内经常费由分类所担负，1950年10至12月，连同开办费暂定小米十万斤。1951年经费另行核定。帮助江西省所作业务之经费由该省担负。

　　六、目前工作计划：清点归还财产，整理庐山及赣西北历年所采之标本，移植植物园内已成熟苗木，并准备明春播插。①

　　会后，中国科学院于10月13日以"(50)院秘字第3098号"文向中央人民政府政务院报告此事。政务院于当年12月16日以"政文齐字第116号"文批复中国科学院，同意将庐山植物园改组为中国科学院分类所庐山工作站，调江西省农业厅农业改进所副所长陈封怀为该站主任，并已电中南军政委员会转知江西省人民政府办理。② 据此庐山植物园正式改名中国科学院植物分类研究所庐山工作站。

　　第二年5月9日至16日分类所又在北京召开工作站会议，各站主任及分类所工作计划委员会委员及各研究人员出席，钱崇澍、吴征镒分别担任主席，庐山工作站陈封怀参加是会。在陈封怀详细报告近一年工作之后，吴征镒对庐山工作站作如下发言：

　　　　庐站在已往是无计划地买办性的机构，改为(植物)所附设之高山植物园，重点放在森林植物园，其他也可搞一些，生产方面试验可以作，但不

---

① 《中国科学院植物分类研究所在庐山设立工作站及植物园办法草案》《植物分类研究所与附属工作站及合作机构的联系问题》，中国科学院档案馆藏中国科学院植物研究所档案，A002‐11。

② 《中央人民政府政务院批复》，中国科学院档案。

以生产为目标，试验可以，但不作推广工作。小规模的售卖种苗交换可以。用不着的山，把其中重要种移出，其余交林场。标本室作保存性质，陈（封怀）自己研究的可以留下，其余不作鉴定工作，采集不作为重心，附近采集可以。本年人员配备不再扩充。①

所谓买办机构，乃是指庐山植物园为静生所所办，而静生所经费来源是中基会，中基会又是以美国退回庚子赔款所设。五十年代初期为反对美帝国主义运动之上升期，将庐山植物园定为买办机构，乃指出身不好，大有批判之意。以吴征镒副所长身份，并分管工作站工作，其所言自然影响分类所对庐山工作站的定位。此次会议对庐山工作作出如下定位：庐山植物园的环境对于栽培高山森林植物甚为适宜，将来发展的目标是高山森林植物园。近期工作任务是编辑《庐山植物志》。也就是说，庐山工作站不是以分所之建制来设置，而是以单纯之植物园来建设，其研究内容比其他工作站为少，人员也不予增加。此后即是以此为方向，其研究力量不是得到加强，反而予以削弱。只是其所属山地仍是自行管理，未如吴征镒所言交给庐山林场。

1952年，庐山工作站在此定位之下，仅开展一些恢复工作，对此前在赣西北和庐山所采标本予以整理与鉴定，而采集工作则进展无多。园林则是整理园地及布置园区，将岩石园、鸢尾区和新辟草花区四亩连成一片，增色不少；战前所育四照花、日本冷杉、香柏等二十余种大苗，三千多株定植于园内适当地点。对交换而来种子和在本山所采园艺植物种子，如杜鹃花、秋海棠等，进行播种试验，得到良好结果；还进行嫁接、扦插、杂交工作。新辟苗圃三十亩，移植茶苗十七亩。②

1953年，时已改名为中国科学院植物研究所在制定第一个"五年计划"之时，对庐山工作站的任务作出新的部署："配合全所中心工作，参加中南区的资源和植被调查，与庐山管理局合作，在技术方面领导庐山绿化，使之成为游览区，并将原有植物园简化为高山森林植物保护场。"③而于先前已着手进行的

---

① 《工作站会议纪录》，中国科学院档案馆藏中国科学院植物研究所档案，A002-12。

② 《庐山工作站一九五二年研究工作报告》，中国科学院植物研究所档案，A002-018。

③ 中国科学院植物研究所：《五年计划大纲草案》，中国科学院档案馆藏中国科学院植物研究所档案，A002-119。

《庐山植物志》之编纂则为放弃。在该项计划中,华东工作站之任务仍是继续先前的研究,并列入新任务,即"与陵园管理委员会合作,或接管陵园建立南京陵园植物园"。此事源于上年秋苏联专家,尼基斯基植物园主任克菲尔加(Koverga,A.L.)来华考察,在南京曾两次去中山陵园植物园参观。10 月 19 日,在南京华东农业科学研究所举行的座谈会上,克菲尔加谈了他对中山陵园植物园在引种驯化区域的优势应恢复与发展,并认为此园应归中国科学院领导。在向苏联一边倒的年代,苏联专家的意见具有权威性。会后不久,11 月 24 日,中山陵园高艺林处长和吴敬立即与中国科学院分类研究所华东工作站联系,谈陵园所属植物园全部移交植物所办理。华东工作站于当日发电报致中国科学院植物所庐山工作站主任陈封怀,嘱来南京商讨接管问题。此前陈封怀曾于 1952 年赴南京,协助华东工作站筹办植物园。

　　1953 年 8 月 30 日,中国科学院植物所致函院办公厅,报告中山植物园情况,拟由华东工作站及庐山工作站合力筹办并领导。9 月 17 日,中国科学院院长集体办公会议讨论,批准接收中山植物园,认为"植物研究所如决定以南京植物园为重点工作来发展,则应调配干部,加强领导。会议认为可将华东工作站合并在南京植物园,并缩小庐山工作站的工作范围,抽调该站人员来充实南京植物园的力量"。如此同时,吴征镒亲赴庐山,促使陈封怀率员往南京。11 月,植物所再次致函中国科学院,汇报办理中山植物园具体实施办法,摘录如下:

　　　　1. 本所华东工作站接管中山陵园后,拟建议"华东工作站"名义撤销,改为本所"中山植物园";

　　　　2. 本所庐山工作站一部分主要人员调中山植物园,庐山工作站工作缩小范围,"庐山工作站"名义撤销,改为本所"庐山植物园";

　　　　3. 拟任原华东工作站主任裴鉴为中山植物园主任,原庐山工作站主任陈封怀为中山植物园副主任;

　　　　4. 原庐山工作站助理员王秋圃,技术员王名金、胡启明,练习生汤国枝、李华,会计钟则朱拟调中山植物园工作。[①]

---

① 《中国科学院植物研究所致中国科学院函》,1953 年 11 月,植字第 2765 号,中国科学院档案馆藏中国科学院植物研究所档案,A002‑38。

此项决议在其后得到执行,仅庐山植物园被调来南京人员有所改变,胡启明不曾去南京,而另增加办事员涂象铺。具体人员之去留,盖为陈封怀所安排。当时工作站共有人员 24 人,其中研究人员 9 人、行政人员 3 人、工人 12 人。此次调离 7 人,且都是研究和行政人员,无疑达到中国科学院缩小规模简办的目标。

陈封怀调离庐山之后,依旧兼顾庐山植物园领导之责。对山中各项工作,无论巨细,一一过问。只是其离开时,主任一职,由熊耀国代理。不久植物所调来政工干部徐海亭,任办公室主任,以应付不断展开之政治运动。此录一通1954 年陈封怀致熊耀国函,以见陈封怀之于庐山植物园之关切,之于同仁之爱护。

图 5-1　陈封怀手札

耀国吾弟惠鉴:

　　昨介绍黎(引者注:即黎兴江,中科院植物所人员,时在南京随陈邦杰治苔藓分类学)同志信,想渠已持信达到矣。山中想十分拥挤,大家皆忙于招待。一年之中,山上最盛之时,对研究工作不无影响。怀前三日由太湖区域调查归来,了解植物分布情况。今夏将此调查整理,拟写一篇太湖区域植物分布,将此项材料结合庐山、黄山植物分布研究参考资料。预计九月出发(引者注:指赴黄山植物调查),由南京动身较为方便,届时希望吾弟来宁结队同行,藉可在此阅读参考文献,以为如何?邹垣弟亦可同时来宁。

　　来信及红茶样品甚好,园中所制者与宁红似无区别,香味可口,与祁红略有不同,但别有风味。将来可采取红绿制法,以供大家品评,二种各有其风趣也。前将弟所作之庐山采集与胡先生,闻已转寄旅行杂志社矣。不知已否登载。其他稿交俞先生,亦未得何消息。近日所方忙于学部事,对此事想搁置矣。启明弟来山想已展开名牌工作,渠所写之稿不知已完成否? 希望在山仍继续进行,在本年底务必争取送所付印。此篇系庐园数十年大家努力之工作,其意义非常重要,如一部分完成,可先寄来,趁怀在此未出发以前可以整理。南京气候虽热,但每日仍可抽出一二小时作此工作也。顷接宋辉来信,知园中工程进行情况,甚慰。亭元事不知最近已批准否? 念念。

封怀　十八日①

　　从此函可知,植物园种植茶叶,已开始采摘制作,陈封怀品尝后云其风味独特。1954 年熊耀国曾率队往庐山汉阳峰采集,写有《庐山绝顶汉阳峰采集记》一文,经陈封怀呈送胡先骕,请介绍发表,后于 1956 年刊于《旅行家》杂志 8 月号。陈封怀所言胡启明正在写作之稿,系《庐山植物园栽培植物手册》一书,后由科学出版社出版。

　　对新来之徐海亭在庐山之生活,陈封怀还特别嘱咐熊耀国予以关照,另一函云:"徐同志来山对今后行政以及政治学习等,必能有很多帮助。渠有胃疾,且北方人,应在饮食方面多照顾,如有可能,多食面食,请考虑。"有徐海亭加入,陈封怀认为其他研究人员可以多做一些研究。

　　经此一年,在陈封怀所作《庐山工作站一九五四年业务工作总结》,罗列完各项工作之后,结尾之处,对庐山植物园前途不无忧虑,其写道:"本站已经二十年的奋斗,已经有了一个相当美好的外貌,对于科学研究以及文化教育生产等方面都起了一定的作用,为了在现有的基础上配合国家总路线,进一步解决一些有关经济建设和文化建设的问题,更多地发挥它的作用,我们觉得如果领导上能够重视研究人员和研究资料的充实,乃是有效而且适时的措施。"②该年

---

① 《陈封怀致熊耀国函》,1954 年,庐山植物园档案。
② 《植物所庐山工作站一九五四年工作总结》,庐山植物园档案。

工作是在不发展的前提之下进行,有多项原订计划未能实施。

图 5-2　1952 年,陈封怀与部分员工合影

经此调整,庐山植物园在中国植物学界已处于次等地位。陈封怀虽然还兼任庐山植物园主任,为其发展依旧操心,指导研究、网络人才,但在不曾中断的政治运动中,旧时代出身的知识分子,难得重用,故陈封怀个人能力已无法改变庐山植物园命运。庐山植物园此后虽然已历经半个多世纪而不坠,但在其历史中已饱尝边缘化之痛。当今主其政者,偶尔思考庐山植物园发展时,应明悉这段历史及其影响。自从陈封怀离去之后,庐山植物园即在一段很长时期内,不曾有过专家,没有专家的培养,即无法诞生人才,没有人才又不能承担课题,如此循环往复,其弊不证自明矣。更为严重的是:研究机构没有专家,其领导者难以把握正确的方向,也不能培养优良的学术传统,故其旁落一直在继续。此为另话,限于体例,不作深入讨论。

需要指出的是,时人在记述庐山植物园沿革时,以 1954 年来划分"庐山工作站"与"庐山植物园"演变时间。其实,并未有严格意义上的不同。此上所引植物所文件中虽作出明确变更,但在实际工作中,依旧在使用"中国科学院植物研究所庐山工作站"名义。故笔者作此历史记述,于 1954 年不作变更处理。

陈封怀离开庐山仅仅二年,熊耀国就因于 1956 年所犯"错误",于 1957 年 2 月经植物所批准也被调到南京中山植物园。是年 7 月,植物所又从南京中山植物园调转业干部,办公室副主任温成胜来庐山工作站任办公室副主任。关于熊耀国之"错误",将在以后记述。

1957 年,中国科学院武汉分院及武汉地区高校之植物学、园艺学教授们为加强武汉植物园建设,拟邀陈封怀前去主持。此项建议系孙祥钟提出,在征求陈封怀意见时,陈表示愿去武汉,并希望将庐山工作站划归武汉植物园。为此武汉分院副主任委员王家楫在 4 月间召集高尚荫,华中农学院章文才、武汉大学孙祥钟开会讨论,取得一致意见。会后武汉分院就此事于 4 月 28 日致一长函向北京总院报告。此将函文中涉及陈封怀和庐山植物园者,摘录如下,亦庐山植物园重要史料。

　　大家认为,从目前国内植物学家的分布状况看,只要总院、生物地学学部及北京植物研究所认为需要支持这一机构办下去,在院内调一高级研究人员来这里工作不是不可能的。因此,大家对调谁来此工作比较可行的问题进行了讨论,大家认为调陈封怀先生来此工作是比较可行的。①陈先生到南京前,领导庐山植物园工作,而庐山植物园在植物的亲缘关系上讲,与武汉植物园比较接近,而且武汉去庐山交通也比较方便,庐山现在也没有人管。陈先生来,一方面领导武汉植物园,一方面兼管庐山植物园,工作比较顺手。②从南京植物园的人力状况看,现有五个专职高级研究人员,还有兼职的叶培忠先生等,陈先生走了,南京工作不会受到多大损失的。③请陈先生来武汉植物园工作的问题,在今年北京植物研究所的学术会议上,孙祥钟先生曾当面向植物研究所钱老等几位所长提过,几位所长表示,可以考虑这个问题;也曾向陈先生本人提过,陈先生表示愿来武汉,只是目前离开南京植物园不大合适。④武汉东湖风景区的领导们对陈先生的信仰很高,陈先生来,植物园和东湖风景区的关系也会相处很融洽。陈先生来后,已经参加植物园工作的几位地方植物学家教授们将会更加积极地参加工作。①

中国科学院同意武汉分院请示,计划局局长陈志华曾往武汉了解情况,并促成调陈封怀来武汉。在其致中国科学院秘书长郁文信函中,即请郁文向植

---

① 《中国科学院武汉分院筹备处函中国科学院》,(57)武院字第 008 号,1957 年 4 月 28 日,中国科学院档案馆藏中国科学院植物研究所档案,A002－117。

物所林镕、吴征镒等几位所长商量，以便早日解决。函中讲到将庐山植物园从南京植物园转到武汉植物园时，云"关于庐山站划归武汉植物园，问题应该不大，因为植物所对管庐山站兴趣并不大"。再次证明庐山植物园不被植物所重视。中国科学院干部局遂于 1957 年 12 月 26 日致函植物所云："经学部及有关领导同志商洽决定，调你所南京中山植物园陈封怀先生去武汉植物园主持研究工作。"陈封怀的调动，很快予以实现。1958 年，中国科学院植物所对所属各植物园工作方针提出建议，于庐山植物园有云："在收集栽培高山植物有相当基础，目前人力过于单薄，亟应设法加以补充，今后应继续加强管理并充实布置，逐渐成为一个完善的高山植物园。"①此时，植物所对庐山植物园的认识有所改变，但是此项建议发布之时，已是"大跃进"运动狂热之中，既便仅仅办植物园，也有问题。

陈封怀在武汉工作未久，第二年即是"大跃进"运动，江西成立省级科学院，庐山植物园被下放到江西，隶属关系再次改变。未久陈封怀又调往中国科学院华南植物研究所，故其对庐山植物园之影响日渐微弱。

三、新增人员

庐山工作站成立时，主要人员还是先前之留用人员。其后新增人员，据胡启明先生回忆："有会计钟则朱，总务袁葆诚，图书管理阎敏宜。袁、阎系一对夫妻，由李一平介绍而来，后调往北京。还有行政人员涂象镛，党代表李槐春。李槐春本名怀春，陈封怀告诉他'怀春'不好，建议改为'槐春'"②在人员结构中，工人比例一直甚大，且每年皆有增加。这是因为园区面积广大，中心区需要开辟出专类展览区，各展区又需栽培管理，此外还有开荒垦地，筑路挖苗、采种护林等项工作，需要甚多人力。在 1949 年之前，多数以请零工来完成，属于雇佣关系。新中国成立后，人民当家做了国家主人，过去之零工，则成为正式园林工人。于是，如何管理这些人员？便是新的问题。植物园之园林管理由王秋圃担任，以其文弱，未能处理妥贴。在 1952 年职工定级时，便令陈封怀感到棘手，他说："此次评薪，工人有些把国民党时的情形连贯下来，在那时受的

---

① 《关于本所各植物园工作方针的意见》，油印件，1958 年，庐山植物园档案。
② 胡宗刚：《采访胡启明先生记录》，2008 年 12 月 22 日。

苦,也让现时来补。在庐山有些机关拿武汉分值,因分值高,工人有好多不满。在评薪时曾发生很多困难,领导工人很不容易。"即便如此,工人人数还在按需要增加。1953年年底工作人员共有24人,其中干部8人,园林工人15人,月工2人,零工平均每日20人。此后,又将临时工转为正式职工,又请临时工。故工人数量不断增加,其矛盾亦愈加突出,影响甚为久远。工人之工作由技术人员予以安排,但以工人组成一个组,由组长老工人高鸿义、罗亨炳负责,管理其内部事务。其中罗亨炳在庐山植物园工作时间最为长久。罗亨炳(1910—1993年),江西九江人。1934年被熊耀国招来做工,日军占领庐山后返乡;复员时又被熊耀国招来,1950年定为国家正式职工,一直工作到1975年退休。由于其家庭出身为贫农,且工作勤恳负责,获得广泛尊重,人称为"罗组长",曾于1959年代表江西省赴北京参加国庆十周年观礼。

图5-3　罗亨炳

　　因工作站研究和技术人员少,在隶属于分类所后,陈封怀曾在分类所工作站会议上呼吁增加人员。由于分类所将庐山站只是作为植物园办理,而不是将其发展成为研究所,其他工作站在1951年即有新自大学毕业者来站工作,而庐山站只获增一名工人,1952年也只获增一名练习生,此对大局之改观无多少裨益。但植物分类所在人员分配上形成一个原则,所本部与工作站之间,应根据工作需要而互相流通。此项原则在此后得以实行,但也未有人员流动到庐山来。其后庐山工作站人员仍少,故而行政人员亦少,致使需要一些技术人员兼任行政事务,颇显忙碌。1954年,陈封怀率领部分人员往南京后,庐山工作站则显空虚,获得增加也是行政人员和工人。1956年10月,江西省科学院筹备处分配云南大学生物系毕业生沈绍金来园,1957年,经陈封怀与武汉大学生物系主任孙祥钟联系,有其门生赖书绅分配来园。此两年还引进了大量工人。

图 5-4　赖书绅(左)、沈绍金(中)、梁苹(右)合影

表 5-1　1950—1957 年庐山工作站人员统计表

年份	总计	研究员	副研究员	助理研究员	研究实习员	技术员	各种工作人员	各种工人	行政人员
1950	24	1		2		2		17	2
1951	24	1		2		2	1	16	2
1952	23	1		2		2	1	15	2
1953	24	1		2		4	2	12	3
1954	19			1		2		10	6
1955	21			1		2	4	10	4
1956	43			1	1	2	6	26	7
1957	55			1	1	2	9	31	11

四、主要人员及其研究

　　陈封怀　主要业务工作是鉴定多年来所采之标本。其时,庐山工作站具有鉴定能力者仅其一人。然而身处庐山,陈封怀又有许多外来工作,所以鉴定进展缓慢。至 1952 年底,方将赣西北植物标本大体鉴定完成。经此研究发现不少新种或新分布。在此前后几年之中,发表主要论文有:

图 5 - 5　陈封怀在温室内工作

　　(1)《中国报春研究补遗》①,陈封怀致力于报春植物研究已久,在抗战期间曾发表三个新种和三个新变种,该文为其后研究所得,故称之为补遗。发表二个新种、一个新变种。

　　(2)《江西植物小志Ⅰ》②,此系与胡先骕合写之文。1947 年熊耀国在赣西北采集标本,经鉴定发现许多有学术价值的种类,此先为发表一些新种和新分布。惜后来并未继续发表。

　　(3)《庐山及其邻近卫矛科植物研究》③,此文与王名金合写。关于江西卫矛科记载,此前寥寥无几。本文记载 12 种、5 变种、2 变型,其中新种 2 种、新变种 3 种。并论证庐山植物成分,处于湘鄂与皖浙之间,形成植物分布过渡地带。

　　为了将科学知识服务于农林业,1950 年底,陈封怀编著完成《乌桕·漆树》④小册。乌桕、漆树在我国许多省区皆有分布,是重要经济植物。乌桕种子可以榨油,其油可以用来点灯,还可以做蜡烛、肥皂。漆树的作用,一是可以采漆;一是种子壳可以做蜡烛,种子仁可以榨油点灯。但这两种植物在我国农村并未广泛种植,陈封怀写作此书意为引起农民注意,而广泛种植。书中介绍其

---

① 《植物分类学报》第一卷第二期,1951 年。
② 《植物分类学报》第一卷第二期,1951 年。
③ 《植物分类学报》第三卷第三期,1954 年。
④ 《乌桕·漆树》,商务印书馆,1951 年 6 月。

植物外形、品种、栽培方法、病虫害防治、采收注意事项。1953年,陈封怀又著有《农村公园》①一小册,惜笔者尚未见到此书,其内容盖为指导农民房前屋后如何种植一些花果树木之类。

陈封怀在庐山工作站除繁重的研究和行政工作,还承担站外之工作,此中值得记述者有1953年夏杭州市在西湖之滨玉泉兴建植物园,拟邀陈封怀前往规划设计。该市建设局致函中国科学院植物所,请求同意。植物所复函云:"本所同意庐山工作站陈封怀主任至杭州协助规划设计,唯目前该站工作繁忙,一时不能离站,需俟秋季抽暇前往,即希遥函陈主任约定时期。"②故建设局于6月22日又致函陈封怀,邀请参加筹备工作,并聘为杭州植物园筹备委员会副主任。8月间,陈封怀偕王秋圃前往,进行系统区技术设计和总体规划。事毕,陈封怀途经上海访其五叔陈隆恪。陈隆恪《同照阁诗集》有诗记之,其诗名为《封怀侄以规划植物园事,自牯岭应约到杭州,复赴宁过沪,留六日而别,喜赋》。有"涵养无私滋草木,倾谈有味捲风尘"③之句。此后陈封怀曾多次赴杭,予杭州植物园以指导,于1956年正式成立。

熊耀国 五十年代初期熊耀国负责管理种苗、标本的交换和经营,因妨碍其研究工作之进行。但在这种情况之下,依然是不曾放弃其研究。在为中南林业干部培训班授课时,即以其所研究的本地树木为主要内容,撰写讲义,名之曰《中南主要经济树木志》,记载树木百余种,有插图六十余幅,有检索表。1954年,熊耀国将书稿寄呈植物所所长钱崇澍,请其审阅,并提出出版申请。钱崇澍回函云:"我以为这书是不够出版的,除非完全把它增补修改方可。我意足下可先搜集庐山的木本植物,著一手册反而适用。因为庐山地区足下所熟知,对于各种树木或木本植物的种类,生长环境、习性、用途、栽培等,均经研究过,写出来一定出色。庐山为名胜之地,每年游山者多,且学生来山实习者尤多,实际上需用这类书籍作参考及指南。同时搜集中南区的树木资料,写一较完备的手册,当甚有用也。"④第二年熊耀国即遵从钱崇澍意见,着手"庐山树木手册"编写,首先将已有资料予以整理,然后继续调查,补充缺乏的资料,对

---

① 《农村公园》,永祥印书馆,1953年。
② 《中国科学院植物研究所复杭州市建设局函》,1953年6月10日。转引自《杭州市建设局致陈封怀函》,1953年6月22日,庐山植物园档案。
③ 陈隆恪:《同照阁诗集》,中华书局,2007年,第322页。
④ 《钱崇澍复熊耀国函》,1954年11月6日,庐山植物园档案。

形态、生态、分布、用途等项作简明扼要的叙述，每属附图一幅，有种检索表，特殊之种并附照片。当年完成了裸子植物部分，其后因熊耀国命运发生变故，未能继续下去。为满足来庐山实习学生需要，熊耀国还写有《庐山植物分布概况》，实为前书之补充，其种类增至800余种，其文字亦更加详细，然也未出版。以上两书手稿均于"文化大革命"中烧毁。

为在庐山发展果树种植，对庐山野生果树进行调查，并引种一些适宜品种予以试种。为发展茶叶，多次前往修水产茶区进行调研，引种苗木、学习栽培方法及茶叶制作方法等。

胡启明　1935 年生，江西新建人，胡先骕之侄孙。1950 年 10 月年仅 16

图 5-6　熊耀国与邹垣在工作站前合影

岁，初中尚未毕业，经杨维义推荐于陈封怀，来庐山当练习生。杨维义曾任静生所动物部技师，时任南昌大学农学院院长，胡启明父亲为其门生。胡启明虽然年幼，在陈封怀培育之下，不几年即成长起来。1957 年 2 月，中国科学院植物所学术委员会成立，在北京和平饭店召开成立大会，随后与会委员在一起讨论如何培养人才，胡先骕对胡启明之成长，大为称赞。因为胡启明是其侄孙，为免因亲戚关系而被人误解，故在讲话之中，隐其名字。他说：

　　有一位初中还没有毕业的学生，来庐山工作站跟陈封怀先生当练习生，陈太太也认为可以带，自动教他英文，现在英文杂志都能看。《庐山植物园植物栽培手册》的编纂都是由初中程度的学生来做这工作，按 Hofms 方式编，经陈先生修改后，即将出版。他的确是初中只念了两年的学生，还是完成了的任务。同时他还到三峡去采集，工作亦做得很好。陈封怀先生提出主要不是对高教部系统的批判，而是要我们对技术人员的培养要有一定的办法。他在三年内是掌握了庐山栽培的植物，还从实际中来

图5-7 胡启明在工作

提高,是很好的办法。从前还有一个园丁出身的,后来是要请他到哈佛大学去当系主任。这次考试问题是耿以礼先生的系统问题,他考试的成绩是最好的。还有蔡希陶先生,是十九岁到静生来工作的,而现在四十五岁,他是云南植物方面的权威。现在人民政府领导之下,是不要这些的,由于技术人员转到研究人员的办法还没有讨论。①

胡先骕所言者,皆自学成才之人,其中哈佛大学系主任,系其导师杰克。胡启明在庐山植物园时期,主要完成《庐山植物园栽培植物手册》和《江西(经济)植物志》的编写。《庐山植物园栽培植物手册》是一部40万字专著,全面记载庐山植物园二十余年引种试种成功的各类植物。该书撰写始于五十年代之初,源于来园参观实习人员之建议。陈封怀认为本园栽培植物已获得一些成就,有整理和总结之必要,一来可以作为参观学习研究资料,二来可作农林园艺栽培参考文献。遂决定编写,陈封怀任项目负责人,实际编写由年轻的胡启明承担。1954年完成名录编制,1955年正式列为研究计划。该项计划以一年时间完成,即在名录基础之上,增加植物的形态、分布、繁殖、生长情况等简要说明。此项工作在植物学文献和标本鉴定方面,得到南京中山植物园支持。该手册是按照一般园艺词典格式编写的,按照科名、属名、种名的学名字母先后排列,便于查阅,另附有中名和学名索引。全书记载植物凡147科,599属,1255种和190个变种或变型,其中除少数是本山特殊野生种外,绝大部分是从国内外引种而来。1956年8月,在该手册编写即将杀青之时,中国科学院植物所转发科学出版社"询问有无交我社出版的书稿"之函,陈封怀遂将是书交付出版,延至1958年10月方才正式推出。关于这本《栽培植物手册》,还有一则轶事,1956年在《栽培植物手册》

① 《植物研究所学术委员会成立大会分组讨论发言记录》,中国科学院植物所档案,A002-99。

完成后,陈封怀曾要求署胡启明之名,胡先骕认为胡启明尚年轻,易起骄傲,而不赞成。关于《江西植物志》容后再记。

1955 年,胡启明还与熊耀国就庐山植物园引种栽培西洋参情况,作文发表在《北京中医》(第三卷第十期)。其后,因胡启明家庭出身,而于 1960 年被安置在南昌西山农场劳动。1962 年,胡启明往华南植物园,1980 年,与陈封怀一同研究报春花科植物,最后完成《中国植物志·报春花科》,因此荣获 1993 年中国科学院自然科学一等奖,1995 年国家自然科学三等奖。其成就更大者,2008 年《中国植物志》获国家自然科学一等奖,胡启明为十位获奖代表之一,接受此奖。

图 5 - 8　《庐山植物园栽培植物手册》书影

五、房舍

工作站成立之后,即经与庐山管理局交涉,借用吼虎岭代管房屋一幢,作为办公之用。

在庐山芦林,有前中央研究院地质研究所二层小楼一幢,为三十年代,其所长李四光在庐山调查第四纪冰川时所建。全面抗战爆发,中央研究院地质调查所首先从南京迁往庐山,庐山沦陷后,其物品如同植物园物品一样,都寄存于庐山美国学校,共有 140 余箱,后亦被日人运往北平。抗战胜利后,该栋建筑曾经维修,此时仍较为完好。经李四光同意,将其拨借于植物园使用。现笔者尚未见到李四光同意之文字记录,从 1950 年 9 月分类所工作站会议上,吴征镒所作发言,得到一点这样消息。其云:"关于庐山修理房屋问题,上次院务汇报时,李副院长谈旧地质所房屋(在白鹿洞)也盼植所修理使用。"①由此可

---

① 《植物分类所各工作站会议记录》,1950 年 9 月,中国科学院档案馆藏中国科学院植物研究所档案,A002 - 05。

图5-9　庐山工作站在吼虎岭办公处

知,李四光不仅希望植物所使用其在芦林之房屋,也希望植物所将其在白鹿洞
房屋也予以接收。中央研究院地质研究所原在南京,1950年改名为中国科学
院地质研究所,1951年3月,中国科学院地质研究所以"宁质字(51)第12号
函"将其芦林房屋拨交庐山工作站,由中国科学院先予以修缮,再交付庐山工
作站使用。至于白鹿洞房屋因和林场在一起,由于离植物园甚远,使用不便,
若接管过来尚须保护其地之森林,责任重大,故未接收。

图5-10　在树林之中的原地质研究所房屋

　　地质所房屋交付植物园后,于 1951 年 12 月植物园先借于中南林业训练班作办学之用。第二年 4 月训练班结束,植物园即将标本移入其中。

　　1953 年 5 月,吼虎岭房屋被当地政府收回,则所有办公场所全部集中于芦林。如此一来,则房屋仍不敷使用,尤其是职工宿舍更是困难,仅有少数可供单身职工临时住所,而大多有家眷职工则是在牯岭租用私人房屋,不仅租金昂贵,且距工作地点较远,形成较大困难。

　　1953 年 8 月,中南行政委员会各部门在庐山召开中南森林建设及庐山今后发展建设会议,陈封怀应邀出席会议,提出若干中南森林建设意见,获得会议采纳。在此次会议上,陈封怀了解到庐山房屋拨配概由中南行政委员会掌握,大部分房屋已分配妥当,惟芦林尚有一些房屋等待分配,就在工作站附近,便于利用。为此陈封怀与中南行政委员会联系,得到面允,并立即去函时已从植物分类学研究所更名为植物研究所,请植物所致函中国科学院,再由中国科学院致函中南行政委员会,以办理正式手续。植物所致中国科学院办公厅之函,节录如下:

　　　　含鄱口植物园只有小楼一幢(可容五人住宿),另有工人宿舍一处。芦林与含鄱口隔一小坡,约有一刻钟的行程。现工作站办公室及标本室等均在原地质研究所旧址修复后的两层小楼内工作,宿舍系向庐山管理局临时借用办公室附近 412 号房屋一幢,能容纳少数人员住宿。因之两处宿舍根本不够用。按芦林方面原归庐山管理局,现归中南行政委员会掌握的房屋尚有多幢,其中即有 411 号(比较完整)及其他破旧房屋数幢,目前正在统一拨配中。我所工作站为解决员工宿舍问题,前曾提五四年度基建计划报院在案。今既有此机会,拟请院方速函中南行政委员会,要求将芦林 411、412 房屋两幢及其他破旧房屋一并正式拨于我所工作站使用。如此亦可节省年度基建费用,而利于工作站工作的进行。

　　　　又庐山发展中为一疗养区,日前本院药物研究所丁光生同志家属曾捐献牯岭房屋一幢,院方曾派员上山了解。是否可在芦林及含鄱口两处建立本院疗养基地,其用房屋问题,亦须早作准备,向中南行政委员会商拨建议,一并考虑。①

①《植物分类研究所致中国科学院办公厅函》,1953 年 8 月 25 日,中国科学院植物研究所档案。

经交涉,中南行政委员会同意庐山工作站所请,其 10 月 9 日复中国科学院之函云:"拟将现已借与植物研究所庐山工作站之四一一、四一二号两栋拨交该站作办公之用,另将附近之破房四栋,老门牌号为 24、66A、66B 及无号一栋,一并拨交你院修整,作休养所之用,特此函复,希即迳与庐山管理局接洽办理。"①此函并抄送于中南庐山管理局。工作站与庐山管理局办理交接手续之后,庐山管理局编制"拨交房屋清册"四份,于 12 月 16 日以"(53)房地字 242号"致函中国科学院,要求中国科学院在清册上盖印,并退还三份,以便分别转存。此后,工作站在旧有之屋基上,重新盖起房屋,以作职工宿舍。当植物园内房屋逐渐修复之后,工作站办公之所迁至园内,芦林即作为庐山植物园宿舍区。七十年代中国科学院在庐山正式兴建疗养院,又将其中一部分划归为疗养院。此其历史之由来。

又,1953 年,中国科学院药物研究所丁光生之岳母沈葆德,闻悉中国科学院在青岛、北戴河皆有休养所之设立,而庐山尚无,而其家在庐山有房地产一处及家具等物品,愿捐献予中国科学院,以作疗养之所。其房屋在庐山鄱阳路230 号(老号 86 号),占地 2 758.16 平方米,有房屋三正间及一小礼堂,礼堂与三正间房屋面积相等。经中国科学院上海办事处与中国科学院办公厅交涉,庐山疗养所一时不能设立,故将该房舍移交予中国科学院植物所庐山工作站。此系 1954 年中国科学院植物所办公室主任杨森来庐山,处理陈封怀等人调往南京后事务,熊耀国向其申请经费,修缮园内旧有之房屋。其回北京之后,向院部转请;院部即以华东办事处接收沈葆德房屋转给工作站。杨森致函熊耀国云:"如何接管,还有什么问题。请您和徐同志去看看。我们的意见,在芦林靠近站周围近处,是否有公家得房屋,如有可与庐山政府商谈调换一下,您的意见如何?"②1955 年 8 月 25 日,庐山工作站派肖礼全往上海,与上海办事处办理移交手续。后与庐山管理局相关部分办理产权交割转移。③ 该房屋确因与含鄱口过远,使用不便,即按植物所意见,与庐山管理局交换此前曾所使用

---

① 《中南行政委员会复中国科学院函》,抄件,1953 年 10 月 9 日,中国科学院植物研究所档案。

② 《杨森致熊耀国函》,1955 年 7 月 14 日,庐山植物园文书档案。

③ 《中国科学院上海办事处移交江西省庐山鄱阳路 230 号房屋及家具清册》,中国科学院档案馆藏中国科学院上海分院档案,D141-73。

过的吼虎岭房屋。

六、一次学术集会

　　1951年7、8两月,陈封怀利用暑假时间,特邀请南京、武汉、杭州、南昌各大学植物、园艺、生物系教授、讲师来庐山,其一可协助指导工作站之工作,其二可达到相互交流,其三便于各校带领学生实习。故此次学术集会,对各方面皆有意义。应邀而来有武汉大学陈俊愉、鲁涤非,浙江大学吴长春、孙筱祥,南昌大学张明善、徐德莙、吴功贤。还邀请南京大学郑万钧,其因担任该校农学院副院长,事务繁重而未来参加。所邀人员当中后来多成为知名学者。

图5-11　王秋圃指导来园学生实习

　　期间每周三和周六各举行一次学术座谈会,由所邀教授、讲师及庐山工作站科技人员熊耀国、王秋圃和庐山林场主任廖桢,轮流主讲,或集体讨论目前国家林业生产和风景建设等急切问题。此将各人所作讲题,按所讲顺序抄录如下:

吴长春:植物分类与庭院布置的关系。

陈封怀:植物园。

孙筱祥:花卉与造园。

熊耀国:庐山植物的种类与种子采集问题。

陈俊愉:观赏树木与风景建设、都市的绿化系统问题。

陈封怀:庐山植物的分布、中国庭园风格问题。

张明善:Michurin 与 Burbank 的育种工作。

廖　桢:庐山林场。

吴功贤:动物园。

王秋圃:庭院管理问题。

徐德苕:扦插繁殖问题。

鉴于风景建设事业与国计民生关系,亟需研究全面性的原则和实施计划,以供政府参考。参与研讨会全体成员特发起成立"中国风景建设学会",并印发启事和通知,邀请国内有关风景建设的专家参加该组织。此项建议发出后,先后接到各方来信,热烈响应。余树勋来函询问"风景学会拟于何时成立,勋甚愿追随诸公之后,学习学习"。① 然而,新中国之科学组织统被纳入"科学技术协会"管理,即使先前之各种学会,也都重新组织。对民间自发成立之新组织则受限制,故此"中国风景学会"自然是没有结果。

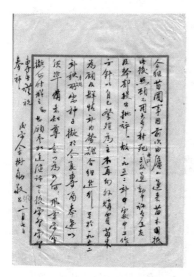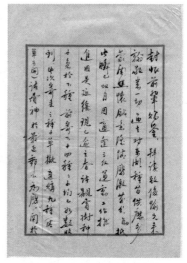

图 5 - 12　余树勋致陈封怀函

此次来山学者对庐山工作站工作协助颇多,该年《工作简报》有几条记载,附记如下:吴长春鉴定植物园栽培植物名称,一个多月鉴定有二百余种,解决不少问题。徐德苕拟定发展高山果树栽培事业计划,并为之撰写

① 《余树勋致陈封怀函》,1952 年 2 月 7 日,庐山植物园档案。

《发展庐山果树刍议》一文,得到庐山管理局重视。徐德苕还协助整理工作站有关采集和繁殖等方面材料。不仅如此,由于陈封怀,庐山植物园给与会学者们留下美好印象,在其后工作中,对庐山植物园多有关顾。

七、种子交换

庐山植物园种类之来源,尤其是原产国外的种类,多依靠国际间植物园之间种子交换之惯例而获得。在中国科学院植物分类所本部也有北京植物园之设置,1950 年该园作出报告,要求与国外各研究所各大学或植物园建立种子交换关系,经层层申请,最终于 1951 年 1 月 4 日经外交部提议:"由外交部,农、林两部及中国科学院组织会商,拟定具体办法,经过立法程序执行。"①经多个部门会商结果,由农业部负责管理。1951 年 4 月,农业部制定《中华人民共和国与外国交换购售种子暂行办法》,其中对用于学术研究的少量种子交换办法为:"凡相互馈赠之种子或样品及互相索取交换之少量试验用种子,均按外交程序办理交换手续。中华人民共和国各级人民政府及科学研究机关,要求向外国索取少量种子及试验材料时,首先须向中央人民政府农业部或林垦部办理申请手续,然后由中央人民政府农业部或林垦部与中央人民政府外交部会同审核批办,不经批准,不得进行交换。此项种子运到后中央人民政府农业部或林垦部交原申请机关或指定机关办理试验研究工作,并由申请机关及指定机关负责进行种子消毒处理或隔离,贸易机关不进行入口检验。各机关申请时须说明用途、目的、标准和规格等要求。饲养或种植后须将试验研究进程及结果向中央人民政府农林部或林垦部报告,未经批准前不得向群众推广。"依照此办法,植物分类所首先将所属工作站种子目录汇总,送至中国科学院联络处审查,再由联络处转至有关部门,征询意见,最后交由外交部寄出。寄来种子和寄出种子一样也要经过多重手续,方才到达植物所,再由植物所分配到各工作站。而交换的国家也仅限于刚刚建立外交关系的几个国家。

1951 年 5 月,中国科学院分类所在召开工作站会议时,对已制定种子交换之方法作出部署。在北京制定这些繁复的规程时,庐山工作站之陈封

---

① 《外交部办公厅复中国科学院办公厅函》,中国科学院植物研究所档案。

怀已按其旧例与前有交换关系的国外植物园进行种子交换了,获得植物种子 250 余种,并于 6 月予以播种。① 这其中有来自美国的学术机构。庐山工作站擅自主张,违反规程,自然要受到批评。至于此事原委,由于档案中未有完整记录,难悉究竟,仅从一通中国科学院办公厅复植物分类所函,知其大略。其函云:

> 除对美国人向庐山工作站购买种子事,已请你所调查庐山工作站陈君与美国来往情况另案办理外,关于对未建立邦交之国家往来或交换问题,一奉文化教育委员会指示,略谓:"关于未建立邦交之国家向我购买或与其交换植物种子的问题,本委意见:目前暂不进行是项交换。"等由。

办公厅此函作于 1951 年 8 月 29 日,系对植物分类所此前 6 月 19 日去函的回复。大概是陈封怀的行为受到追究时,植物分类所 6 月 19 日呈函说明缘由,并要求与未建立外交关系的国家也进行交换,得到否定的答复。此只是一个小小风波,其后并未对陈封怀以深究。

按所制定的《办法》办理种子交换,在国内手续极为烦琐,且又费时;国外寄来种子也要辗转多处,延误播种时效。经过几年试行结果,此项工作效果未能如愿,交换面不仅小,输入种子数量亦有限,不敷分配。为此,1955 年初植物研究所拟将所属各工作站交换工作,改由各工作站自行编制种子目录,直接交科学院审批,迳行与国外建立交换关系,以减少了一些手续,以获得更多种子。当征求各工作站的意见时,庐山工作站立表赞同,其复函如下:

> 庐山植物园在抗战以前,曾与世界各地四十多个国家交换种子,我园现有许多名贵的外国植物种类皆系当时交换得来。解放以后,我院鉴于过去无原则无计划地向国外交换种子,对我国建设影响颇大,因而采取严格的控制的办法以防滥行交换,这是好的方面。但在另一方面,由于缺乏妥善周到的办法,几乎使种子交换工作不但是对资本主义国家停止进行,就是对各民主国家也近于停止进行,这种关门主义的办法,在研究试验工

---

① 《工作简报》,1951 年 5—12 月,庐山植物园档案。

作的开展上,无疑地是一个很大的阻碍。为了顺利便捷地开展研究试验工作,我们建议在平等互利的原则上,由我院作出简便具体有效的决定,立即与各有关国家建立正常的种子交换关系。

此通公函或者即出自陈封怀之手,细加玩味,其中仍有对几年前所遭追究表示不满。新的交换制度很快实行,给后来的工作带来便捷,交换范围亦有所增加,至 1957 年,庐山工作站"国外交换主要地区包括:1.亚洲:喜马拉雅部分;2.欧洲:地中海北岸阿尔卑斯山部分,高加索、乌克兰和北面英国的岛区;3.美洲、北美洲中部平原加拿大部分。共有 31 处。"[①]但是,仍然没有先前之多,更赶不上全面抗战之前。

对于国内交换,1951 年 5 月召开的工作站会议作出这样规定:"各工作站之间,自行交换,其他单位主要以公家机关为对象,视对方之情形,以交换、出售或赠送方式办理,但出售时,应较市价为廉。"其时,全国各地各项事业不断兴起,需要大量种子苗木用于教学、绿化、造林等,而能提供者则寥寥无几。陈封怀在《中国植物学杂志》刊出介绍庐山植物园一文,遂来函索求者不断,尽量予以满足。

八、园区建设

在全面抗战之前,植物园曾开辟出一些园地,作展览之用,并布置了一些植物。战后回来,园林荒芜,但限于经费,也未完全恢复。1950 年之后,社会安定,经费每年递增,各项事业都得到发展,不仅将旧有之园地予以恢复,还开垦新地,筑路造桥,开沟引水,至 1953 年各园区基本形成,至 1957 年全部建成,奠定庐山植物园基本格局。此综合各类材料,将各展区建设至 1958 年时的历程大致罗列如下:

(1) 松柏区。1953 年在原松柏区之上,扩建一倍,使面积达到 18 亩,至 1958 年栽培历年所搜集之裸子植物共 26 属,100 余种。全区除台湾杉、穗花杉和泪柏属外,其余各属皆植有一式数十种。如优良造纸原料和材用树种云杉有 10 余种,松树 20 余种,落叶松 5 种。著名者有花旗松、雪松、金松、水杉、

---

① 《庐山植物园解放数年来工作总结》,1958 年,中国科学院档案馆藏中国科学院植物研究所档案,A002 - 124。

图 5 - 13　1954 年修建之大门

水松、落羽松等;有在庐山造林获得成功的扁柏、花柏、冷杉、香柏等。如此齐
全的裸子植物园区在国内尚无二处。

　　(2) 树木园。约有百余亩,起先分为乔木区和灌木区两部分,1954 年乔木
区开始布置,而灌木区在此之前已培植了不少杜鹃。后将此两区合称为树木
园,按照植物的生态习性,栽培乔木、灌木 300 余种,同科同属植物集中于一
起。其中包括野生果树、行道树、庭园观赏树、绿篱以及荒山造林树种等。

　　(3) 岩石园。面积约有 4 亩,1953 年布置完成。用人工模仿自然,栽培各
种矮小宿根草本和丛生灌木,使之形成高山植物群落。全区栽培高山植物 400

图 5 - 14　1954 年之岩石园

余种,其中许多是我国西南高山或欧洲阿尔卑斯山的名贵种类,如报春、紫菀、望江南、百合等。许多需要长途跋涉千里方能看见的奇花异草,在这里尽收眼底。

(4)草本植物区。包括草花区、鸢尾区、道旁花坛等,先有 4 亩之大,1952年新辟 4 亩,后又扩充 2 亩,使之连成一片。庭园总体风格按欧洲规则几何园林布置,种植药用植物、芳香植物和纤维植物。

图 5－15　王秋圃在草花区拍照

(5)温室区。1950 年曾修复温室两间,因经费有限,所用材料均很简陋,致使年年损坏、年年整修。1954 年复加彻底修缮,并修复其他温室,至 1958 年有温室四座,分为陈列温室和试验温室。陈列温室收集热带、亚热带植物 400 余种,其中有重要经济价值者,如橡胶树、木本番茄、香蕉等;试验温室主要进行植物有性繁殖和无性繁殖试验。温室之东有温框四十个,也供种子繁殖之用。

图 5－16　1955 年建造之繁殖温室

（6）荫棚。荫棚是以人工遮阴的措施，以利于阴性植物栽培。1950年，利用种苗收入修建，后又进行加固。栽培在本山采掘如蕨类植物、兰科植物及多种其他阴性植物及一部分外来植物，共计140多种。

（7）苗圃。面积40余亩。广泛搜集，或在野外采掘而来，或经播种繁殖幼苗，经在圃地培植若干年，充实到各个展区，或与外交换或出售。

（8）茶园。在建园之初即自星子五儿子处引种一年生苗一批，在七里冲开辟茶园一亩，至1938年产量微薄。复员之后，重新修正，当年产量为17斤。1951年秋，为发展庐山云雾茶，在园内新辟茶园16亩。次年春季，由武宁引种茶子10担，进行播种。1955年开始采摘，年产30斤，此后随着茶树生长，其产量也在逐年增加，1958年达250斤。

图5-17　七里冲茶园

（9）药圃。1954年开辟，当年栽植30余种，其来源于庐山及邻近地区和与国内交换所得。第二年增加30余种。

自1954年至1957年间，自沙河石门乡共购进千方草皮，布置园内各空间平地，使得园内环境更加优美，但耗费也较巨大。至此植物园庭园布置基本完成，其园林风格也显现出来。其时之文献作这样描述：

　　我园庭园布置的一大特色，乃是根据庐山含鄱口一带地形，采取因地制宜的手法，在不同地区引用各种适应生长的植物加以布置，例如在潮湿积水地区而其他植物难以生长的,则采用各种各样的鸢尾成片栽植,构成专类花圃;在灌木区上山坡,采用云雾茶二行,环绕山坡,远望起来,宛如两条锦带。岩石园布置在谷地一隅,山水终年不断,潺潺而下,山坡垒石成丘。这里天地虽小,但园路会将人引向玲珑可爱的境界。[①]

庐山为旅游胜地,此时也为疗养避暑之地,来山之人,除领略自然风光之外,也要到植物园品尝园林之美。

九、植物采集

1950 年,植物园归并于中国科学院植物分类所后,由于受到人力限制,采集范围仅限于庐山本地,且是小规模进行。1951 年 7 月,王名金、邹垣、熊耀国等率领三名工人,在庐山最峰顶汉阳峰,搭盖帐幕,在周围数十里无人烟区域采集。熊耀国写下《汉阳峰采集记》一文,经胡先骕推荐,在《旅行家》杂志上刊载。此后仍然不断在庐山采集,其中较大一次在 1953 年夏,由陈封怀亲自率领经济植物调查队,前往鄱阳湖畔冲积地带及九江附近红黄壤区,调查栽培植物的品种、栽培方法和生长状况等,采得栽培植物和有关改良育种的野生植物标本一百余号。至 1953 年底,在庐山及邻近地区共得标本 5 000 余号,经过鉴定整理,探明庐山野生木本植物约 300 种,草本植物 1 100 余种,共约 1 500 种。

图 5-18　在汉阳峰采集留影

① 庐山植物研究所:《伟大十年的庐山植物园的成长》,1959 年,江西省档案馆藏江西省科技厅档案,X106-2-385-073。

　　1954 年春、秋两季,熊耀国、李启和参与由中国科学院植物所组织赣西武功山和萍乡北部红壤植被调查,对红黄壤植被作详细采集,曾将所采植物编制名录。春季采集从 4 月 17 日开始,主要任务是采集开花植物种类,同时作生态调查,并训练干部。植物所派出皆是经验较少之年轻人,如王文采、郑斯绪、吴锡曾等。故特邀熊耀国参加。起初,熊耀国本是参加中国科学院南京地理所主持的汉水调查,为此植物所致函陈封怀,认为:"(该项调查)总所配备的植物分类方面人员,全是经验较少的年轻同志,主要力量还靠熊耀国同志,如熊同志不能参加,则该计划将受到很严重的影响,本所意见拟仍请熊同志参加江西调查。"①故陈封怀还是派出熊耀国率工作站两位年轻人参加。秋季采集,如期自 9 月 20 日开始,全队先在武功山工作 25 日后,其中 4 人去萍乡北部工作60 天,余下人员继续在武功山 25 天,再往柑橘产区调查 30 天,二队结束之后,于 11 月在南昌作总结。熊耀国富野外工作经验,赢得植物所年轻人尊敬。他于 10 月 13 日离开调查队,不断有队员致函于他,汇报进展情况,不是称为熊老,便是称之为熊夫子,可见一斑。是年,熊耀国年仅四十二岁。王文采晚年对熊耀国、李启和曾有这样回忆:"庐山植物园熊耀国先生采集经验极为丰富,熟悉江西植物区系。在工作中,我跟他认识不少植物。2004 年我到江苏植物所看标本,见到熊先生的儿子,得知他已于 2003 年过世,享年 91 岁。李启和同志善于爬树,所以这次考察中,乔木标本采得很多。"②此次所采标本,先全部运回庐山,待干燥后,除留下一份外,其余全部寄往北京。在秋季采集中,李启和还采得四十多种种子,可谓是满载而归,只是其中铁杉种子尚未完全成熟。这些种子被分成三份,一份植物所、一份南京中山植物园、一份庐山工作站。

　　是年夏季,长江大水,为百年来所未遇,许多陆地成为泽国,却是了解树木耐水情况最好时期,工作站派人前往南昌、九江、黄梅等地水灾区进行调查,得到许多资料,可以帮助今后在可能遭受水淹地区选择造林树种,避免损失。

　　1955 年秋,派人与南京华东工作站、南京大学生物系一起组队赴安徽黄山采集,陈封怀本计划参加,后因其他工作而作罢。在黄山工作结束之后,转入江西景德镇千秋河。此行费时三月余,得腊叶标本 500 余号,种苗共 80 余种。

---

① 《中国科学院植物所致陈封怀函》,1954 年 3 月 26 日,庐山植物园档案。
② 《王文采口述自传》,湖南教育出版社,2008 年 12 月。

图5-19　考察队员在江西萍乡武功山蔡家山汪狗冲留影。后排左二为李启和、左三熊耀国

赴千秋河采集,筹谋甚早。在1951年时,即与景德镇市政府联系相关事宜,只是一再延迟,至1955年方才前往。关于此次调查采集情况知之甚少,此录一通1951年与景德镇市政府联系时,该市领导方昶回函,借此可知一般情形。函云:

陈封怀同志:

你十月十二日来信,早已收到。只以各处参加开会过忙,还想多找点材料告诉你,所以迟至今天才作答。首先向你抱歉!

千秋河是安徽至德县(又名秋浦县)和江西浮梁、鄱阳等县毗邻处一个大山脉。山脉周围一百好几十里,横亘在三县边境。是个从未开发过的处女林。据说没有开发的原因,主要是交通不便,人烟绝迹,猛兽较多。所以山上究竟是些什么林木,也没有谁详细知道。去年浮梁专区为了想了解该处情况,准备将来开发些松林,以应景德市烧瓷燃料,曾派员前往实地勘察过。据浮梁专署建设科长陶述兆同志说,因山地复杂,没有得到要领回来了。当时所派去人员既不是林科专门人才,又不是有组织有计

划地去勘察，所以没有成功是必然的。

浮梁专署为了这千秋河，现已确定了第一步的筑路计划，准备从景德镇市修一条公路到千秋河地区。今冬就要开工。便利交通是开发森林的首要先决条件。交通便利了一切都容易进行。

陶述兆科长负责的说：浮梁专署对于千秋河正在准备开发，但对山林情况尚未做任何调查研究工作，没有掌握具体材料。听说你站要派工作同志前往了解情况。对你站这一措施表示热烈的欢迎。急盼你站能即能组织调查队，先到浮梁专署来，再由专署派遣工作人员一同前往勘察。并希望你站多派技术人员前来云云。

景德镇市至千秋河地区，里数约八十余华里，现在虽然还没有修通公路，但取道景德镇是比较便捷。鄱阳、景市统属浮梁专署管辖，你站工作必须与浮梁专署配合联系。

关于千秋河，现在只知道以上这些，以后有了材料再行函告。我以十二万分热忱代表景德镇十二万人民欢迎你站这一伟大的勘察千秋河山林的队伍即将莅临！这对于景德镇瓷业上的帮助是无比大的，更是从来没有过的。

方昶　敬复　十一月十四日[1]

1956年至1957年，根据中国与苏联及各民主国家之间签订的技术合作协定，中国科学院植物所组队承担其中川东、鄂西之植物调查任务，组织三个调查队，分别到达鄂西之宜昌、兴山、巴东、利川、建始、恩施和川东之巫山等地，并深入到海拔3 000米的神农架原始森林，历时一年余，采得腊叶标本4 000余号，12 000余份，珍贵种苗270余种，并收集有大量宝贵的土壤、照片等资料，完成了事关中国信誉的国际合作任务。庐山工作站参与其事，经时在南京的陈封怀主任批准，1956年派胡启明、萧礼全、李启和参加。第二年自4月开始，至10月结束，由植物所刘瑛任采集队长，庐山工作站派胡启明、户象恒、胡金保一同前往。

---

[1]《方昶复陈封怀函》，1951年11月14日，庐山植物园档案。

十、图书、标本

复员之后,庐山植物园因所藏之书失散,至五十年代初所添甚少,用于植物分类学的书籍主要有 Hensley Sargent, Fl. Brt-India 及植物照片。植物照片系三十年代秦仁昌在英国邱园植物标本馆及欧洲其他植物标本馆拍摄而来,是研究中国植物重要资料。抗战胜利复员时,胡先骕下拨一套于庐山植物园。归入分类所之后,于 1951 年将植物照片中所缺兰科等予以补齐,并由植物分类所提请中国科学院编译局赠送一些植物学相关杂志。而于书籍,植物分类所除将日军从庐山美国学校运来者,运回庐山,还根据各站性质,先后将其所复本图书调拨给各站,庐山工作站于 1956 年获得一批书刊,但数目不详。

1951 年,植物园先在吼虎岭重设标本室,后迁往芦林地质研究所,有标本 4 万余号。其中有自北京运回 3 万号。按抗战前标本室之设置,其中经济植物 2 千余号,蕨类植物 2 万余号,与国外交换各类 7.3 千余号。现在不知抗战之前各类标本之总数,但可以肯定,损失甚多。不仅如此,在分类所退还这批标本时,还留存了一部分。1951 年 1 月 19 日,植物分类研究所工作计划委员会会议记录云:"庐山工作站之标本一批,在北京沦陷时,由日人运京,现除将有研究需要之标本留下外,其他运回庐山。"重设标本室之时,其他标本还有,抗战时期熊耀国自费在武宁所采 1741 号,1947 年赣西北森林资源调查时所采 1536 号,以及复员之后在庐山附件所采等,还有木材标本 110 号。[①] 而抗战时期在云南丽江所采则未运回,收藏于昆明工作站。

十一、服务庐山

庐山在 1949 年之后,定位为劳动人民休养的地方,即便如此,园林建设依然非常重要。1951 年 9 月,陈封怀受庐山管理局邀请,任江西省人民代表大会特邀代表,前往南昌参加会议,费时二十天。在会上,陈封怀就保护庐山和建设庐山提出意见,得到政府认可。10 月,陈封怀偕同庐山管理局局长前往庐山东南各处勘察森林保护和管理情形,并为之制定造林护林和封山育林等项工

---

① 《标本出入统计》,1953 年,庐山植物园档案。

作实施计划。11 月,协助庐山管理局对花径、仙人洞等处风景点予以设计。该项设计合于民族形式和大众需要。随后也参加具体布置工作。1952 年,庐山工作站特邀庐山管理局与庐山林场组织成立庐山园林建设委员会,经常研究园林建设问题。植物园亦为庐山重要景区,其时限于经费和人力,尚未恢复到战前之原貌,1952 年,与庐山管理局议定合作办法,得到该局补助园林布置费3 千多万(旧币制)元,还出资 4 亿余万元修复或新建园内(包括含鄱岭)五座亭阁。

图 5 - 20　园内多角亭

1951 年,中南农林部林业干部学校在庐山开办,庐山工作站也是积极配合,将刚刚修好之芦林地质研究所房屋借予使用,陈封怀兼任训练班主任。王秋圃、熊耀国为训练班编制教材,讲授树木学等课程。其学员由第一年的 68人,第二年增至 326 人。1952 年,中南行政委员会在庐山召开林业会议,庐山工作站也同参加,并对中南林业建设五年计划提出多项建议,并被采纳。

庐山在解放之后,一些达官贵人离去,而一些原本依靠其生活的之人,失去生活来源,即有人以种植洋芋为生,而种洋芋不利于保持水土。庐山管理局向陈封怀请教,陈封怀以为应提倡种植茶叶和果树。植物园将种茶技术予以推广,1951 年底,派人前往修水,协助庐山购买大量茶树种子;第二年 3 月,在园中指导庐山各村居民组长及代表四十余人实习种植云雾茶方法,庐山云雾茶品牌由此而奠定基础。为发展庐山果树种植。因庐山冷而湿,不宜果树,为此庐山植物园予以多年研究,希望能克服此困难,撰写《从发展荒山果树事业计划谈到庐山的野生果树》一文。1954 年接受庐山特别区人民政府的委托，拟定完成"发展庐山农林生产事业的初步计划"，并发给有关单位参考。该项计划包括：组织领导和设计管理、研究方向和步骤、生产计划提纲等。果树试验工作以花径公园为中心，特用经济树木栽培试验以庐山林场中心，药用植物栽培试验以植物园为中心。植物园允诺对试验场人员予以培训，并提供原始材料。

十二、政治运动

庐山工作站党务工作一直接受庐山管理局之领导，开始之时，工作站仅有一名党员同志。中共庐山管理局党委还是重专家陈封怀之名，给予充分信任。在政治运动不断展开之后，工作站虽然不能置身于外，而是遵照指示，一一组织实施。这些运动开始时只是影响研究工作之进展，而于学术研究并未受到冲击。《工作站 1952 年工作报告》言："本年的研究工作，虽因三反运动、思想改造和各种会议占去了不少时间，时断时续，和预期的结果相差颇多，但在现有薄弱的人力物力配合的基础上，大家都已尽了最大努力去克服困难，展开工作，因而本年的研究工作也获得了一定的成绩。"工作站人员有很好的组织纪律，皆尊陈封怀为先生，陈封怀对员工，无论学业，还是生活，也是关怀备至，对于职工具体生活问题及其他一些行政事务，总是采取事先商量研讨，决定办法后再执行。所以 1952 年的"三反""五反"、思想改造运动均平淡而过。在 11 月的《工作简报》上，对思想改造运动是这样予以总结："大家都已感到，必须肃清一切旧社会所遗留的坏思想，才能担负起建设新社会的伟大任务。因此大家发言都积极踊跃，并希望此项改造工作能迅速完满地结束。"①政治运动分散了正常工作，希望其迅速"完满结束"，即是希望回到正常的工作之中。然而，此项运动并未如愿立即结束，还是持续到第二年的 1 月。在 1952 年还有评薪运动，在运动中虽有攀比之风，但也未引起大波澜；政治学习依然进行，每周安排九小时，全体干部参加；1953 年学习苏联、学习俄语，也抽出时间，组织学习，惟未有俄语教员，进展不大。后特派邹垣前往南京进修月余，回来之后突击

① 《中国科学院植物分类研究所庐山工作站一九五二年十一月份工作简报》，庐山植物园档案。

传授。

政治对学术之影响,对于一般无学术功底之人,容易放弃其学术,而跟着政治运动走,即在政治运动中有许多积极表现。对于有一定学术积累,具有定势者,则不易被改造,依旧走自己的学术之路。思想改造运动过后,陈封怀曾说:"无论在前静生生物调查所、中正大学,还是最近在科学院,'三反'以前的时候,我都认为研究学问必须专心,不能有其他的事来打扰,政治学习对业务是有妨碍的,放弃一些时间来学习政治,我时常感觉不称心。"①在不断的政治运动冲击下,陈封怀之思想或许也有所转变,但其对学术之态度则未发生动摇,故能领导庐山植物园保持学术追求。但是,他离开之后,情况便有变化。

1954年陈封怀离开庐山后,由熊耀国代理主任职责。然此仅两年,因其性情率直,敢说敢行,而资历却又欠丰,不能见容于人,遂于1956年之肃反运动中,因其在1949年之前所交往之人有受到镇压者,而受到牵连,列为庐山工作站肃反对象。9月,工作站成立专案小组,对其历史予以调查,经庐山党委五人小组审查,给予记过处分。11月,中国科学院肃反学习委员会同意庐山党委处理意见,但认为熊耀国"不宜在庐山继续工作,应调离庐山地区,在本所范围内适当分配到其他地区工作"。②1957年1月,植物研究所遂将熊耀国调到南京中山植物园。在南京未久,又被打成右派,受尽磨难,其中详情在此不述。而于熊耀国离开庐山工作站时之人事关系,不得不多说几句。

事后,熊耀国曾说其被肃反的原因是:"你要搞工作必须和党员领导同志吃吃酒、打打牌,这样便好混。不这样在肃反中便有搞死你的决心。"此言记载于1979年时已是改名为江苏省植物研究所为熊耀国平反的材料之上,即1957年反右时继续被整的"罪证"。假若熊耀国所言是实,便可知悉在陈封怀离开庐山之后,植物园之学术传统即已开始流失。至于熊耀国离开之后,庐山植物园又失去什么,姑录一通其时云南大学生物系收到与庐山工作站交换标本后,写给工作站领导之一函,其云:"解开你站寄来的包裹后,使我们深感失望:第一,标本不完全,又无一点说明;第二,标本全是生虫的,因此我们只能忍痛把这些远道寄来的财产抛弃。我们认为这样的交换态度是不应该的,既没有给

---

① 陈封怀:《我的思想和转变》,1953年2月1日,庐山植物园档案。

② 《中国科学院肃反学委会致中国科学院植物所核心小组函》,1956年11月7日,南京中山植物园档案。

交换的对方带来一点好处,又浪费了国家的邮资。我们希望你——负责同志纠正工作人员的这种随便态度,并希望今后能建立起正常的交换关系。"此函写于 1956 年 11 月 17 日,在熊耀国受到整肃之后。前已有述,种子、苗木、标本交换本由熊耀国负责,在频繁的交换之中,他为庐山工作站赢得良好信誉,不知收到多少感谢之信;而此却是问难之书,不知当时领导何以面对? 又此前交换范围之广,几乎遍及国内所有与植物有关的研究所和院校,每月皆有十几起;此后却日渐减少,亦其衰败之迹象也。

　　1957 年反右运动,斗争更加激烈。邹垣因与熊耀国关系密切,也曾周济过所谓反革命分子,在上年肃反时即受到审查。此又因他在鸣放期间的言论,被认定为"向党进攻",而打成反革命,由庐山牯岭镇法院于 1958 年 3 月判刑 3 年,投入劳改。胡启明则因鸣放时言论:我们植物园的党和领导,在工作中主要是不重视科学,而专搞宗派。对业务不重视,处处表现可有可无。领导不能推动业务,又不能领导,这是很大问题,不知他们有何作用。胡启明当时这些对领导的意见,都是事实,系由衷之言,却被定为"右派言论",于 1957 年 12 月受到开除团籍处分①。至此,1950 年庐山工作站建站时的主要人员,不是被调离,即是被整肃。

---

① 庐山植物园团支部:《关于开除胡启明团籍的决议》,庐山植物园档案。

第六章

DILIUZHANG

几经改隶

(1958-1965)

1958 年至 1960 年间,中国共产党受极左路线影响,开展"大跃进"运动,使高指标、瞎指挥、浮夸风迅速在全国各地泛滥起来,导致了国民经济比例大失调,并造成严重的经济困难。经此运动,庐山植物园也可谓是遭受重创,原先之学术规范,所剩无几。运动过后,元气大伤,为求恢复,又重回中国科学院;但为时仅两年,即遇"文化大革命",更大更深入之政治运动兴起,植物园再次被下放改隶于地方。

一、"大跃进"运动中下发到地方

1958 年 2 月中共中央在成都召开会议,要求各省、市、自治区建立中国科学院分院。会后,各地不管条件是否成熟,纷纷建立分院。随即中国科学院将其所属在各地研究所交付于各地科学院管理。4 月 29 日,江西省人民委员会作出"关于成立中国科学院江西分院的决定"由省人委主席邵式平兼任院长,副院长有 16 位,多为兼职,专职仅张志良、赵希良两位。中国科学院于 5 月 30 日致函江西省人委,同意将庐山植物园交于江西分院管理。① 江西方面接到此函后,邵式平指示应立即办理交接工作。

中国科学院作出将庐山工作站下放指示后,6 月 6 日,中国科学院植物所即派办公室主任杨森先赴武汉,拜见庐山工作站主任陈封怀,传达院部决定。得到陈封怀同意,11 日,遂一同去庐山。杨森在庐山向工作站人员继续传达,亦得拥护。14 日,杨森、陈封怀又同往南昌,于 15 日向江西分院筹备处就庐山工作站全面情况及交接事宜予以汇报。当天经江西分院转达至江西省人委主席邵式平。邵表示满意,并指示此汇报之日即为正式接管之时。当杨、陈返回

---

① 中国科学院:《关于将庐山植物园和甘家山工作站交给中国科学院江西分院领导的复函》,1958 年 5 月 30 日,江西省档案馆藏江西省科技厅档案,X106 - 1 - 032 - 001。

庐山时,植物所党委书记姜纪五亦到庐山,遂一同商定庐山工作站交接后诸事。后于 7 月 16 日植物所向中国科学院主要领导呈函汇报商讨意见,请予批准落实。其函云:

一、庐山工作陈封怀先生势难久兼该站的工作,最好由江西农学院副教授林英(党员)担任。林于去年留苏,预计明年回国,在林未回国之前,由我所调北京植物园助理研究员张应麟同志到庐山工作。

二、庐山工作站 58 年的人员编制增加之 3 名大学生,因今年分配的大学生中央地方三七分,原计划局因分调名额缺少,又将分配庐山的 3 名额取消。我们意见,为了加强研究力量,该站 3 个名额仍保留,由院通知江西分院,由省自行解决。

三、58 年下半年的经费仍从留地方 70% 中拨给,今后如何办,请院决定。①

本书上一章,已知中国科学院植物所对庐山工作站,不甚重视,有意缩小其规模。而此时将庐山站交予地方,尚未一交了之,由此函可知还是关切其将来之发展,为其配备人才、争取经费。尤其是在陈封怀要求之下,决定调张应麟来园主持业务工作。

在此同时,7 月 1 日,经中国共产党江西省委员会和江西省人民委员会决定,并经国务院批准,中国科学院江西分院成立,与江西省科学工作委员会合署办公。同年 7 月 15 日至 21 日在庐山召开"全省第一次科学工作代表会议",出席人员有 1 200 余人,省人委主席邵式平作鼓动科学研究跃进之报告。庐山植物所有五人参加是会,会后迅速传达,立即落实,将原定五年计划修改成一年完成。其时,江西分院还有在地县再设置分院计划,庐山因即将设立分院,遂令庐山管理局于 8 月初与庐山植物园办理交接手续。8 月 4 日交接完成,庐山植物园与庐山管理局联合致函,向中国科学院、中国科学院植物研究所、中国科学院江西分院上报交接情况及呈送财产清册。函中还陈述植物园需要解决的几个问题:

① 《中国科学院植物研究所致郭沫若院长、张劲夫副院长、裴丽生秘书长函》,[(58)植发字第 1226 号],1958 年 7 月 16 日,中国科学院植物研究所档案。

一、庐山工作站(植物园)虽有较完整的基础,但还缺乏人力,请科学院将 1958 年计划分配三名大学生物系毕业生来,请江西分院将来能把江西师范学院林英先生分配来做业务领导工作,如化验员、图书员、绘图员都应适当地增加。

二、1958 年的经费因江西未有预算,仍请科学院拨给。1959 年开始由江西分院拨给。

三、请江西分院将庐山工作站今后名称定下,以便对外联系,对于有关问题向那里请示报告及解决?

四、庐山工作站今后的业务方向,给予明确的指示,以便贯彻执行。①

该函或为植物园所写,交接之后植物园不知向何处请示报告、经费来源亦不知,可知改变隶属关系如此重大事件之随意性。至于人才要求,其后林英未被调来,1958 年也未有大学毕业生分配来园。对于经费,江西分院当然同意 1958 年经费由中国科学院拨付,此后则要求庐山管理局担任。以当时庐山管理局财政收入,怎能负担得了,至于名称则改为"中国科学院江西分院庐山植物研究所",不过其后在非正式文件中也继续沿用庐山植物园旧名。11 月 10 日,中国科学院江西省庐山分院成立,庐山管理局党、政领导皆为院长、副院长,庐山植物所又被纳入其旗下。此后庐山植物所受江西分院和庐山分院双重领导;但是,未久庐山分院又被取消,庐山植物所乃直接隶属于江西分院。

五十年代初期以来,不断展开的政治运动,导致"大跃进"运动暴发,导致机构体制随意变更,也导致人们价值观念的改变。庐山工作站转变为庐山植物所之后,对以往 25 年历史,不惜予以否定。如此既可紧跟形势,又可排除异己,以满足某些人狭隘的权力欲望。1958 年 8 月所作《庐山植物园发展概况介绍》,首先如数家珍——介绍所取得之成就,如茶叶、园区建设、松柏类引种;转眼便大谈科学研究方面的两条路线斗争,云"解放以来,国家投资达六十多万元,我们拿了这笔钱,并没能为国家做出优异成绩来,几年来几乎一点生产也

---

① 庐山工作站、庐山管理局:《关于办理庐山工作站植物园移交江西分院的函》,1958 年 8 月 4 日,江西省档案馆藏江西省科技厅档案,X106 - 1 - 032 - 003。

没有,这种情况与现在的大跃进形势相比,是很不相称的。"前说"庐山新饮用的真正云雾茶,大多是我园供给",难道这不是生产而来? 在同一篇文章中,居然如此自相矛盾,颠倒黑白,实是执笔者罔顾事实,逻辑混乱。又云:"在植物园的发展上,受着资产阶级思想影响很大,一切工作、学习和观点都是以英美为标准,经常以英国爱丁堡皇家植物园为方向,当提出庐山植物园达到国际水平时,也是以英美为标准。"陈封怀此时已离开植物园,之所以还如此不满,是因为陈封怀居然还要求调派领导来,其影响力还在,故又有云:"有些人由于受资产阶级思想的影响,还严重地存在迷信老科学家的思想,盲目自卑,认为自己是土包子,没有什么本领,因而工作仍是缩手缩脚,一切问题非等待陈封怀主任上山布置、指导、计划,否则不敢去做。可是,他偏偏又不来,就是偶尔来一次,也是按照资产阶级那一套方法来指导植物园的工作。"[1]继而组织全园职工学习讨论,以"没有老科学家我们是否能做好工作和科学应不应该为生产服务"为题,群众被鼓动起来,自然是拥护当前的主政者。

就在四个月之前,4 月 10 日,其时机构尚未有下放之说,庐山工作站曾以"庐站秘字第 066 号"文,向中国科学院抱怨不被重视,没有专家,缺乏人才。其文云:"庐山植物园是全国很有基础的植物园,不论从外表和内容都很美观和丰富,颇得来山实习师生和游人的好评。但可惜的是,这样一个植物园没有专家,甚至连一个中级的助理研究员和一个技佐都没有,同时也没有工作方针任务,就这样使这个有基础的植物园趋于维持现状和发展没有头绪的状态。……1957 年暑期分配两名生物学毕业生,根本无人培养,这不仅对工作造成很大的困难,同时对培养后一代的科学技术人才也成了问题,因此使业务人员不安心在庐山工作。"[2]时在武汉植物园之陈封怀,虽然还是兼任庐山站主任,但于实际工作已难以关问,渴求高级人才来领导应是实情。何以隶属关系刚一变动,脱离中国科学院植物所的领导,便否定专家,否定过去成绩? 须知,中国科学院植物所在"文化大革命"之前,无论哪一次政治运动,都没有动摇对专家的尊重。

---

① 中国科学院江西分院庐山植物研究所:《庐山植物园的发展概况介绍》,1958 年 8 月 23 日,庐山植物园档案。
② 《中国科学院植物研究所庐山工作站致中国科学院整风办公室函》,1958 年 4 月 10 日,中国科学院植物研究所档案。

图6-1 庐山植物研究所人员合影

同年,庐山植物园所作《远景规划和近期安排》,主政者谈及自身体会,则言之更加直白,节录一些文字如下:

> 由于党对科学的重视和支持,我园才有了迅速发展。1954年以前,园内工作是缓慢的,其主要原因是园内没有党员,更没有党的组织,是以反革命分子熊耀国等为首在领导工作。他们对伟大的镇反、三反等政治运动都拒绝参加。其他干部也多出身地主资产阶级家庭,解放后没有得到很好的思想改造,严重脱离政治。1955年后,党为了加强对庐山植物园领导,曾先后派来三名党员,他们都能坚决执行上级科学机关指示方针政策,同时在职工中加强政治思想教育,使群众逐步认识党是我们真正的领导者和关怀者。①

这些言论在大的历史当中,影响不大。然而对于一个基层研究机构而言,

---

① 《远景规划(十年内)和近期安排》,1959年,庐山植物园档案。

却是至关重要，关乎其历史走向。在同样的政治环境下，不同的研究机构，在不同人的主持下，其内部宽容度会有很大不同。

庐山植物园自"大跃进"运动后，在国内外声誉却日渐式微，其原因是不再有专家领导工作。或谓此后还有"文化大革命"，更是狂风暴雨。但是，对于庐山植物园而言，反对资产阶级的无产阶级革命在"大跃进"时代便已大获全胜。然而，庐山植物园此后为何不曾坠落，实是国家还不曾中断其事业经费，可以一年复一年地维持。且看张应麟来庐山之后遭遇。

图6-2 2008年，张应麟接受访谈

张应麟（1922—2015年），湖南长沙人，1948年毕业于上海复旦大学农学院园艺系。1951年受聘于中国科学院植物分类研究所，任技佐，跟随俞德浚从事北京植物园建设，后晋升为助理研究员。张应麟1958年来庐山之后，并未得到重用，不久，反遭类似流放之待遇。究其原因，实是因为其不是中共党员，家庭出身被认为有问题。关于张应麟来庐山，其本人是这样言述：

　　调我去庐山是王直安同志通知我的。说，你去支援庐山植物园好不好？我说，组织信任嘛，你让我上哪儿去，我就去哪儿，因此我没有跟家里面商量。上午通知我，下午到所里头，他说，你去找陈封怀先生。陈封怀先生就拿了两张车票来，说我们一道去庐山，我这么走的。陈封怀先生对我说：你要代理我的工作。我说：我是一个助理研究员，怎能代替你研究员呢？他说：行。

　　到了庐山之后，我绝对不是领导工作。刚到那里，江西省就宣布庐山植物园下放给江西。我以前不知道，去了才知道的。我想，离开科学院，情况就变了。科学院是研究单位，江西科学院是一个空架子，它说不要中央的经费，自己干。刚到庐山时，江西分院副院长张志良对我说：你们庐山搞了那么多树，有谁看得懂；植物名牌上，写些外国字，有谁看得懂；每年种子交换，寄那么多出去，干什么，洋奴思想。他训我一通，让我莫名其妙。此后,我便不讲话,少讲话,以求免灾。后来到了南昌西山,饥荒搞代食品,他对我说:张某某,给你十年时间,你去研究种子,种子不是粮食吗?你创造种子。给我这么一个无限空间的题目,我心里有苦说不出来。①

进入 1959 年,国家经济已发生严重危机,物资匮乏,大面积饥荒。庐山植物所事业费大为减少,江西省不要中国科学院资金,而提出"自力更生,争取半自给",为改善职工生活,大力开展副业生产。是年,利用植物园已开垦的园地,种蔬菜 15 亩,红薯 10 亩,并养猪、羊、鸡。将种植、养殖任务下达到各个研究组。

1960 年 2 月,江西分院调刘昌标来庐山植物研究所任副所长,将徐海亭所任秘书一职改名为办公室主任。刘昌标(1912—?),江西会昌人,1934 年 5 月在家乡参加红军,1958 年 11 月转业至江西分院基建处工作。刘昌标当兵出身,资格甚老,但文化水平较低,仅有初中文化。来庐山后,正适宜领导副业生产。2 月 29 日,他召开全体职工、家属大会,动员开展生产;3 月 1 日,他续开比武大会,会后接到决心书有 47 张之多。是年,种植面积更大,并要求家属也参加生产劳动。进入下一年,经费更加紧张,遵照江西分院指示,职工工资和粮食实行全年有八个月自给,研究工作是在不耽误生产自给

图 6-3　刘昌标

的前提之下进行,而研究项目也是以农业,特别是粮食生产为主。其时全所职工 56 人,原有办公室和农业、资源、园林、化验四个工作组,调整为办公室和农业、业务二个工作组。原农业组 8 人增加至 28 人。生产任务增加,而原有种植面积 28 亩不够,重新开荒 35 亩。面对这样严峻形势,职工思想有波动,以政治思想教育方式来安抚和鼓励,树立"生产自给"是一项光荣任务。

1959 年夏,中共中央在庐山召开八届八中全会。会议之余,与会大多党政要员均来植物园参观游览,对这里园林景致甚为满意,对这里植物种类丰富,更加赞扬,并寄以期望。毛泽东主席在了解植物园基本情况后,指示发展木本

---

① 《牛喜平与张应麟访谈录音整理稿》,2006 年 4 月 8 日,牛喜平先生提供。

粮油植物种植,并在树木园内留影;朱德委员长在植物园品尝植物园所产云雾茶后,欣然提笔写下"庐山云雾茶,味浓性泼辣。若得长年饮,延年益寿法"诗句。中国科学院副院长张劲夫也来园视察,对植物园存在问题有所了解,同意为其配备高级研究人员和下拨一些基建经费,并向江西分院副院长钟平表示,庐山植物园问题由两家负责解决。为了落实张劲夫承诺,9月3日,植物园还请江西分院致公函予中国科学院。其后,钟平还有北京之行,与中国科学院秘书长裴丽生再为落实张劲夫口头应允。钟平回到南昌,江西分院又致函中国科学院,更进一步提出具体要求。其云:

中国科学院裴秘书长并张院长:

听了钟平同志汇报后,我们认为:

一、陈封怀同志最好专任庐山植物所所长,不然恐难工作。

二、明年对该所的投资希能拨予七十五万元,其中土建五十五万元,设备二十万元,具体项目是:标本室三十万元、图书室十万元、化验室十万元,与省共建疗养所二十五万元。

三、此后该所之研究方向,拟依据高山之特点,定为以松柏类及羊齿植物为主。

江西分院党组 一九五九年十一月四日①

江西分院所期望者和所主张者,均未得到落实,具体缘由不知,未见中国科学院如何回复。关于为植物园谋得一位高级研究人员事,江西分院在恳请林英无果之后,而对此前推荐而来之张应麟并不认可,此时已安排其去南昌西山,故再请中国科学院设法。在植物园未下放之前,1958年中国科学院筹建武汉植物园时,为便于陈封怀兼管庐山植物园,特将其自南京调到武汉。

陈封怀先生由庐山来武汉,在这里研究了武汉植物园和庐山植物园的问题。他说:庐山植物园的隶属问题久悬未决,大家很有意见,现在是需要解决的时候了。庐山植物园的同志们不同意隶属南京,陈封怀先生

---

① 《江西分院党组致中国科学院函》,1959年11月4日,江西省档案馆藏江西省科技厅档案,X106-1-046-348。

意见应隶属武汉。它各方面特点都是华中区的特点，而且地区靠得近，交通极便，因此他已向汪志华同志提出建议。同时，他已明确表示，愿担任武汉植物园主任，兼管庐山植物园，这样可以把整个地区的植物园工作都搞起来了。……庐山植物园是他经营二十年的事业，不能丢掉。①

此时，中国科学院依旧请武汉植物园主任陈封怀兼任庐山植物园主任，而江西分院认为应专任。此后不仅没有专任，陈封怀还远去广州中国科学院华南植物所，与庐山渐行渐远，甚少关注庐山之事务。

而基础项目投资，或在国家经济面临极为困难背景之下，中国科学院经费也在缩减，无力顾及。但从开示数目看，甚为庞大，有不切实际之感。或者这些项目，均由植物园自己提出，有些往后也只是部分实现。由此还可知中国科学院此时有在庐山兴建疗养所之意愿，但至七十年代末才付之实施。

至于植物园研究方向，不知江西分院从何处得来，至少与历史积累相比，过于简单。但是，即便如此简单研究，江西分院也未能兑现其承诺，其后，即未将庐山植物园按科学研究机构来办理。

再看看植物园在"大跃进"运动中表现，虚报浮夸成风之时，庐山植物所未能幸免。植物园下放到江西，改名为研究所，而原植物园是作为研究所下属机构，其实所与园之间本没有区别。但是，在臆想之中，植物所下一个植物园远远不够，还要大量发展。1958 年 8 月 21 日，徐海亭撰写《庐山植物园简介》一文，刊于中国植物园全国委员会编辑的《植物园通讯》（第一期）。文中对庐山植物园蓝图作出如下描画："庐山植物园将迅速扩大范围，由原来一个植物园，在第二个五年计划期间扩增八至十个分园。再逐步把庐山变成一个花果山，各分园都在庐山四周。"其时，庐山植物所本身缺乏研究人员，断无能力下设机构。其后，虽未如徐海亭所言那样发展成立至少八个分支机构，还是有所开辟，只是其地址并不限于庐山，还在南昌西山。

1960 年 10 月，经庐山植物所党支部研究，并作出决议，在庐山莲花公社国庆大队设立"植物研究试验站"，以使生物科学具体化，促进农业大丰收。该站经江西分院和庐山党委批准设立，其组织机构、成员构成、工作任务如下：组织：在上级党委和庐山党委的统一领导下，具体工作由庐山植物研究所和莲花

---

① 《武汉分院致郁文函》，1958 年，中国科学院档案馆藏中国科学院植物研究所档案。

公社直接领导,在国庆大队建立植物试验站。由植物所负责,配组长一人,大队配副组长一人,成员 3—5 人。任务:土地面积拟利用中等水田 20 亩,荒山 300 亩。进行农林牧渔试验,农业丰产试验,为农村培养人才等。其后,上级要求植物园生产自给,此试验站便成为植物所职工提供农副产品的生产基地。该试验站后草草结束,至于何时,未见记载。

二、改隶于江西省西山科学实验场

1959 年夏,中共中央在庐山开会,为策安全,对所谓家庭出身不好人员清理出山,植物所有张应麟、胡启明、梁苹、苏锡煊四人被剥夺了在山上工作和生活的权利,安置在南昌西山江西分院农林试验场劳动。至 1961 年夏,被清除之人尚在西山,江西分院认为庐山植物所可在此设立分支机构,在筹设之初,由张应麟负责。在档案中有一通此时张应麟致刘昌标函,汇报农场工作,录之如下:

刘所长:

听说您最近才回山,所以王维忠带去的计划,恐怕还在审查。下面向您汇报我们的情况。今日赵院长来农场,他看了计划,指示很多,有的王维忠同志听到了,回来必定会转达。院领导的意见大约有以下几项:

1. 今年乌石脑基建有问题,还是在农场采用蚕食的办法,由小到大,不要铺开,一下子什么都要,自备一套有困难。

2. 省委扩大会议精神,着重生产粮食,要求数量,质量次要。他说人造肉不要,草菇、小球藻作副业,一样样上,生产比重大一点。

3. 成绩大小在乎人的努力,你们工资几十块,不要马上就自供自给。

4. 与农场不要绝然分开,张(引者按:指张应麟)要带头领导,把站的工作管起来。梁苹等有些娇气,慢慢来,慢慢锻炼。

根据以上,我们再三研究计划,今确定如后。此计划同时复写四份,呈院部、所、农场。

目前工作:草菇已堆一立方米,小球藻池拟修旧的,自己再拉石灰。今天开始积肥,准备夏种。夏种作物,以红茹有把握。马铃薯产量低,尤其下半年无把握。所以只准备搞些品种比较试验。金秋种果树,要求有多少肥料种多少,后年一定要结果,地点在郭家山。橡子与金樱子的采集,这里都是小得可怜的树,一人一天采不多,我们指标是否太大? 其次,农场经济作物的事和突击性工作还不少,所谓70%的时间很难保证。赵院长前晚再次开会到夜晚一点,农场工作指定邝、罗、万和我四人负责,今后我的工作也较多。

最近干部情况和思想动态:小苏仍旧在当会计,有时间就去拉石灰。如何赶快把池子修好,把小球藻生产出来,缺乏上来与劲头。他对人事处没有马上批准回澳门去,不是很满意。他还要找黄秘书。此事他没有和我说,是别人告诉我。梁苹的烂脚仍未好,前天请假一天休息,上星期日还去南昌。她说您还未走,可是没去看您,不知是真是假。她在此任何事还干,但是劳动情绪不是很高兴,在地上与杨如菊(已调图书馆)发牢骚,农场劳逸结合问题,公社女社员休息六天,他是主任(指我)又不管,这样下去干不来等等。上次站务会上同志们提出,我们几人一定要搞好团结,有意见摆出来谈,他一言不发。今天他听说朱国芳来了,很高兴,好像有了主似的。这些问题今后还得注意。小王与梁苹不同,工作一样,高高兴兴地干。她与梁苹住一屋有意见,因为梁苹不太爱清洁,她想另住一屋。小王没有蚊帐,赵院长在会上也谈了,请山上设法帮她借一床公家的给她用。这里蚊虫很多。我的家给我带来不少烦恼,小孩的病最近有发展,在北京还要会诊。分院最近寄去三个月工资,不知是还以前的,还是从八月开始的工资。郭越为工资发愁,自己再联系工作。

今天,武汉城市建设学院园林绿化专业余树勋教授给我来信。他还以为我在庐山工作,他想在暑期(现在)来山进修,可为园内做些规划设计工作,时间约一个多月。如果您同意,他准备带爱人(也是搞植物的)、小孩三人同来,需要一间房子,同时解决膳食问题,一切费用等可照章办理。您同意与否,希给我一信,我再通知他。

以上写的事很多,我们的工资和经费都未寄来,开展工作很不便,场部劳动力还未给,现在迫切需要工具、文具、纸张,请即指示。

　　致

敬礼

张应麟　七月十二日①

---

① 张应麟致刘昌标函,1961年7月12日,庐山植物园文书档案。

此函平淡写来,所述也是一些小事,无关宏旨,之所以全文照录,实是借此可以看出一批被政治排挤之知识分子生存处境。张应麟听从组织安排,从北京来庐山工作,最后流落到南昌西山,无论如何是未曾想到。在此每天从事体力劳动,不能照顾家人,工资也不能按时发放,且还卑微地负领导之责。其他人员,也不能在此安心,思想波动,张应麟又能如何?只有如实汇报而已。其后张应麟、胡启明先后去了中国科学院华南植物研究所,苏锡煊因有海外关系而申请去了澳门。

自从江西分院有在西山建立分支机构之指示后,庐山植物所又派来二名工人来此参加劳动。1962年3月,江西分院撤销,改为江西省西山科学试验场,并以西山为总部,江西分院原经办的各项工作,均由江西省西山科学实验场接办。于是庐山植物园隶属于该场,只是没有正式改名,但在西山分支机构,则名为"西山科学实验场庐山植物园西山工作站"。关于工作站情形,是年年底该站《总结》云:

> 建站工作从1959年就开始,当时方向不够明确,意见不一致,信心不足,多次提出建站,但始终没有建成。
>
> 今年特别是下半年以来,在场部关怀下,植物园工作站重要方向是进行对红土壤条件的植物资源发掘和利用,引种驯化适合红壤生长的经济植物,为改造利用红壤提供可靠资料,并绿化、美化整个西山科学实验场,使之成为风景优美半游览区的一个亚热带植物园。
>
> 大种蕉藕20亩,开荒6亩、苗圃2亩、水田2亩,种红薯2万株。……下半年到烈士陵园、青岚果园、省农林垦殖研究所、省农科所、江西农学院、南昌建设局等单位进行果苗、林木种子联系工作,到庐山引种马褂木、厚朴、樟树、柳杉等12种,经济植物种子采集共37.5斤。

江西一些地区属长江以南的低山丘陵区,南昌西山即在其中,将植物园工作站方向确定为选育适应于此环境之经济植物,也是为生产服务。第一年工作只是初步引种了一些植物,并予以种植。第二年继续种植,只是种植面积和种类有所扩大。

由于自庐山抽调一些人员来西山,而庐山又要组织生产,再加上经费不足,整个植物园事业陷于停滞,甚且遭到破坏。面对此困境,最不满者当属植物园自己,1963 年 9 月,植物园向西山实验场呈送下放之后《总结报告》等,陈述事业萎缩之状况,及改变之途径。此为转述如下:

(1) 经费。历年支出,1958 年 9 万元、1960 年 8.5 万元、1961 年 5.6 万元、1962 年 3.4 万元,1963 年前 8 个月 2.7 万元。所支出之款,除下拨经费外,还有发展生产之创收,但总体趋势逐年减少,且幅度甚大。关于生产收入该《总结报告》云:"经费收入由于集中人力抓生产、抓收入,今年出售茶叶、马铃薯以及部分较大的香柏树,价款计 1.3 万元。目前苗圃已没有什么名贵苗木。"由于经费减少,研究业务费因无款而未开支,连装订标本之台纸及栽培用之花盆也未能购买,研究工作不能正常开展,"在近两年执行经费自给问题上,摸索到植物园经费自给是困难的。"

(2) 人员。"近几年来人员逐渐减少,至目前止,计有 49 人。在南昌植物工作站有 13 人,园内实际工作人员仅 36 人。由于人员少,工作多,无法固定,生产方面、科研方面、图书仪器管理方面,以及庭园管理各展区等发生拆东墙补西墙情况,尤其专业人员工作变动较多,对他们业务水平提高有影响。"

(3) 愿望。"在可能条件下满足我们的要求,解决人员和经费问题,希望人员增加到 99 人的编制,经费全年 12 万元,从而使植物园逐步得到发展。"①

植物园此时主持者温成胜,其还是想改变这种趋势,甚为温和提出一些要求;但西山科学实验场对植物园此番请求,甚不满意,在回复或解决植物园问题之前,致函江西省人民委员会分管文教之副省长黄霖,请求支持。其函如下:

黄副省长:

　　本月十五日接张志良同志转来庐山植物园的工作报告和一九六四年科学研究计划与人员编制、经费收支计划等五件,根据您的指示,我们进行了研究,认为:

　　第一,这个总结报告写得不够认真,不够全面,对几年来的成绩与缺点总结不充分,说明不了情况,同时对经验教训,也总结得不够深刻具体,难以指导今后。因此,我们意见需退回,由他们重新总结,当否?请裁定。

---

① 《庐山植物园总结报告》,1963 年 9 月,江西省档案馆藏江西省科技厅档案,X106 - 2 -
　　251 - 196。

第二,该园提出了明年的科学研究、人员编制和经费计划,我们意见根据目前国家经济情况,中央关于勤俭办事业的方针,人员还是不宜增加过多,研究项目也应有择重,面也不宜铺得过宽,为了使他们有充分时间进行研究,经费与口粮供应应有稳定的来源,凡此均拟与该园再作进一步研究报呈。

又据张志良同志口头讲,省委拟决定将该园改由农垦厅领导,但我场尚未收到正式文件,请黄省长及早确定。

江西省西山科学实验场　1963 年 9 月 22 日①

勤俭办科学,失去经济基础,科学事业何能兴旺。此去三年饥荒时期已三年,植物园经费不仅没有增加,且还在减少,植物园提出要求不是没有认知基础。幸好其后,植物园回归到中国科学院,否则 1964 年 4 月西山科学实验场撤销,植物园划归农垦厅领导不是没有可能。

三、植物资源普查与《江西经济植物志》编写

1958 年 4 月,国务院发布《关于利用和收集我国野生植物原料的指示》,全国各地迅速组织了以植物研究单位和商业部门为主,包括有关大专院校和轻工业部门共约 3 万多人,"入山探宝取宝"的群众运动,进行了大规模的资源普查和成分分析,采集标本 20 万份。1958 年 12 月 10 日至 17 日,中国科学院召集各植物研究单位工作会议,决定在 1958 年调查基础之上,组织一次更为普遍深入的普查工作,各研究机构担任所在地区普查及编写该省区的经济植物志的技术指导工作。

普查结束后,庐山植物研究所根据中国科学院会议精神,着手进行总结,计划挑选 500 种经济价值较大的野生植物,编写完成《江西野生经济植物志》。在此之前,庐山植物所根据历年所收集到经济植物原始资料,并在植物园内进行驯化改良,变野生为家生,已收集栽培各种纤维植物 300 余种,药用植物 300 余种,野生果树 100 余种,芳香油和油料 60 余种。此对有些种类进行了提炼

---

① 《江西省西山科学实验场致江西省副省长黄霖函》,1963 年 9 月 22 日,江西省档案馆藏江西省科技厅档案,X106-1-156-030。

加工,试制成品。仅 1958 年提炼出芳香油及脂肪 20 余种,并用山苍子油合成紫罗兰酮,用野生植物及肥料制成多种人造纤维、纤维板,用果树酿制成多种果酒、果酱等。其实,这些试制产品大多无推广价值,只不过是响应上级号召而已。

1959 年 2 月,中国科学院和商业部联合呈文国务院,"关于 1959 年开展野生植物资源普查利用和编写经济植物志工作的报告"。报告认为此次植物资源调查工作,给编写全国经济植物志打下良好基础。拟定在各省区普查、汇编的基础上,选出分布广、经济价值高的二千种植物,编写一部《中国经济植物志》。1959 年 2 月 7 日,国务院批准了这份报告,并转发各省、区和有关单位参照执行。

随后中国科学院和商业部于 1959 年 5 月 12 日又有联合发布编写《经济植物志》安排的通知,要求各省区在 10 月底以前结束普查工作,12 月底之前完成各省区经济植物志,第二年 3 月 1 日以前各省区携带所属省区经济植物志全部资料赴北京参加编写《中国经济植物志》。5 月 29 日,中国科学院江西分院将该项通知转发至庐山植物研究所,并发文云:"此项工作由你所负责办理,希按该通知中所提各节,根据我省具体情况,请即着手进行研究,按月作专题汇报,第一次报告由文到日后之第五天送出。"①庐山植物研究所接此函后,于 6 月 4 日呈函报告:编写《江西野生经济植物志》根据 1958 年中国科学院召开植物研究单位工作会议决议,在胡启明主持下已开始进行。此录函文所言进展情形及所遇困难如下:

> 此项工作主要由资源组负责,该组共有工作人员 6 人,研究实习员 1 人,技术员 2 人、见习员 2 人、工人 1 人。第一季度已完成历年标本资料等室内整理工作,编写"野生经济植物名录",包括纤维、淀粉、油料、药用、化工原料等经济植物 350 余种。
>
> 野外普查工作已于 3 月中旬开始,由 6 人中抽调 4 人分为二组,分别在井冈山及婺源、浮梁等地进行调查,目前已完成 4 个县的调查工作,采得经济植物标本 1000 余号及部分试验样品。

---

① 《中国科学院江西分院致庐山植物研究所》[(59)院规张字 57 号],1959 年 5 月 29 日,庐山植物园档案。

编写工作现已完成土农药部分及一部分药用植物，预计可按科学院规定按期完成任务。

目前此项工作存在的困难主要为绘图和化验两方面。根据科学院规定，为了达到普及推广的目的，每种植物应有插图，但本所没有绘图人员，因此影响工作的全面开展；化验方面，亦由于设备和技术力量薄弱，许多新发现的资源，主要是植物碱、油料、纤维等，不能进行精细分析，因而亦将影响工作质量。①

在庐山植物研究所普查与编写工作已全面展开后，江西分院于 8 月组织成立"江西省野生植物资源利用和经济植物志编写领导小组"，由副省长彭梦庚兼任组长，副组长和成员由有关省厅局、高等院校、研究所的人员担任，庐山植物研究所徐海亭也为成员之一。普查工作要求全省各科学研究所和各地区国营综合垦殖场分别进行。

江西省植物普查工作自 1959 年秋开始，由庐山植物研究所主持，事后赖书绅撰写《江西省野生植物资源普查总结报告》，首先看看普查基本情况：

由于省委、省人委、分院、庐山党委和所党支部对此项工作的重视，首先通过省委和分院调动全省力量，除以我所为核心外，还有省林科所、各专区科学分院、商业处、专区林科所、省垦殖厅和商业厅，各县的县科学院和商业局，以及许多垦殖场都参加了这项工作。我所核心队二队 4 人，省林科所一队 3 人，据估计抚州专区 70 余人、赣南专区 130 余人、上饶专区100 余人、吉安专区 70 余人、九江专区 70 余人、宜春专区 70 余人、各综合垦殖场 60 余人，共有 580—1 000 余人的普查队伍，除我所在去年 8 个月中普查了抚州、上饶和赣南等专区 20 余个重点县和今年 5 个月中普查上饶、九江、抚州、宜春和吉安专区 15 个重点县外，其余的县均于 9—11 月，在 1—2 个月的时间内，全部普查完成。②

如此庞大调查队，如何组织？乃是先成立 20 余人指导小组，开办普查技

---

① 《庐山植物研究所致中国科学院江西分院》，1959 年 6 月 4 日，庐山植物园档案。
② 赖书绅：《江西省野生植物资源普查总结报告》，1959 年，庐山植物园档案。

术班,有 200 余人接受培训;各专区再成立指导小组,再对每位参加者进行培训,结果各专区之普查,以两个月即告完成。此亦"大跃进"中群众运动之一种,其实际成效显然值得怀疑。而于重点县,则由庐山植物所与省林科所分工实施,共 20 余县,共有 7 人从事调查,在不到一年时间内予以完成,也只能似蜻蜓点水,难以深入全面。但普查所得标本则有 3.6 万张,则可谓多矣。该《总结报告》还批判庐山植物园过去采集是为研究而采集,为交换而采集,举 1956 年湖北采集为例,一队十余人,4 个月时间采得 1 000 号标本,属单干路线;今次核心采集队仅用 5 个月,采得 4 000 号,认为这是走提高政治觉悟,走群众路线的结果。

核心调查毕竟是由专业人士从事,还是发现一些稀有种类之新发布:

> 如在武夷山发现福建柏、白豆杉、云叶树、连香树,这些都是在世界上仅有一种的稀有植物;此外还在永新绥远山发现了江西没有分布的穗花杉,在井冈山发现观光木和生在悬崖上的白花杜鹃。这些新发现,不仅丰富了本身植物种类,而且对全国植物分布和植物地理划分也增添了异彩。[1]

普查所得标本鉴定,由庐山植物研究所担任。化验工作,油料、芳香、纤维由轻工业厅试验所及化工局研究所负责;橡胶由省化学所负责;丹宁、树脂、树胶由林科所负责;淀粉由庐山植物研究所负责;药用植物由中药研究所和化工局研究所负责。植物是否有经济价值,采取简单化验方法予以确定,由于化验人员少,业务亦不精通,在所采样品中,不能作精确之化验分析,没有提供更多有价值种类,也给后来编写《江西经济植物志》带来困难。此外还由于缺乏从事地植物研究人员,在普查中,没有对植被工作有明确指导和具体要求,没有能绘制出江西植被图,仅对全省植被有一初步轮廓。至此,庐山植物所担心的化验工作基本得到解决,而所需绘图人员,立即与南京中山植物园和华南植物研究所联系,要求代培人员,因各所在"大跃进"运动中,工作任务皆十分繁忙,无暇顾及此项请求,只好另请懂绘画人员代为绘制。待"大跃进"运动高潮一过,两所皆来函,同意代为培训。即选择复函较早之中山植物园,于 1959 年 11

---

① 赖书绅:《江西省野生植物资源普查总结报告》,1959 年,庐山植物园档案。

月和1960年2月先后派出一人前去接受培训。于1959年也成立化验室,并于第二年派王金成外出学习。

编写工作进入10月,一切尚称顺利,按工作进度,在年底之前完稿已无问题。从一份庐山植物所季度计划,可知具体进展和分工情况。

1. 在已完成100种的基础上,年底完成500种的编写工作。

2. 具体安排:尚未描写形态的约150种,计划2人25天完成,平均每天每人完成3种。未完成用途的约400种,计划3人45天完成,平均每人每天完成3种。复写、校对以15天时间完成。

3. 分工:聂敏祥、胡启明负责形态描述及修改工作。赖书绅、李启和、陈策负责写用途。

4. 绘图:将须绘图的植物列一名单,寄童春香试画。①

图6-4 《江西植物志》书影

1960年2月,江西省轻工业厅试验所和省商业厅分别派人来庐山协助编写工作。江西省委书记邵式平对该书编写也曾予以关心。在一篇"江西野生植物之诞生"的报道中,有这样不科学语言:"因人力不足,绘图人员缺乏,原不打算附图,但具有高度的革命热情和工作责任感的青年们,在邵省长的鼓舞下,干劲一鼓再鼓,上游再争上游,他们发挥了集体的力量,大胆动手绘画,当遇到困难或失败的时候,邵省长的话又在他们耳旁响起来。"②至于该书出版事宜,早在庐山植物所接受中国科学院编写《江西经济植物志》后不久,即与科学出版社联系出版,不知何故,该书后改由江西

① 《资源组1959年第四季度计划》,1959年10月8日,庐山植物园档案。
② 陈策、聂敏祥:《踏遍高山峻岭普查植物资源——江西野生植物志诞生》,庐山植物园档案。

人民出版社推出，邵式平为之题写书名，并删除"经济"二字，实与书中体例不符。该书编写完成之后，聂敏祥曾往北京，参与《中国经济植物志》的编写。

《江西植物志》出版之后，胡启明向其叔祖胡先骕寄呈一册，不久得到其复函，对该书多有评论。照录如次：

> 启明侄孙知悉：
>
> 久未接来信甚念。前接启智来信，知你在赣州，现想已回到南昌。此行是否为了调查赣粤边境原始森林，标本采得多否？采得若何新鲜植物？林业研究所前寄来采自赣州沙石公社 0153 号，一个枫树标本是一新种，我名之为 *Liguidambar heteroplrpll* 叶小而为单叶或二三裂，甚为特别。
>
> 昨日接到《江西植物志》，内容甚好，远在《湖南野生植物》之上，惜学名尚有错误，亦有重大的遗漏，如 *Fortunella hindrii*（遂川），*Rhodomyrtus tvmentora*（大庾），*Aioscoaca cirrhora*，*Zijania latifolia*，*Eidchlroruia crarriper*（泰和），*Ormoria hennyi*（抚州），*Qlyptortrobus penrilis*（铅山），*Magnalia officinalis*（武功山，不知现在尚有否？）等。恐为数尚夥，然在地方编写的书已属上等，不但可供研究经济植物用，且为教学的良好参考书。惟不应用《江西植物志》这一名称，盖植物志必详尽，包括一切野生植物，即用手册之名，亦不合式，何不名之为《江西野生经济植物手册》？此书共同编纂有几人？何以不列著者的姓名？此皆是缺点，编排次序亦有缺点，此处不细论，若干年后希望再版扩充修正也。赣州采集的山茶科标本早日寄来，你今后的工作如何，便中告知，此间近佳。
>
> 叔爷手谕 七月五日（一九六〇年）①

根据胡先骕之评述，该书内容和体例皆有问题，而整体水平尚可。何以至此？或者在编写之初，庐山植物所尚能秉承学术传统，但这种传统已岌岌可危，在"大跃进"声潮之中，政治以各种方式不仅参透到学术之中，还参透到人们的现实生活之中，传统难以恪守，只有随波逐流，出现一些不当之体例，在他人看来，已不是什么问题。

---

① 《胡先骕复胡启明函》，1960 年 7 月 5 日，胡启明先生提供。

四、重隶中国科学院

植物园事业是一项公益事业,需要大量经费投入。"大跃进"运动实行"生产自给",只能是牺牲植物园事业,而求人的基本生存。胡启明将庐山植物园此种状况写信告知胡先骕。1961 年底,胡先骕在北京获知后,不能坐视其创办之事业就此衰败下去。其时,胡先骕本人已在政治运动中多次受到冲击,且又年老体弱,抱病在身,仍是不顾这些,几次约请竺可桢相见,以向其反映庐山植物园情况。他认为只有将庐山植物园重新纳入中国科学院领导,才能摆脱目前之困境。竺可桢时任中国科学院副院长,主管生物学部工作。在《竺可桢日记》中,详细记载其事,时在 1962 年 2 月 6 日。此转录如下:

图 6-5 晚年胡先骕

上午九点半至石驸马大街 83 号前静生生物所,现胡步曾寓所。因步曾曾屡次邀我一谈,因我处来往人多,所以我允到他寓中晤谈。进门则院内住有不少家庭,步曾所住室中亦颇拥挤,据说阴历年小孩均回之故。他客室中亦不生火,幸今年不甚冷,故可座谈一小时余。他首提庐山植物园自下放以后,江西省要植物园自力更生,因此把许多山坡统种了作物,也无人管理,并有计划要把植物园移往南昌。他主张调四个人,[有]吴长春、秦仁昌、厦门严楚江夫妇至庐山,认[为]华东分院成立后庐山若由裴鉴主持管理,则以一个不学无术的人来管理世界上有数的植物园,实不合适。

其次谈到真菌学,如王云章等不应放在微生物所。渠虽于二年前曾发生心脏梗塞症,但精神尚好。十一点回。①

---

① 樊洪业主编:《竺可桢全集》第十六卷,上海科技教育出版社,2009 年,194 页。

　　胡先骕认为此种原因之一，乃是此前庐山工作站与南京华东工作站密切时，该站主任裴鉴，任命一位不学无术者领导庐山植物园。显然是胡先骕一番话引起了竺可桢的关注。当月28日，竺可桢赴广州，遇见中国科学院华东分院刘述周院长，即转述胡先骕所言庐山植物园的困境，并言"庐山（植物园）为有名的山岳植物园，应加以很好保管"，请刘院长加以注意。两月后，竺可桢返回北京，于4月8日院长办公会议上，即作出收回庐山植物园的决定。《竺可桢日记》载有："上午九时至院，张副院长召集处理生物学部、地学部、技术科学部讨论各分院所（问题）的办法。……生物学部（将）庐山植物园收回（从江西省），归北京（植物所）直辖。"①回归到科学院乃是关系到庐山植物园发展的大事，经竺可桢的过问，很快便得到解决。之所以这样，实是庐山植物园历史地位和其辉煌业绩，以及其在中国植物园的分工中不可替代之位置。但庐山植物园不能上轨道，还在于没有专家予以领导。胡先骕推荐人员前来工作，自然难以落实，他的意见，只有老友如竺可桢尚能理会，至于其他掌权者，便难获尊重。故其推荐之人，仅是说说而已。

　　至于重返中国科学院具体公文，未曾见到，致使隶属变更确切时间、领导人事安排、与以改隶后与江西省科学技术委员会和庐山管理局之间关系，也有不知。大约在1963年初调中央气象局庐山天气控制研究所所长沈洪欣兼任庐山植物园主任。沈洪欣（1923—2006年），江苏省常熟县人，原名孙洪欣。1940年1月参加新四军，1941年7月加入中国共产党。曾任参谋、副营长、团参谋长、团长，转业后在庐山党委工交部工作。1956年毛泽东主席在最高国务会议上指出："人工造雨很重要，希望气象工作者多努力"。为贯彻此指示，中央气象局局长涂长望和中国科学院地球物理研究所所长赵九章于1958年6月6日在江西省气象局有关领导陪同下来庐山选择云雾观测试验基地，初步确定在庐

图6-6　沈洪欣

①《竺可桢日记》第四卷，科学出版社，1990年，第609页。

山山上建立一个开展人工影响天气的研究所,沈洪欣被庐山党委安排具体接待,后成立庐山天气控制研究所,由其负责筹建,1959 年 3 月 28 日正式成立。① 庐山植物园收归中国科学院后,科学院即请沈洪欣兼任植物园主任。沈洪欣为人正派,对庐山植物园管理甚严,要求年轻人用心于业务,一时风气有所好转。其来植物园时,职工工资尚不能按时支付,只好向外单位借钱度日。与此同时,积极办理恢复与中国科学院的联系。

中国科学院将其在国内各地研究所分片区进行管理,其中在上海设立华东分院,江西省属华东地区,庐山植物园即由华东分院直接领导。华东分院派计划处负责人蒋成城来庐山考察,返回之后有函于植物园领导沈洪欣、刘昌标,前曾言未能觅得重隶中国科学院正式文件,但从此函可知重隶之初一些历史细节:

> 植物园情况我回来后即向分院领导做了汇报,并给院部写了报告,关于植物园的人员编制和临时工人问题,院部已正式批下,并亦由分院人事处转告你们了。植物所名称院部已正式批准用"中国科学院庐山植物园"。新的印鉴将由分院发给。
>
> 关于你园三定问题和科研方向问题,我们意见待植物园卅周年纪念会时间研究。②

此函写于 1964 年 6 月 16 日,云中国科学院已批准植物园名称为"中国科学院庐山植物园",或者可将 6 月作为改隶节点。又中国科学院各研究所在 1963 年已进行定方向、定任务、定人员之"三定"工作,庐山植物园加入此体系,也应进行。此后,华东分院和院部还有一些领导来植物园调研。蒋成城此函即告知分院副院长边伯明在成都开会,返回上海,途经九江时,将上庐山;分院还特派计划处人员自上海赴九江,陪同调研,至于边伯明在调研情形则未见记载。此后其他记录有:"华东分院首长来园检查工作,指示我园大力发展,尤其经济植物区需要建立。"当即计划在五老峰、七里冲扩建木本粮油区 20—25 亩。"院计划局检查工作组来庐山检查工作时,曾指示我园业务和行政人员上

---

① 沈洪欣:《庐山云雾物理研究所成立前后》,陈少峰主编:《新中国气象事业回忆录》第二集。
② 《蒋成城致沈洪欣刘昌标函》,1964 年 6 月 16 日,庐山植物园档案。

下不对口，残缺不全，因而对各项工作开展受到一定影响。"此或看见植物园症结之所在。

重回中国科学院，植物园主要工作才能返回到研究之正途。事实上重回之后，也曾开展了一些研究，此后的文字将有记述。但从事研究之人，不仅少，且资历浅，几乎全部是五十年代末期或六十年代初期大学或中专毕业来园工作者，研究水平有限。

一般而言，大学毕业之后，从事研究工作依然需要一个成长过程，需要专家引领，导师扶持；陈封怀离去之后，庐山植物园一直就无专家，此时一些曾跟随其后之人也全部离去。胡先骕一直为此操心，1964年2月8日，其往北京医院看病，遇竺可桢，与之又谈庐山植物园业务领导事。《竺可桢日记》记有："适胡步曾来看病，与谈庐山植物园业务主任事，因行政方面刘主任和沈主任二人意见不尽一致，所以希望有一个业务主任。他荐叶培忠，南京林学院不放。冯国楣他认为资格不够，但实际吴征镒亦不愿其来。他又荐严楚江，云严在厦门大学不受生物系主任欢迎，与汪德耀也不合，

图6-7　竺可桢

所以他认为严可离厦门。但怕事情不如此简单耳。"①此时庐山植物园也认识到无专家给工作造成不利，1964年《年终总结》有云："工作中往往有布置，但缺乏及时总结经验和督促检查，在工作上碰到困难时也没很好给予办法，工作上缺乏周密计划和组织，造成一些人忙得很，另一些人却松一点，没有充分调动每个人的主观能动性。这主要是由于领导核心中缺乏高、中级研究人员，因此初级研究人员在工作中感到吃力，业务提不高，为个人前途担忧，影响了工作情绪。"②为了引得中级人员，1965年春，刘昌标赴京开会，与有关单位联系，争取业务人员到庐山工作。中国科学院植物所商得北京植物园袁国弼同意，并

① 樊洪业主编：《竺可桢全集》第十七卷，上海科技教育出版社，2009年，第390页。
② 《中国科学院庐山植物园一九六四年工作总结》，庐山植物园档案。

将其和夫人徐式璋档案寄来。其时，调干规定，须送庐山党委组织部审查。庐山组织部审查后，不同意接收，原因是徐式璋之兄在台湾。此前，植物园多人因有同样家庭关系而被迫离开庐山，此种地方政策还在延续。那么，植物园增加人才只有争取更多大学毕业生被分配来园。

植物园所需要之专家始终没能派来，而领导之间也有不和，1965年2月，中共庐山管理局委员会组织部又将温成胜调回植物园，任园党支部书记；刘昌标任副书记，兼任园副主任，华东分院调慕宗山来任办公室主任。未久，中国科学院华东分院批准刘昌标退休，沈洪欣也调离而去。而此前之《总结》中所言之困境，仍然困扰着庐山植物园。当此时无专家带领的年轻人，步入中年之后，"文化大革命"已经结束，在此后一段时间里，他们即使努力工作，成果还是有限。更重要的是在他们的学业上，因不曾跟随导师，此时也不知如何做导师，培养后学，致使下一代年轻人又虚掷年华，荒废学业。

五、第一届全国引种驯化学术会议

1964年，庐山植物园迎来了成园三十周年。这年由中国科学院出资兴建集标本室、图书室、实验室、办公室于一体的三层大楼开始兴建，将大大改善办公条件，气象为之一新。为了纪念中国这座著名植物园的诞生，上年中国植物园会议在云南西双版纳召开，庐山植物园主任沈洪欣前往出席。会议决定明年召开"第一届全国植物引种驯化学术会议"，经沈洪欣邀请，故安排在庐山举行。

为迎接这一历史纪念日，为了迎接会议在庐山召开，庐山植物园将各项研究皆予以总结，共形成15个专题。每个专题在撰写完成之后，还以通讯方式，请国内专家如盛成桂、单人骅、陈封怀、俞德浚等予以审稿。此时，各个展区布置和管理皆达到最佳水准。并举办庆祝建园三十周年展览，有历史沿革、引种驯化、植物资源、园林建设、研究成果、展望未来几个部分。并委托南昌市美术设计公司制作庐山植物园沙盘模型一个。

参加此次学术会议的专家有来自全国各地的俞德浚、陈封怀、叶培忠、盛诚桂、王战、章绍尧、董正钧、林英、冯国楣、张育英等。全国科协副主席、中国科学院副院长竺可桢也到会祝贺。庐山植物园出席会议正式代表有沈洪欣、刘昌标、朱国芳、聂敏祥四人。会议于9月21日开幕，由王战主席，沈洪欣报

图6-8　重建之大门

告会议筹办经过,竺可桢作"引种驯化的历史"主题报告。报告最后对庐山植物园寄予殷切期望:

> 植物园不仅是一个标本园,要为植物分类学、地植物学等服务,要为绿化山丘、支援农业服务,而且还得通过研究工作出成果、出人才,培养出科学研究方面的接班人。所谓十年树木,百年树人,希望年轻的科学工作者也能和松柏一样,成百上千地在各植物园成长起来,使庐山植物园继白鹿洞之后,成为全国学术中心之一。①

23日至25日进行学术讨论,庐山植物园人员在会上宣读论文的有:

赖书绅:九岭幕阜山脉植被概况;

方育卿:三尖杉尺蠖初步观察及防治试验;

王士贤:庐山云雾茶引种栽培;

李华:庐山常见经济植物种子与果实外部形态观察;

朱国芳:人参引种栽培试验的初步总结。

---

① 《竺可桢全集》第四卷,上海科技教育出版社,2004年7月,第315页。

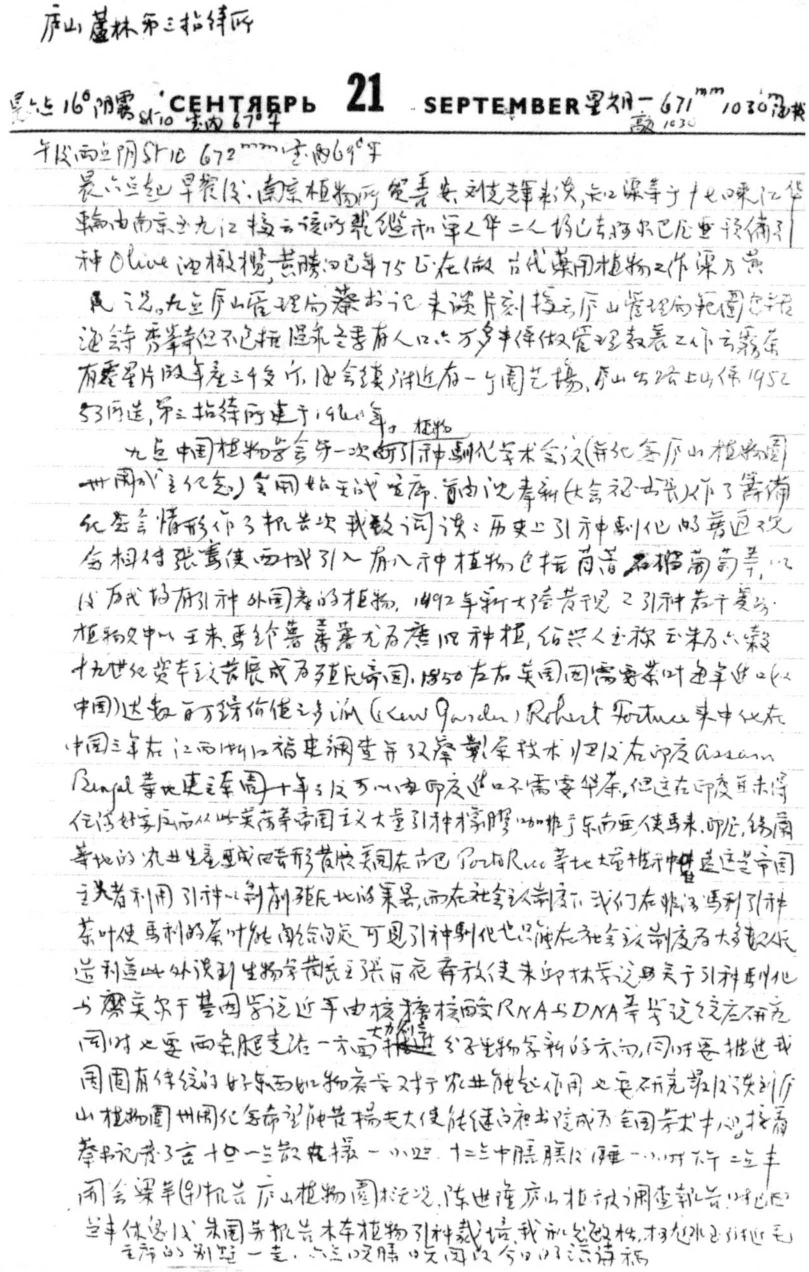

庐山庐林第三招待所

晨起16°阴雾 СЕНТЯБРЬ **21** SEPTEMBER 星期一 671ᵐᵐ 1030海拔

午后两点阴 672ᵐᵐ 空气69°F

晨六点起早餐后，南京植物所贺善安刘建辉来谈，知须于十七喷江华轮由南京至九江接云谈所载巡视巾华人华二人搞巡专访己见里谈谈倚引种 Olive 油橄榄，黄膦河已年75公在做古代药用植物之作谈万黄

……九点庐山管理局蔡书记来谈，片刻接去庐山管理局范围怎括泊诗秀峰经已把昼来至事有人口以万多年作做管理教养之作云多彦有震雾片废产三夜亦从念续附近有一个园艺场，在山公路上仳1952、53两造，第三招待所建于九六年，植物

九点中国植物学会一次何引种驯化学术会议（并纪念庐山植物园卅周年纪念会）开始主战主席，由秘书新代气记书战作了筹备纪念会情形作了报告次我致词谈，历史上引种驯化的意义及合相待张意便西域引入庐八神植物已括苜蓿石榴葡萄等以此万代的所引种外国产的植物，1492年新大陸发现之引种若干美洲植物又中土来玉米等甘薯者尤为唐叭种植，佑兴人主称玉米为五谷十九世纪资本主义发展成为殖民帝国，1850左右英国同需要求叶迅丰进以从中国迷多百万镑价值各派（Kew Garden）Robert Fortune来卅化在中国三年左江西湖北福建调查并以摩影全技术归运左印度 Assam Bengal 茶地更种茶园十年以万心由印度出口不需要华茶，但运左印度并未得信得茶叶成品从此英荷帝国主义大量引种材料腾咖啡推于东南亚使马来、印度、锡兰等地的农业生产成四畸形散发美国在古巴 Porto Rico 等地培植甘蔗运运帝国主义者利用引种以剥削殖民地的果器，而在社会议制讨我们左此论冯引种茶叶使马利的茶叶从此得运可见引种驯化也只涉左社会议制度及大众数代运利运此外谈到生物学意义主张百花存秋使来卯林茶运用关于引种驯化与摩美尔于基因学记近年由核糖核酸 RNA 及 DNA 等运运克运研究同时之更西名胞走佐一方面推运多子生物学新的方向，同时吾推世我围围有传统的妇女研物学对于农业耕种之作用之亟研究最以涉到庐山植物园卅周化各命运辱稿毛大使能继运乱出阻成万铜奇术中心搞务奉书祝录了言十二一三散更操一小四十三十膘膜仿睡一小四竍运一三丰同会谈单附机芸庐山植物园抬谈，陈世瞳庐山把报调查报告以地巴与本运急代来围芸报芸木本植物引种栽培我忍急致桥，材忍水之引忍毛土所的别运一亭，从云吸膘咔吳同政今以从运讲福

图6-9　会议期间竺可桢日记之一页

提交论文还有：松杉植物引种栽培总结、乔灌木引种栽培总结、庐山植物园园林建设、松杉植物扦插育苗的初步观察、人参引种栽培试验的初步观察。

图6-10　1964年，中国植物学会第一届全国植物引种驯化学术会议与会人员与庐山植物园职工合影。前排左起六为俞德浚、叶培忠，左起九为竺可桢、陈封怀

　　会上交流了全国植物园工作的经验，检阅了引种驯化研究成果，组织参观了庐山植物园并研讨了庐山植物园的建园规划；部分专家还往井冈山考察，并提出建立庐山植物园井冈山工作站的建议。这些专家建议，庐山植物园曾予以认真组织实施，然不久即是"文化大革命"，正常的工作都难以保障，自然是没有结果。此后也未能实现竺可桢所希望的那样，成为全国学术中心之一。

六、裸子植物研究

　　裸子植物在建园之初，即列为引种的重点，至1958年已形成特色。1959年时在武汉的陈封怀，曾陪同苏联莫斯科植物园副主任库力替阿索夫（Купътиасов）专家来庐山植物所参观。库氏此次中国之行，在北京、广州、武汉、杭州、南京等地植物园考察,对各植物园之建设多有建议①。此来庐山,其间交通、食宿皆由庐山交际处负责接待安排。苏联专家在植物所各园、区流连达四小时之久,可谓仔细观察。晚上还来所与科技干部一起座谈。座谈会由陈封怀主持,该专家谈了如下的话:"庐山植物园都是一些年轻同志,我很高兴,因为年轻同志将来的发展一定会比我们老年人还好。庐山植物园建设得很好,有一定的基础,尤其是裸子植物特别丰富,在苏联和其他国家也很少见到,我希望你们每一个同志都能来进行裸子植物的研究,大家分工,每人负责一科,将来都能成为专家。"在座谈会上,他还介绍了其他国家裸子植物研究情况。

其时,与外国学术交往已非常之少,难悉外面情形,也就不知自己。苏联专家的一席话,颇能鼓起自傲之胆量,庐山植物所遂树立起建设裸子植物研究中心之目标。1959 年底,在制定 1960 年研究计划中,"计划在 2—3 年时间内收集全世界裸子植物各属和主要的种,并在短期内成为全国研究裸子植物的中心。"②到了 1960 年 2 月 18 日,在《庐山植物所大搞庭院布置》的报道中,对所搜集到的裸子植物有这样记述:"我所根据庐山自然特点,以松柏类植物为主,大力进行引种驯化和培育新品种工作。到目前为止,已从国内外引进 11 科,36 属,500 余种。全园除泪柏、台湾杉尚未引进外,其他都有栽培。我所正在五一节前引进上述两种植物,并将成为全国裸子植物研究中心。"成为中心的速度在加快,姑且不言此中种数之虚假。

为了成为研究中心,对尚未收集到的种类,立即设法引回。1960 年 3 月 4 日,庐山植物所分别致函国内主要植物园,请求交换裸子植物种类。所需要者为:泪柏(*Dacrydium pierrei*)和台湾杉(*Taiwania cryptomerioides*)两种,愿以日本金松、福建柏、白豆杉、穗花杉等稀有种类相交换。3 月中旬特派张应麟携工人胡金水前往广州华南植物园,得到泪柏苗木 3 株,而台湾杉则因该园未有,而改往原产地搜求。张应麟在 2006 年对此有这样回忆:

---

① 1959 年 2 月 6 日《竺可桢日记》载:"上午十点,约莫斯科植物园副主任库力替阿索夫(Купътиасов)来谈话,俞德浚、林镕和女翻译陆玲娣同来。他已到广州、庐山、武汉、杭州、南京等地,他助手去云南。他认为全国没有统一计划,没有一个统一委员会。为培养干部,各植物园应有研究生,送研究生到苏联是太费太慢"云云。(《竺可桢日记》第十五卷,上海科技教育出版社,2008 年,第 318 页)

② 《裸子植物研究计划》,1959 年 12 月,庐山植物园档案。

庐山的裸子植物里缺乏一个台湾杉,就派我去找。我写信到北京,也写信问陈封怀先生,都没有资料。哪里去找这个台湾杉呢?后来到广州,问了华南植物园的何椿年先生。他说,我这里是一棵小苗,没有办法寄给庐山,他说你是不是去湖北磨刀溪。磨刀溪,是水杉的原产地。我带着一个工人,从庐山到广州,广州到四川,四川转到湖北,到利川山沟里去找。那个时候,经济很困难,一碗萝卜几毛钱。找到了台湾杉,我一看,我又不认得,以前没有接触过。只知道跟水杉不一样,上头叶子跟底下叶子不一样。我就不管三七二十一,采不到种子,就在树下找苗,采了大量的苗回去,这个事情并不困难。我在客栈里头,客栈的窗子上插了一些裸子植物的枝条,一问是北京植物所来采花粉的同志,大家见了很亲热,同是一个目标嘛。

这个时候,钱也没有了,粮票也没有了。我就以庐山植物园的名义到林业局,向林业局的领导告苦。我说,我是哪个单位的,来采集台湾杉,现在粮尽钱竭。为什么粮尽钱竭?我单位用保价信寄的粮票与钱,没了。粮票在保价信里,在邮局一打开看,没有。我说,我没有办法了,向林业局借粮票。林业局的领导知道庐山植物园,植物园在全国还是有信誉的。经过他们商量,马上就借钱给我。跟我一起来的工人,叫胡金水。我俩商量。我说,老胡你留下做"人质"呢,还是我留下做"人质"呢?他说,我怎么行?我是第一次出远门。怎么办呢?我说,这样吧,我们现在身上仅有一点钱,一点粮票,你走,我在这里做"人质"。他就先回庐山植物园,我在那里做"人质"。他回到单位,单位就寄了钱和粮票来了。钱,我是还了,粮票那个时候很紧,就没有还粮票。我说,我回去再给你们寄,利川林业局的领导很看得起我,说,那你就回去吧,回去再寄来吧。①

张应麟回忆与前根据档案所述略有出入,应是其记忆有误。但其在外所遇困境,大致应是如此,姑不具论。4月张应麟完成泪柏和台湾杉的引种,5月庐山植物所即自称已是"我国裸子植物研究中心"。在一份材料中,是这样自诩:

---

① 《牛喜平与张应麟访谈录音整理稿》,2006年4月8日,牛喜平先生提供。

在党的正确领导下,我所全体职工,经过整风运动的学习,掀起了一个轰轰烈烈的研究生产和学习毛泽东思想的高潮,干群思想有了显著的提高,因而推动了我们一切工作,同时由于坚决贯彻党的"植物科学为生产服务"的方针,在4月份,提前二十天完成了引种齐全全国裸子植物所有科属,使我所成为我国第一个裸子植物最完善的研究所。

我所园内引种栽培的植物,有从国内外引进的十一科三十六属约五百种松柏类植物。最近又引进了台湾杉、泪柏、穗花杉,还有世界上稀有的银杉、福建柏、白豆杉,这就使我园在我国全部产有的裸子植物的科属中,每属均有一种或多至数十种的代表。

这些松柏类植物许多是很好的营造树种,又是提取工业原料(特别是轻工业),为此我们对这些裸子植物的引种进行了总结和进一步对其生长和利用进行研究工作。如用松柏类植物的叶为原料,制成了对贫血、麻疹、喘息、传染型肝炎有疗效的叶绿素酮钠盐……①

今已不知这份材料在当时因何而写,亦不知出于何人之手。其写作思想状态受意识形态影响应该说已超过学术研究本身,且文中缺乏逻辑,列举可比因素前后不一。这样难以卒读的文字实是不愿多引,此为了说明历史处境,还是抄录这些。所要说明的是:

第一,前述五十年代初期所经历的多次政治运动,陈封怀尚能应付自如,使得庐山植物园整个研究事业只是受到影响,而未受到冲击。可以说运动归运动,学术归学术。此时则大不相同,为了政治的需要,甘愿将学术归属其下。更有甚者,为了表现更加顺应政治需要,不惜篡改科学数据,此"引种松柏类植物500种",显然是一个虚数。有此虚数,所以文理混乱,不能自圆其说。又如松叶中是否含有"叶绿素酮钠盐"物质,植物所曾于1960年3月22日送样品至广州卫生局药品检验所,委托检验。4月4日该所"检验报告"云:"本检品经用分光光度法测定,结果在波长405 m处,没有叶绿素酮钠的吸光特性。"也就是说在4月已证明松针无药用价值,5月份还作虚假肯定。第二,六十年代的年轻人何以会如此毫无顾忌,睁眼说瞎话。虽然有外在政治鼓动,内在荣耀

---

① 庐山植物研究所:《我国裸子植物研究中心》,1960年5月17日,庐山植物园档案。

的追求。但是学人品格,未曾在这批以新教育方式教育出来的年轻人身上形成,不知学术规范,也是重要原因之一。陈封怀离开庐山植物园之后,学术成为真空,任由经过政治运动洗礼之人把持,其结果自然是学术失去根基。假若说在"大跃进"运动中,国内各研究所大多如此,庐山植物所则更甚。

"大跃进"运动热潮之后,庐山植物所在1962年工作总结之时,即指出研究工作有浮夸之风,故在制定今后十年发展规划时,云"通过十年的科研实践,奠定裸子植物综合研究基础,将本园开辟为我国裸子植物系统研究的中心基地。"①裸子植物研究中心是建设目标,而不是已经建成之成果。

1964年庐山植物所已改隶于中国科学院,并改名为庐山植物园,全国引种驯化学术会议在庐山召开之时,面对全国专家学者,朱国芳、梁苹、李华、涂宜刚合编《松杉植物引种栽培总结》,铅印成册,作为会议交流材料。在前言当中,对于收集到的种数有所收敛。其云:目前世界上已知的裸子植物共有13科70属700余种,而我国便有10科34属约200余种,我园历年从国内外引种栽培有11科37属300余种。而此《总结》所介绍的种类仅100种,其中包括在温室中的幼苗和庐山最为常见的马尾松、黄山松、杉木等,由此可知是尽其所有,何来300余种之谱? 对于松柏类植物药用价值,没有再言及,所述内容

图6-11 中国科学院庐山植物园业务办公所在地

① 《庐山植物园62—72年科学研究规划》,1962年6月,庐山植物园档案。

包括中名、学名、形态、产地及其生长条件,在本园引种时间、栽培地点、繁殖技术、生长习性、物候期等。

庐山植物园栽培松柏类植物丰富,本是不争事实,也为国内同行所认同。不知何故,不能实事求是介绍自己。拥有种类,任意言说。其实研究内容,也仅停留在栽培上。如繁殖困难种类,采取扦插试验,提高其成活率。至于其他研究,如系统学研究,则一直付之阙如。苏联专家所言一人研究一科,即是从系统学角度进行分工,没有被庐山植物园年轻的植物学者所理会,也许即使领会,也无从落实。

在"大跃进"运动中还有其他一些研究。1959 年,由朱国芳、梁苹、刘燕铭等人编写的《庐山土农药》,在《庐山日报》连载,并印成小册子,后曾扩充为《江西土农药》。此外还进行诸如江西有毒植物、江西树木志、庐山植物园栽培植物名录等多种著作的编写,但都未完成。1960 年中国出现饥荒,党和政府要求与植物有关的研究机构,进行"大搞野生植物综合利用支援农业",在野生植物寻找粮食、饲料代用品。庐山植物所积极投入,进行橡子综合利用研究,"人造肉"、叶蛋白、芳香油、小蘗碱的研究等,其实,这些皆不能纳入研究范畴,只是在民间野菜救荒的方法之上,贴上科学标签。当时被当作研究成果,在九江、南昌予以展览推广,而效果并不佳,饥荒一过,便无人提起。

七、植被调查研究

中国全面开展植物生态学研究甚晚,庐山植物园则更晚。自五十年代初此学在国内展开之后,至五十年代末至六十年代初,分配来园大学毕业生已具备生态学专业知识,即有以生态学方法研究庐山及江西的植被。此前所作调查,大多只是进行植物标本的采集。开展植被调查,全面掌握植物资源、植被概况,以利于开发山区、利用资源和保持水土。此项研究亦符合其时"科学研究为生产服务"政策。

1. 庐山植被调查

关于庐山之地质、植物、土壤、地貌等,此前有学者曾作专题报道,但未曾有综合调查。为了进一步了解庐山植物群落分布特性和演替过程,为庐山造林绿化及合理开发利用自然资源提供依据,同时也为来庐山参观实习者提供资料,1963 年 5 至 8 月,陈世隆、王江林、杨建国、聂敏祥、户象恒、王文品诸人对庐山植被进行调查。共采得植物标本 1 100 号,3 300 份,样地调查面积 15 000 余平方米。调查线路自北麓莲花开始,经赛阳、通远、张家山、庐山垅、隘口、归宗寺、秀峰寺、星子、白鹿洞、海会寺、高龙、威家等地,环山一周。又选好汉坡和观音桥两线作南北垂直调查。山上则以黄龙寺、汉阳峰、铁船峰、牧马场、仰天坪、碧云庵、五老峰、黄龙庵等作重点调查区域。于第二年写出《庐山植被调查报告》初稿。

《报告》分为八个部分,主要有:庐山的自然环境概况、庐山植被在区划上的位置与植被区系特征、庐山的主要植被类型、主要植被类型的相互关系与演替、庐山植被保护和营造意见。通过两年的实地调查与研究,《报告》论证了"中国植被区划"和"中国植被"对庐山所属区域划分,认为适宜恰当。在具体植被类型上,基于庐山自然环境复杂,提供多种多样的生境条件,植被类型也就多种多样;再由于庐山有着悠久的开发历史,使得植被类型更具复杂性。《报告》详尽分析各种植被类型及演替过程,如此全面描述当属首次。

2. 庐山植物园植被调查

1964 年 4 月又对庐山植物园植被予以研究,写出《庐山植物园植被概况》一文,其目的在为植被保护和改造,为园区规划提供科学依据。文中将园区之内分为天然植被和人工植被两种类型。天然植被系指栽培区域周围分布于山坡和山谷的天然植物群落,根据其外貌和结构特征及其产生条件的不同,分为针叶林、落叶阔叶林、灌丛和山地草甸四个类型。由于受人们活动的影响,这些天然植被已不是原始,而是次生或正在发育生长的植被,文章提出抚育和改造意见,并将月轮峰一带列为名副其实的"自然保护区"。人工植被包括历年栽培和开辟的 12 种人工林和树木园、松柏区、岩石园、草花区、茶园、苗圃、药圃、温室区、行道树绿篱等。文章以生态学的观点,提出各园区建设应注意的问题。其观点如对单一自然植被改造应以常绿阔叶林以及针叶和落叶阔叶混交林的营造为主,在其后并未见诸实施;主张在药圃之下立堤筑坝,建造水库,开辟水生植物区,以增加沼泽植物,也因工程过大,耗资甚巨,未能实施。

3. 九岭与幕阜山植被调查

此项调查由赖书绅主持,参加人员先后有户象恒、张作嵩、萧礼全、余水良等。调查分两次进行,第一次在 1963 年,自 4 月下旬开始,至 10 月下旬结束。第二次在 1964 年,自 4 月 21 日至 5 月 12 日。共计 180 日。调查区域,依据九岭、幕阜两山脉的自然走向,选择有代表性的山峰,如云山、太平山、武陵岩、老

图6-12　1964年的中心展区

图6-13　1964年拍摄以几何式方法建造的草花区

鸦尖、黄龙山、五梅山、王家山、石花尖、仙姑坛及大沩山等,采得标本 1 827 号,样方调查 40 余个。1964 年 7 月写出《九岭幕阜山脉植被概况》。此前没有关于此两山脉之调查,即便所在各县之土壤、地质、气象等也无正式资料,故该调查报告洵为开创之作。惜该报告亦是油印之作,未公开发表。

在档案之中保存一份在永修调查结束之后小结,据之可知一些调查人员具体情况。其云:"(有些)人员对调查采集目的认识不足,于是对深入调查,入深山、登高峰有些前怕狼,后怕虎的畏难情绪,生活讲究舒适。有些对成绩任务的光荣也认识不够,标本堆放不理。""利用雨天和业余时间,学习有关植被调查、地植物学、植物生态学和反修正主义有关文件,但因工作忙,没有按计划进行。"[1]无怪乎会出现这些问题,因为考察队员之中,仅有赖书绅一人是专业技术人员,且人微言轻,其余皆工人,业务生疏,难以在其率领之下,作深入探求,不可与先前之庐山森林植物园同日而语矣。以当时之情形,能按计划完成考察任务,已属难得。

此次调查缘起,乃是 1962 年中国科学院与捷克斯洛伐克科学院签署"中捷科学合作协议",中国科学院联络局将其中赣西北植物调查任务交由庐山植物园完成。于是植物园于 11 月 28 日,向西山科学实验场报告此项调查采集计划,并请场部转报中国科学院联络局,以便落实采集经费。该经费预算为 4 624 元。第二年,经与中国科学院植物所秦仁昌联系,得该所资助 1 500 元,用于旅宿、伙食和消耗性物品购置。采集结束,提送每号标本三份于该所。并于 3 月 19 日签订合同。秦仁昌和沈洪欣、刘昌标在合同上签字。[2]

此项合作本是一件佳事,当沈、刘向主管机构西山科学试验场领导汇报,所得回复却不尽如此。4 月 24 日来函云"从我们植物园的长远利益看,这一植物调查工作应当进行。另一方面,我们还不是缺少这 1 500 元的经费问题。因此,党组决定:植物调查工作还可进行,但该局(引者注:来函将中国科学院植物所说成中国科学院联络局)汇来 1 500 元,应即退回,希遵照进行。并即婉言答复。"[3]可见场部官员,文化水平有限,不懂学术交流与合作基本规则,且思想狭隘。植物园主任沈洪欣获悉场部领导对此项合作持反对态度,乃致函诸位

---

① 《永修县调查工作初步小结》,1963 年 6 月。庐山植物园档案。
② 《采集植物腊叶标本合同》,1964 年 3 月 19 日,中国科学院植物研究所档案,A002 - 242。
③ 《江西省西山科学试验场党组致庐山植物园》,1964 年 4 月 24 日,庐山植物园档案。

场长及秘书,说明此项合作之由来,及该项工作对于植物园意义。其函云:

四月十七日下午,接到刘昌标同志从南昌来了长途电话,说场长指示,由于北京植物所给的 1500 元太少了,不进行合作等等。我园将近三年未外出调查和采集标本,原有标本有七万号,由于重视和管理不好,虫蛀、霉烂、老鼠咬等,对现有标本损耗很大;同时业务人员业务技术方面也有荒疏。过去场长们指示,将《庐山植物志》和《江西植物志》编写出来,可是资料太少。接到中国科学院联络局来信后,要我园承担中捷科学合作任务,但因对任务了解不够,所以通过场部编制了外出所需经费,以后联络局来信,主要是将有关资料提供给我们,经费分文没有。但我们又做了准备工作,如草纸、工具、雨具等已用去 700 余元。所以无论如何我们自己今年外出调查采集,为编写庐山和江西植物志积累更多的资料,同时还进行植被调查,过去我园植被调查是空白的科目。

去年场部分配来的山东大学毕业生陈世隆同志是专门学的植被工作。植被调查是为植被区划的前奏,植被区划又是整个自然区划的组成部分。调查的目的,是把各地区的不同植被,结合它们所形成的因素,如气候、土壤、地形和地理位置等而划分不同的区域,从而为江西进一步经济建设规划,如农林牧副渔的合理利用和安排提供科学根据。因此,我们确定组成二个小组,一方面调查和采集植物标本,另一方面开展植被调查工作,这对我园植物学事业和培养锻炼提高干部业务能力有促进作用。

关于北京植物研究所合作问题,是去年七月场部介绍北京植物所二位助理研究员来我园借标本,过去借去的标本,归还很少,所以只给了一些副号标本给他们,并且谈起如何合作,因此北京植物所秦仁昌先生(是植物园建园最早者之一),他很关心庐山植物园。他提出我们共同合作,将江西植物资源,有计划有部署地彻底查清,故我们认为这对我园工作是有利的;对于我们省来说,也是有利的。就全国来说,江西的植物标本是较少的一个省;另外对我园业务技术干部的提高,也是一个良好机会,对今后编写庐山和江西植物志来说,创造了条件。至于钱多钱少,我们认为这不是主要问题,就是不给,我们也要开展此类工作,重要的是对我们业务上能有帮助。同时,我们也计算了一下,每份标本也将近四角,也不算少。

如果说我们有缺点和错误,没有事先请示,事后报告,今后我们一定加强组织纪律。现在将合作合同及他们的来函和我们的意见及要求,抄报你们,请首长审查。我们的意见还是合作。上述意见未知适当否,请首长指示。

调查采集工作已在庐山地区开始进行。[①]

庐山植物园并未遵从场部指示,还是按照计划进行。笔者曾询问赖书绅先生,其言依旧履行与中国科学院植物所签署之合同。此时,庐山植物园已归属中国科学院,但与江西省西山科学实验场仍有隶属关系,只是其影响力有限。

八、园林景致

在前一章中已记述庐山植物园自五十年代初开始逐步恢复或新辟各个展区,至六十年代初,植物园隶属关系,人事安排虽屡经变动,但先前所培植之植物却默默生长,整体园林至此已呈现出意境之美。再加上周围之荒山予以绿化,致使许多来庐山游客皆要来植物园参观,声誉日隆。1964 年 4 月为迎接全国第一届植物引种驯化学术会议在庐山召开,特邀请园艺学家来园,希望在已有基础之上,有所改进。此后陈忠写下《庐山植物园造园设计的初步分析》一文。该文从造园学角度,对庐山植物园园林结构予以分析,且语言优美。这样文字不是愚陋如笔者所能道出,故作大段引录,请读者同好一并欣赏。其文曰:

> 庐山植物园规划布局和建筑设计,都采用了与四周环境相结合的自然式布局。使人感到风景宜人,布局自然,与环境的协调一致。具体来说,有下列五个特点:
>
> 1. 灵活地利用地形地势进行园林建设:园内地形变化复杂,道路多随地形改变,而起伏弯曲。由于巧妙的设计道路,而能很好的组织风景引

---

① 《沈洪欣致西山科学实验场诸场长函》,1963 年 4 月 18 日,江西省档案馆藏江西省科技厅档案,X106‐1‐112‐057。

导参观；道路本身的曲线与铺装也构成了美丽的园景；同时还能减少道路的土方工程，节约开支。随道路的走向，在高处建亭、在水上架桥。亭、桥本身是一风景对象，同时又可登临，欣赏风景。例如含鄱岭上的含鄱亭，位于高处，能远眺星子县鄱阳湖的景色；又能鸟俯植物园全园；而她本身与秀拔的五老峰、犁头尖构成了一幅壮丽的图画，随天气不同，景色变化无穷，在云雾山中时隐时现，形成了美妙景观。

2. 因地制宜地按照植物的生态要求栽植植物：利用山坡向阳地种植茶叶；在丘陵地种植乔灌木；平坦地和斜坡地种植草花、建筑温室、开辟苗圃；在低洼地潮湿积水的地方，种植喜湿的水松、水杉、鸢尾。这样既满足了植物本身的生态要求，又突出地表现了植物的生态自然美。

3. 巧妙地组织了若干风景点：由芦林至植物园，沿途树木郁郁葱葱，欣欣向荣，充满了蓬勃的生机，到植物园大门时，前面两排高大的冷杉，枝叶繁茂，青苔复干，绿荫浓浓，使人感到格外的清凉和郁闭。继续前进，翻过杜鹃岭，前面豁然开朗，在眼下呈现出绿茵似毯的草地。草地的周围散布着几栋岩石堆砌的红顶房屋。中央是几栋亮晶晶的玻璃房——这是植物园的温室和办公室。她吸引着人们走去，看个究竟。顺山势而下，穿过草地，抬头一望，四周是群山环抱，仅留下这一片开朗的空间。这时淙淙流水，清晰而响亮，顺水流的方向走去，穿过繁花似锦的杜鹃丛，来到草花区：这里又是一片色彩缤纷的园地。平坦的岩石路又导入茂密苍郁的深处，老树参天，满目苍翠，这就到了松柏区：林间泉水涧回，山腰挂着瀑布，山雀和黄莺的出没嬉游情景，使人流连忘返。真是一景复一景，不断引人入胜。

4. 就地取材建亭筑路：这里的亭、桥、房屋和道路，大多能与周围环境结合。建筑所用材料多就地取材，利用当地的岩石砌墙、铺路，建筑物均朴素大方，色彩明朗，采用低层的建筑形式，随地形变化建筑物错落变化，办公的建筑物较集中地分布在园子的中心部分，休息和点缀风景用的园林建筑，分散在园子的几个制高点，衬托于一片树林的绿海之中。用带树皮的圆木做成山间小道，这样不但经济，而且能更好地与自然结合，增加了自然的风趣。

5. 合理地划分若干种植区：开始建园时，老前辈们曾有自己的抱负与理想，至今已利用的面积约千余亩，分为松柏区、岩石园、草花区、温室

图 6 - 14　苗圃与茶园

图 6 - 15　温室区侧影

区、树木园、苗圃、药圃、茶园和自然保护区。……①

诚如文中所言,庐山植物园园林景致乃匠心之作,系陈封怀结合中西园林特色,将欧洲自然式园林运用于中国园林之中的典范,值得珍惜。此后,庐山植物园园林不知经历多少次道路、建筑、园区改造。在七十年代因备战需要修筑一条公路,从园区穿过。草花区本是按规则式园林设计布置,在大草坪中,孤植高大铁杉,草坪四周则为花坛,道路两旁则植赖修剪树种,形成绿篱;也因战备需要在此停降直升飞机,而将铁杉伐去。温室区在八十年代也进行改扩建,数量有所减少,总的体量却有增大。新辟和改建展览区及道路则更多。是否都遵循六十年代所形成的园林风格,颇有值得批评和商榷之处。碍于本书体例,在此不作深入探讨。

九、重组研究体系

1964 年回归中国科学院即是将工作重心回归到植物学研究上。研究机构从事研究,首先是有从事研究之人。此时园内研究力量薄弱,1960 年之前大学毕业者有 5 人,中专毕业者 3 人;1962 年毕业者 2 人,1963 年毕业者 2 人,且资历浅,全为初级职称。改隶之后,拟调中级人员未获成功,只有增加分配大学毕业生,得中国科学院支持,1964 年入 3 人,1965 年入 7 人,力度可谓之大。其中有北京林学院园林设计专业之罗少安,其言,在其毕业的同班同学中,因分配到中国科学院单位感到光荣。新来者大多如此,且学习成绩优秀。

改隶之前,园内组织架构,设有引种驯化组、经济植物组、标本室及图书资

---

① 陈忠:《庐山植物园造园设计的初步分析》,原稿,1964 年 7 月,庐山植物园档案。该文原稿上未曾署名,笔者于 2001 年发现,并作初步认定其作者为陈俊愉先生。为探明究竟,即将该文复印,寄呈陈先生确认。不久得到复函,并附一小跋。跋云:"拙文写于三十七年之前,今由庐山植物园胡宗刚先生复印寄下,得以重读,真是弹指一挥间,旧貌变新颜。我已阔别庐山多年,但因过去曾去过多次,有两次还住了一个月以上,留下的印象十分深刻。整个庐山,我曾带学生作过规划与调查,对于植物园则未作过规划设计,仅以一欣赏者的角度,对该园之造园作了一点分析,即有此拙文。现在回头思量一下,我仍维持原来的对该院园林设计的一些分析与建议祝愿我国这座最早的植物园越办越好!二零零一年七月二十九日识于北京林业大学梅菊斋。"此文后编入《花凝人生——陈俊愉院士九十华诞文集》,北京:中国林业出版社,2007 年 9 月。

料室。经两年人员补充,1966 年初两个研究组得到加强,并新成立资源组、化验室。各组研究和工作内容如下,有些工作则是新开课题。

引种驯化组:进行木本粮油江西 *Castanea* 属研究及松杉植物研究,园林绿化及观赏植物繁殖研究,园林植物保护研究等。管理树木园、苗圃、庭园布置、种子采集与交换及气象记载等。经济植物组:新建木本粮油区经济林——板栗、锥栗、茅栗等。新建菜园,对蔬菜品种进行试验研究,解决高山蔬菜种植以适应庐山季节气候。对茶叶稳产高产优质和抗寒选育研究。对药用植物如人参栽培试验并引种各种野生药用植物。南昌红壤丘陵地区荒山坡绿化研究。资源组:担任植物资源及植被调查,标本室管理等。化验室:承担园内各项研究中需要对植物和土壤进行分析任务。

如此布局,当是朝着正确方向之良好开端。1965 年年底,华东分院召开计划会议,布置研究工作。植物园不知是何人出席,但带回会议精神和会议文件,并按照分院要求组织学习,如何贯彻。请看提交分院《关于贯彻分院计划会议情况的报告》,关于对研究管理存在中之分析:

1. 选课题订计划的指导思想不完全正确:过去指导思想不是完全从国家和人民的要求出发,不是为当前当地之急需服务,在一定程度上是出于某些人的主观想象和爱好出发。同时执行计划也不够严格认真,没有切实可行的监督检查制度,往往造成有计划的没有执行,没计划的都做了很多,使工作处于被动。

2. 课题多,重点不突出:我园人力物力条件都较差,在这种情况下,应集中兵力,打歼灭战,突破一两个题目,但实际是各选各的课题,平均使用力量,有的题目仅有一个人作,因而重点不能突出,成绩不显著,成果不多。

3. 技术不过硬,研究工作进行得不深不透:我园技术力量薄弱,又受水平的限制,一些科研工作深入不下去,停留在表面,搞得不深不透。如植物资源调查,虽然已掌握了一定的资料,但很不全面,对江西经济植物的种类蕴藏量,能开发利用多少,都未摸清,历年来只是采集标本。又如松杉类植物研究,也只是进行了一般性的工作,停留在收集、鉴定种类上。对经济价值高、用途大,有发展前途的种类,没有进一步地深入研究。

从这些问题说明,本园几年来领导抓得不准、不狠,对下边要求中心不明,因而所出成果只是一些零散一般的东西。①

对此先撇开意识形态因素不论,应该说植物园对自身因研究力量薄弱所带来问题一直都有正确认知,且能面对问题;假若予以修正,先是树立几位学科带头人,在其率领之下,研究才能深入,才能提高研究整体水平;即便难以引进学科带头人,也应自行培养学科带头人;然而,新的体系还未运行,"文化大革命"到来,又将这些置于一边,而投身于轰轰烈烈的政治运动。

十、接待匈牙利学者托特

六十年代初期,学界与国外交往与五十年代一样仍然甚少,根据中华人民共和国与一些社会主义国家签订科学合作计划,几年之中,偶尔有植物学家来华访问,但接待要求比五十年代更加严格,所谓"外交无小事"是也。将学术交流上升为外交活动,上升为政治事件,因而留下甚多接待记录,从中可悉其时代之学术语境。1965 年 8 月,匈牙利植物学者托特到访庐山植物园。

托特·伊姆列(Tóth Imre),出身于园艺师之家,1957 年毕业于匈牙利布达佩斯农学院,1960 年在匈牙利科学院植物研究所附属植物园工作,为该园业务负责人,来华时年三十三岁。其自 8 月 27 日抵北京,10 月 22 日离境,在华两月。年初之时,中国科学院对外联络局即对其到访行程作好安排,其中于 9 月 19—27 日经南昌而庐山,由中国科学院派一名翻译随行,在庐山七天。托特来华,首先到访北京中国科学院植物所,据该所所写《接待简报》云:

> 他对北京植物相当熟悉,尤其木本植物,科属大都认识,许多种名也知道。到中国来的主要目的是参观公园、花房、植物园,以及采集野生植物,得到种子。说希望把所有中国特有植物都引种到匈牙利去。他是他们植物园的栽培技术方面的负责人,到中国来另一目的是查看标本,对照他们所引种植物,看看学名是否正确。所以对参观标本室兴趣很大,看得很仔细,对各种植物的地理分布和生境问得很详尽。当看到我们有大量杜鹃 Rhododendron 标本时,对中国拥有 3—400 种感到惊奇。当时追问

---

① 庐山植物园:《关于贯彻分院计划会议情况的报告》,1965 年,庐山植物园档案。

那个植物园杜鹃属植物最多，接待人因知道我们未同意他去昆明，就含糊地回答"大概在庐山植物园"。[①]

或可言托特对其将赴庐山充满期待。在其将要抵达江西之时，江西省人民委员会外事办公室对如何接待作好安排：拟请江西省科委秘书长张帆和庐山植物园主任温成胜两人迎送，在考察和参观活动期间，庐山植物园技术员朱国芳全程陪同，外宾住甲等房间，摆烟茶，陪同人员住乙等房间，外宾伙食由其本人自理，租"华沙"轿车一辆。

图6-16　匈牙利托特来访，与园内科技人员在其下榻之庐山宾馆合影。站立者左起涂宜刚、慕宗山、曾有仁、聂敏祥、陈世隆、杨涤清、刘昌标、刘永书、黄演濂、托特，右二张鸿龄；前排右一方育卿、右四聂根英

为此庐山植物园党支部根据中国科学院指示，作出既保障托特考察顺利进行，又不致失密为原则，确定行政领导温成胜，业务干部朱国芳、聂敏祥负责

① 中国科学院植物研究所编：匈牙利外宾托特·伊姆列接待简报（一），1965年9月1日，庐山植物园档案室档案。

介绍。托特访问庐山植物园结束后,江西省科学技术委员会根据庐山植物园等报告写出《接待匈牙利外宾托特·伊姆列简报》,其云:

> 此人在庐山考察活动中,十分满意。他说:"庐山植物园是世界上最好的植物园,要派我到中国来工作,我首先选择这个地方。因为这里是最美的地方,不过中国其他植物园也不错。"他又说:"我曾到过欧洲的意大利、捷克、奥地利、德国,看过很多植物园,但都没有庐山植物园这样漂亮。这里不仅有复杂的地形和适宜的气候,而且更重要的有很多同志的辛勤劳动,看到了从未见过的植物种类。"但此人不问政治,资产阶级唯心主义的科学研究观念相当浓厚,认为研究人员参加体力劳动没有必要,且会影响工作,因为有文献需要查阅研究,已够辛苦。[1]

该文虽称托特为外宾,但行文并不十分友好。其对庐山植物园之赞美,当然有其真诚之一面,但也不能完全当真。更让人吃惊的是,托特是来学术交流,该《简报》却未涉及这些内容;但在中国科学院植物所档案中,有一份庐山植物园公函,言"寄上匈牙利专家在庐山采集的植物标本102号,希转交托特。所寄标本已初步定名,有一些尚未,因限于水平,已定名者,亦恐错谬,望复审。"想来托特在庐山所采,应为常见之种。庐山植物园致力于庐山植物研究至此已三十余载,居然还有疑难,也令人费解。

---

① 江西省科学技术委员会:《接待匈牙利外宾托特·伊姆列简报》,1965年9月30日,庐山植物园档案。

庐山植物园重隶中国科学院,为时仅仅两年,或者仅将工作重点回归到研究上,尚未显现成果,更未出人才,"文化大革命"即而到来。此次政治运动规模之大,持续之久,涉及全社会所有领域,以政治挂帅,以阶级划分人群,对"地富反坏右"予以清算,在不断革命之中,许多人受到冲击,正常工作秩序皆被打乱,何论其他。但在运动后期,又有所恢复,但也是步履蹒跚,依然受到运动干扰。

一、几则运动事例

"文化大革命"开始之时,中共植物园支部委员会组成及分工如下:支部书记温成胜,负责运动及全面工作;支部副书记刘昌标,负责行政事务及本园基本建设工作;支部委员丁占山,办公室主任,侧重领导"文革小组",搞好本园"文化大革命";支部委员朱国芳,业务引种驯化组长,配合业务办公室聂敏祥抓好业务工作。未久华东分院分配转业干部慕宗山来,任组织兼监察委员。其时行政领导、业务领导与党政领导一体,支部书记即为行政领导。

1966 年 5 月,中共中央政治局扩大会议通过"五一六通知",8 月,中共八届十一中全会通过《关于无产阶级文化大革命的决定》,这两次会议召开,标志"文化大革命"全面发动。8 月有红卫兵"大串联"、破"四旧"等。9 月植物园根据庐山管理局党委指示,对运动予以部署,"主要集中力量揭发庐山党委,庐山管理局主要负责人的错误事实,同时我园广大革命群众揭发党支部某些主要负责人的错误事实。在此基础之上,一方面认真学习好中央文件,一方面继续深入揭发本单位领导的错误事实。"①庐山植物园运动在揭发中开始,大约在第

---

① 庐山植物园:《运动主要部署意见》,1966 年 9 月 26 日,江西省档案馆藏江西省科技厅档案,X106 - 2 - 293 - 037。

二年 1 月主要领导被打成"走资派"，植物园领导管理权也被"造反派"夺取。

运动之后不久，刘昌标调往江西省科委，植物园主要领导即为温成胜。温成胜生于 1910 年，河北蔚县人，1937 年参加中国共产党领导之游击队，翌年加入正规军并入党。因在部队多次犯有错误，受到降级处分，1954 年转业，任南京中山植物园办公室副主任。此时，与陈封怀共事，甚为相得，1957 年陈封怀向华东分院推荐温成胜前来庐山。1968 年，对有历史问题者，均要进行审查，温成胜因有历史错误，即在审查之列。在审查之中，则扩大事实，上纲上线；且批斗党内"走资本主义路线当权派"，也是运动项目之一；故温成胜成为批斗对象，全园职工召开批斗大会，无良青年还动手打人，受到难以言说之侮辱，具体情形后不得而知。

此后运动之推进，均由上级党委根据中共中央指示而进行部署，基层单位只是执行，不过在执行之中，或参杂有个人因素。现在对植物园在"文化大革命"之中历史，几乎难以作完整记述，因运动混乱，形成档案有限；而对受审查之人个人材料则甚丰富，但"文化大革命"结束之后，按上级指示，又被销毁；留存下来只有只言片语，此即据留下片言只字记录几则事实。

对于 1956 年之后分配而来大学毕业生而言，他们入大学均在 1949 年之后，社会经历相对简单，没有可以值得审查之历史问题；但是，其父母有历史问题，同样被审查，家庭出身，涉及个人成分划定，若为地富反坏右，则要受到批判。

图 7-1　王江林

王江林（1938—2022 年），陕西蒲城人，1962 年兰州大学植物学专业毕业，1966 年因其父亲而受到株连。其父王志德，于 1966 年 12 月非正常死亡，终年 52 岁。生前曾任陕西蒲城县人民法院副院长、蒲城县兴镇区委书记、徐鸭煤矿副主任等职务，1937 年加入中国共产党地下党，1939 年因单线联系人病故而脱党。1947 年第二次入党，1948 年参加革命工作。但在 1966 年"四清运动"和"文化大革命"初期，因历史问题经铜川地区"城市四清团"报经铜川市公安局批准，开除党籍，戴上反革命分子帽子。1968—1969 年在庐山植物园之王江林因而受到冲击，1969 年被迫离开植物园，至 1978 年才返回。其于 1980 年 7 月写道"因父亲问题株连及政治陷害而受冲击，后植物园组织落实，不知原外调材料及塞入的其他夸大不实材料是否拿出。"这些材料已剔除，不知受到如何冲击，从其念念不忘亦可知造成之伤害。

在"阶级斗争日日讲、天天讲"之下，人们思想无形之中也被带入其中，警惕现实生活中周边人群发生所谓阶级斗争新动向，被举报之人往往受到批斗。1957 年，梁苹从云南大学生物系毕业来园，因其家庭亲属中有人在海外，其也受到株连，早已受到审查，打入另册。1968 年至 1970 年又列为被审查对象，罪状有其 1949—1950 年所写日记中，有所谓反共内容，属于严重政治错误。1968 年某日，梁苹接到一本海外寄来《种子目录》，虽然此时已停止与国外交换，但还是不时收到一些供交换的《种子目录》。偶尔其中一册夹有一张字条，写有反动标语。梁苹撕开包裹后，并未发现，后有他人翻阅见到，乃立即举报，认定是梁苹所为，百口莫辩。1976 年 3 月，梁苹因与丈夫长期分居两地，要求调往天津。随即庐山植物园就反动标语案重新审查，排除梁苹所为，恢复梁苹政治名誉。《结论书》通过江西省革命委员会文办科技组寄往天津市人事局。

还有 1968 年 2 月某晚，在学习《毛泽东选集》学习班上，李启和在昏暗电灯下，百无聊赖，见书中有毛泽东像，突然想描绘一幅，以一张薄白纸覆盖在像上，可以看见像之轮廓，即用钢笔描绘；但纸薄，使得多处笔迹渗透到像上，原像被污染；而李启和自己所绘，其也不甚满意，即用笔涂划，然后揉成纸团，仍进纸篓。这些被同在学习班同事看见，被揭发出来，作为现行反革命而受到批判。李启和生于 1930 年，1950 年年仅二十，由王秋圃介绍入园，其为人老实本分，勤恳工作，于 1956 年加入中国共产党。此无意之中发生此类事件，让其备受煎熬，至 1970 年 11 月尚写下《检查交代请罪书》，而对李启和正式处分则迟至 1976 年 7 月才作出，且看处分决议：

图 7 - 2　李启和

李启和同志刻坏伟大领袖毛主席的画像,是个严重的政治错误。……鉴于李启和同志参加工作以来的表现和其出身于贫农家庭,有阶级仇、民族恨,特别是问题被发现后,经党组织和广大革命群众的多次批评教育,其对所犯错误认识深刻,态度较好,遵照党的"惩前毖后,治病救人"的方针,为教育其本人和全体党员干部,经政治部领导小组研究决定,给予李启和同志留党查看两年处分。①

此案本属无稽之谈,却让人背负八年之政治包袱,在此期间,李启和虽然依旧在植物园工作,享有一个职工所应有之待遇,继续从事药用植物研究,虽没有打成"现行反革命",而受牢狱之灾,已属幸运。此将处分决定抄录在此,以见其时之政治语境。此后仅三月,"文化大革命"结束,未久即被彻底否定,李启和也得到平反。

二、运动初期之研究工作

"文化大革命"自 1966 年开始;但在 1965 年,在上级党委部署下,已开始突出政治,且政治学习不断。《1965 年庐山植物园工作总结》在列举研究成绩之后,长篇论述思想政治的提高,言"在这一年的过程中,经过思想斗争,全体职工对突出政治的认识是逐步的提高,干部轻政治、重业务的倾向得到一定程度的克服,取得的成绩是突出政治的结果。""但还有少数人完全处于应付,表里不一,坚持资产阶级的世界观。"此处所言干部乃是业务干部,业务即为研究,一般而言,业务与政治并非完全对立,但从事政治工作多了,必然影响业务研究,此将业务成绩归咎于政治结果,乃是政治开始主导一切,此时新开几项课题也就不了了之。

1. 井冈山工作站筹建

大约在 1963 年,中国科学院院长郭沫若和华东分院秘书长到井冈山,认为井冈山植物种类丰富,应该进行植物引种驯化研究。其后国家科委副主任范长江也讲,井冈山是革命根据地,到井冈山参观人员很多,应当兴建植物园。

---

① 庐山革命委员会政治部:《关于李启和同志的处分批复》,1976 年 7 月 17 日,庐山植物园文书档案。

1964年7月26日,井冈山管理局于是开始筹建井冈山植物园,当年下半年组织三人采集小组,在老井冈山、河西陇、荆竹山、金狮面开展植物采集,得标本560号,5 600份。并初步将园址设于老井冈山龙庆县境内。江西省委下达1万元经费,修建平房三间,开辟苗圃4亩,人员9人,仅1人为正式人员,系江西劳动大学毕业分配而来,余皆临时工。曾请陈封怀来井冈山勘察建园,但总体进展缓慢。1964年全国引种驯化学术会议在庐山召开,会后多数代表在俞德浚率领下,上井冈山考察,认为庐山植物园应接手创办井冈山植物园,但其园址欠妥,应另选址。

1965年11月江西省科委呈函江西省人民委员会,报告将井冈山植物园划归庐山植物园领导。其云:"鉴于井冈山是我国革命的摇篮——毛主席亲手缔造的第一个革命根据地,到此参观外宾较多,因而,对井冈山应很好加以绿化和在该地进行一些有关高山植物的栽培驯化工作。为了解决井冈山植物园科研经费和技术力量不足的困难,我委钟平副主任曾口头请示省委有关领导,并征得中国科学院华东分院和井冈山管理局同意,建议将井冈山植物园划归庐山植物园领导,作为庐山植物园的一个工作站,其人员编制、技术力量、经费等均由庐山植物园负责,党的关系仍由当地领导。"[1]当年8月,庐山植物园开始接收井冈山植物园,邀请南京中山植物园主任盛诚桂,并派引种驯化组副组长涂宜刚和一名技术工人,一同前往井冈山考察。关于园址,江西省科委提供花果山、大井两处供选择,盛诚桂勘察之后,认为大井适宜。此处有平地、也有丘陵和山坡,水源好,交通方便,并有革命遗迹,还有可被利用房屋五幢。植物园园址初步确定在大井,其名称初为"中国科学院庐山植物园井冈山工作站",后认为井冈山乃革命圣地,以工作站名之似有不妥,又名之曰井冈山植物园。

庐山植物园之于井冈山植物园不仅是指导关系,派出专业人员3—5人,开展业务工作,并负责人事、经费、器材、设备、行政等事项;初期主要工作为建园,并对井冈山植物资源进行调查,为有计划逐步进行引种驯化研究奠定基础;而党政领导及思想工作由井冈山管理局负责。初步形成共识,庐山植物园乃派刘永书等人前往筹建,随后陈世隆、罗少安对园址作详细勘察,1966年12月编制完成《井冈山工作站总体规划草案》,拟设立经济植物标本园、果树引种

---

[1]《江西省科委致江西省人民委员会》,1965年11月12日,江西省档案馆藏江西省科技厅档案,X106-1-218-080。

区、药用植物区、茶园、水稻农作试验区、木本粮油试验区,此与庐山植物园其时所开展研究项目也有关联。

是年,庐山植物园组织在井冈山调查采集先后有二队:一由赖书绅率领井冈山地区综合考察队,为植物资源综合利用,水土保持及植物引种驯化提供资料。1966 年 6 月 16 日,赖书绅在考察途中,致函园主任,报告采集情况:"在井冈山共调查了金狮石、拿山、河西垄、老井冈山、上草坪、紫竹坝、湘州、竹山等八个点,两个工作组共做植被、植物资源样方 180 多个,采标本 500 余号,及木材标本和其它一些样品,也发现了两种含薯皂素植物——山萆薢和绵萆薢。"另一队由庄杏锡率领,有张若梅、胡金水,采集一阅月。自 10 月 8 日出发,11 月 5 日结束,主要是采集种子,以作交换种子之用和丰富庐山植物种类;采集经济植物树苗,也有为将井冈山作为采种基地而作试探。① 此次采集,井冈山工作站也派员参加。

庐山植物园经费素来拮据,此次回归中国科学院后,不仅园本部事业得到发展,还可向外开拓,在井冈山设立工作站。但要建设植物园,不是庐山植物园所能担负。1966 年 11 月,"文化大革命"已开始,但园址才确定在下井。此时,井冈山植物园有函致科委副主任钟平,对该园情况有所报告:

> 建站基地问题,我们在年初来时,经过一个月的实地调查,觉得草坪尚好,井冈山党政领导也同意,后因垦殖场不同意,就吹了。我们又提出下井,党委常委讨论认为恰当,垦殖场也同意了,但具体办手续上垦殖场总是推脱,直到现在还未签订划界手续。但井冈山常委意见坚决,不管如何,下井是定下来了,不再变动了。
>
> 我们的工作,仍在积极准备中,下井在绘图作初步规划,我们根据你、华东分院和井冈山党政领导机关的指示,今后的工作对象是中药、果树、水稻、旱地山区作物、纤维作物、油料及井冈山丰富的阔叶用材,目的是发展山区经济,丰富山区经济。
>
> 在井冈山建站以来,您是给予了很大的支持和帮助,我们已下定决心,准备在井冈山干一辈子的。当然进展还有许多困难,这是可以解决的。关于井冈山建站经费是要用一些的。除庐山每年投资万余元外,还

---

① 庄杏锡:《井冈山野外采集小结》,1966 年 11 月 15 日,庐山植物园档案。

请省科委每年帮助一至二万元为盼。①

此公函不知何人执笔,从函中"我们在年初来时",可知其为庐山植物园派往井冈山人员。该函之目的是向科委申请一些经费,函中还言:"庐山植物园书记温成胜来过一次,对这里事情很感满意。在经过南昌时,可能会向你报告的。"或者在井冈山,他们感到经费不足,而植物园能力有限,曾商量如何向科委申请;但钟平在该函上批示"经费还是庐山解决"。令人费解,江西省科委怎有推脱之理? 其后,"文化大革命"全面深入开展,井冈山植物园计划遂被终止,庐山植物园人员回到庐山。

2. **南昌红壤丘陵地经济植物样板试验研究**

该项研究是江西省科委根据毛泽东作出"备战、备荒、为人民"战略思想,与江西具体自然条件而下达,意在发展木本粮油,以解决粮食、油料短缺问题;而江西有甚大面积红壤丘陵地区,多为荒山,水土流失严重,需要改良绿化,也是增强农业经济,改变农村面貌之途径。此类研究本属农业科学研究所或者林业科学研究所工作之范围,庐山植物园乃是从事植物学基础研究,于此应用研究尚有一定距离,因江西分院 1961 年改为西山科学试验场,庐山植物园曾在西山设立工作站,开展了红壤经济植物引种工作。1964 年科学实验场取消,其部分职能转交于江西省科委。1965 年江西省科委向庐山植物园下达此项课题,即为组织实施,继续使用先前之房舍和圃地。

课题由朱国芳、罗少安、陈世隆负责,参加人员还有 5 人,开题报告所列研究内容有:样板地区植被调查,总体规划,板栗、桃子、油桐、油茶、柿子、核桃、柑橘等经济植物引种栽培试验,水土保持研究,在五年内完成;项目经费 2 万元,主要建筑试验办公室。

3. **庐山云雾茶稳产、高产、优质和抗寒选育研究**

庐山植物园栽培云雾茶至 1966 年,已有 30 余年历史,尚存在一些问题,未曾解决,如庐山属于中高山,海拔在 1 000 公尺左右,种植茶叶,秋季冷得早,春季回温迟,致使采摘期短,采摘批次少,导致产量低。为解决此类问题,涉及茶树栽培许多方面,但主要是选育抗寒高产新品种。研究路线先在本园茶园

① 《井冈山植物园致钟平函》,1966 年 11 月 2 日,江西省档案馆藏江西省科技厅档案,X106－2－493－033。

中,选择优良植株,引进北方抗寒品种,对所选定和引种品种进行鉴定分析,得出适应性新品种,并予以推广。该课题由王士贤、施海根负责,参加人员有贺传志、张伯熙、虞功保等。当年引种苏联格鲁吉亚六个茶树品种,试种于七里冲茶园。格鲁吉亚茶树原本来自中国,其地较为寒冷,经其育种栽培,已有抗寒性,此将其引回,以观察其对庐山适应程度,择其优者,扦插繁殖,作进一步推广。

图7-3 茶树播种试验

上列1966年新开之课题,仅开展约一年,随着"文化大革命"深入开展,打乱正常工作秩序,各项事业均为暂停。此后几年之中庐山植物园既无工作计划,也无工作总结,可见混乱之一斑,似乎此前之研究均不了了之。

井冈山工作站尚在筹备阶段,其土地使用权一时难以确定,即宣布停办。此后,未曾重提,惟中心地带茨坪两排之水杉,为其时庐山植物园所种植。如今已高耸挺拔,留下历史无声印迹,但知悉者已少。

西山红壤经济植物研究,大约在1967年被江西省科委叫停,植物园人员返回庐山。后于1971年,将木本粮油植物中的板栗一种,在江西省靖安县开展嫁接丰产试验,获得成功。"砧木为靖安县苗圃场栽培之8—10年生实生树,接穗为安徽广德县之大红袍、处暑红、二还早三个品种。""当年开花结果,其中一株座果18个,球果大,刺苞8.4×7.8 cm,果实大,当年即受益,预计五年后达到盛果期。"该项试验成功,乃作出建议:"今后有关部门应加强这项工作,为中国革命和世界革命作出新的贡献。"①

茶树抗寒品种选育因在园内进行,此后 1971 年恢复部分研究时,再为研究,留待后续记述。

三、再次下放到江西

"文化大革命"最初三年可谓是运动最为激烈三年,狂热过后,1970 年,中国科学院开始将其所属京外一些研究所下放到地方。此时中共中央在庐山召开九届二中全会,江西省向中央报告,意将驻庐山省外所有疗休养所归并于庐山统一领导,并将庐山植物园也包含其中。将植物园作为疗养机构,不为中国科学院所赞同,曾派政工组负责人来庐山协调,庐山植物园亦有强烈意见,但不能改变,即下放到所在地庐山革命委员会管理。1971 年 2 月 23 日,庐山植物园启用新印鉴,在通知相关单位之公函云:"接上级指示,我园已移交庐山革命委员会直接领导,原'中国科学院庐山植物园'改名为'江西省庐山植物园',从即日起启用'江西省庐山植物园革命委员会'印鉴。"也自此时,庐山植物园党支部书记、革委会主任由慕宗山担任。慕宗山(1923—1996 年),山东荣成人,1943 年加入中国共产党,任容城县龙山区抗日青年救国会主任,1946 年任胶东军区政治部等机构联络干事,1949 年后仍在部队,任 20 军独立高炮营政委,1965 年转业,分配到中国科学院华东分院,再由华东分院调派来庐山植物园,至1983 年 12 月离休。

图 7-4　慕宗山

"文化大革命"之后,江西省将科学技术委员会撤销,至 1971 年江西省革命委员会成立计划委员会科技组,乃将庐山植物园归于该组管理,但隶属关系不明。两年之后,因国

---

① 庐山植物园:《板栗优良品质推广工作总结》,1971 年,庐山植物园档案。

家有对职工增加工资安排,植物园乃具文就隶属关系问题,上书有关领导,希望得到解决。该文在历数植物园历史和在研究上所取成就之后,如是言:

> 下放后至今,隶属领导关系不明确,我们是层层下放,隶属庐山。以致形成业务无人过问,近两年来,我们从未得到有关业务指示文件。为明确隶属领导关系,争取省科技组加强领导,我们曾先后三次向科技组汇报,省科技组军代表张同志答复:"省科技组是个办事机构,不直接领导任何单位,并称庐山植物园下放归九江地区,早已下达文件。"我们又去九江地区指挥部汇报请示,地区生产指挥部负责同志答复:未接到省里的通知。并当即查阅文件,未有关于庐山植物园下放至九江地区的文件。这次为了调整工资问题,又就我园隶属关系询问省科技组,答复:"不管有无文件,已决定归地区管。"我们又向地区科技组汇报,没有明确表态,说你们是个专业研究机构,设备齐全,我们经费其他供应都有困难,管不了。唯一承认接管我们是庐山革委会。①

运动之中混乱,让植物园处于尴尬境地。其经费来源也成问题,1972 年植物园向江西省计委科技组报告经费拨款途径问题:

> 我园原系中国科学院管辖,于 1971 年下放省里。原属科学院时每年经费开支近 14 万元,下放地方后,中央财政部按科学院报告指标,每年拨款为 13 万元。1971 年为 13 万元,而实际开支 141,326 元;1972 年拨款 13 万元,但接九江地区革委会计委下达经费通知,我园经费为 10 万元。派员去询问,据地区科技组负责同志说,今年省里拨给地区是 16 万元,若拨给植物园 13 万元,那么地区科研经费就没有了,要求我们写报告请示省里。②

此事不知其后如何解决,或者自下年明确由省科技组领导,才没有这类问题。

---

① 庐山植物园党支部、庐山植物园革委会:《庐山植物园情况报告》,1972 年 7 月 15 日。
② 庐山植物园:《关于我园经费拨款问题的报告》,1972 年 23 日,庐山植物园档案。

"文化大革命"以来,科学事业遭到极大破坏,机构被撤销,或被下放;研究人员被批判、斗争、下放,高级知识分子被打倒成"反动学术权威",几无研究之可言。但是,此时对"文化大革命"所造成之劫难,并未有所认识,尚不能从根本上进行扭转,只是有所降温而已。

在激烈运动之中,研究机构主要任务即从事运动,庐山植物园不仅中断正常研究活动,而且园林因无人管理而被荒芜。在此期间,也接到上级要求开展研究项目之通知,如1966年、1967年两年,江西省均从相关机构抽调人员,组织薯蓣资源调查队,在江西境内进行调查。1968年继续进行,仍是以抽调人员方式,植物园接到江西省革命委员会生产指挥部计科组5月27日通知,要求增派10人参加。后是否增派,未见下文。又如1969年6月18日中国科学院转发卫生部"关于全国避孕药研究规划草案",为贯彻1968年6月18日周恩来给卫生部关于计划生育研究工作的五点指示,要求院属有关研究所承担研究避孕药任务,庐山植物园接到此指示,并未立即组织实施。

图7-5　1970年,庐山植物园职工在牯岭隧道前合影。前排左起陈世隆、吴丁香、□□□、方育卿、孔金花、侯觉民、□□□、虞成琴、张伯熙;二排左起宋学德、户向恒、军代表1、单永年、军代表2、丁占山、慕宗山、施海根、虞功保、毛河源、程光武;三排左起汪国权、薛仁保、张鸿龄、黄大富、王文品、杨涤清、黄演濂、涂宜刚、胡沐昌、潘仔清

1971 年，植物园下放江西后，政治运动仍然是工作主要部分，其次是研究和生产。研究题目如下：《薯蓣皂贰的微生物分解研究》《中草药避孕药研究》《外伤止血药研究》《薯蓣含高质引种》《茅栗家化改良研究》。生产则是设立药厂，生产喜树碱、薯蓣皂素，还有农林生产如茶叶、蔬菜、药材、养猪等。1959 年设置的自给自足一套体系一直在延续，未曾撤销。有些研究项目，后来延续相当长一段时间，此介绍"五七"制药厂。

"五七"制药厂成立源于其时政治经济新形势。1966 年 5 月 7 日，毛泽东给林彪复信，即"五七指示"。信中说：军队应该是一个大学校，这个大学校，学政治、学军事、学文化。又能从事农副业生产，又能办一些中小工厂，生产自己需要的若干产品和与国家等价交换的产品。8 月 1 日，《人民日报》发表社论《全国都应该成为毛泽东思想的大学校》。两年之后，首先有"五七"大学开办，1970 年为落实"五七指示"，一时间，"五七"工厂、"五七"农场、"五七"干校、"五七"大学、"五七"中学、"五七"医院等，遍布全国[1]。1971 年，庐山植物园在庐山革委会支持下，也有"五七"制药厂设立。该药厂人员有王喜林、曾友仁、杨涤清、盛晋英、陈振华、桂少初，由王喜林负责。

"五七制药厂"成立后首先是提取喜树碱。该天然物系美国国家癌症研究所（NCI）于 1966 年发现[2]，具有抗肿瘤作用，其时国外在化学、药理及临床应用等方面已发表了不少相关文章。但植物园向庐山革委会报告云："（喜树碱）我国有关部门试制成功，赶上和超过了美帝，并在临床实践中证明对胃癌及白血病有较好疗效。五七药厂广大革命职工进行了广泛深入讨论，在七一年元旦前奋战五十天，拿出喜树碱。"[3]该报告目的是为提炼喜树碱而申请经费，以购买原料、设备等，将实验室提取方法搬到车间。然而车间设备实在简陋，请看其时之记载：

> 首先碰到的是没有设备，从庐山回收的废旧钢铁中，找了几个破茶水锅炉，几个从来没有搞过设计的同志凑在一起，弄出了一个方案，请了一个未加工过的设计单位——庐山一级电站协作，花了近四个月的时间，才

---

① 张雷声，董正平主编：《中国共产党经济思想史》，河南人民出版社，2006 年，第 295 页。
② 郝鹏飞，刘富岗主编：《天然药物化学》，吉林大学出版社，2014 年，第 341 页。
③ 《庐山植物园革命委员会致庐山革命委员会》，1970 年 11 月 3 日，庐山植物园文书档案。

加工出来一个浓缩回收酒精的浓缩罐,和一个既能渗滤用又能赶酒精的
投料罐;没有列管式冷凝器,便用一组暖气片泡在水箱里暂代替。①

　　如同"大跃进"运动时期,在浮夸声中开始生产,"抗癌新药喜树碱,内外交
困的美帝国主义,搞了十五年,我国的科研单位、生产单位,只花了一年时间,
就成功地制出来了。江西庐山植物园、江西庐山制药厂参加了在上海举行的
喜树碱鉴定会后,在园厂党组织、革委会的领导下,组织了有关人员,也成功地
提得了喜树碱结晶。"②即用所得喜树碱制成注射液,且在九江市第一人民医院
应用于临床,据说有一定疗效;但是否合乎要求,是否真的用于临床,令人怀
疑。1971年药厂生产喜树碱同时又生产薯蓣皂素,而此时负责人改为汪国权,
8月其有函呈植物园革委会,有云:"药厂半年以来,基本上无领导,形成半瘫痪
状态。四好初评之初,慕主任虽然指名要我暂时抓一抓,但由于问题成堆,以
及长期养成的不良之风泛滥,远非我一人之力能够解决。""生产皂素原料——
薯蓣,武宁收购的眼下仅有三四车,车间快有断炊之危,似宜速派采购员赴武
宁、婺源等地采购。今年上半年已亏损1.5万元之巨,如下半年备料不足,不
仅无法弥补上半年亏损,而且将使亏损之堤越垒越大。"③由于人员涣散,面对
此诸多问题,药厂不得不停办。停办时间或者即在是年年底。当初为开办药
厂还招来一些年轻工人,停办后有些即留在植物园工作。
　　植物引种驯化是植物园基本工作,而种子来源系通过国际植物园间种子
交换。庐山植物园为恢复研究工作,1971年9月收到美国生物学家汉特来函,
要求进行种子交换,为此向江西省科技组请示。国际间种子交换在1966年被
全面叫停,但偶有例外,因中国与阿尔巴尼亚保持特殊关系,1969年6月庐山
植物园经中国科学院同意,向地拉那大学提供15种植物种子和苗木。此次要
求进行较广泛种子交换,植物园之请示云:"庐山植物园历史较久,植物种类丰
富,在世界享有较高的声誉,而且与世界各植物园及有关大学有长期友好往
来。我们认为,在国家允许出口的植物种子范围内,进行友好交换,也是根据

---

① 庐山植物园、庐山五七药厂:《高举红旗闯新路——抗癌新药喜树碱的试制和生产》,1971
　年11月17日,庐山植物园文书档案。
② 庐山植物园、庐山五七制药厂:《高举红旗闯新路——抗癌新药喜树碱的试制和生产》,
　1971年11月17日,庐山植物园文书档案。
③ 《汪国权致庐山植物园革委会函》,1971年8月4日,庐山植物园文书档案。

中央开展外事活动,增进与世界各国人民的友好团结的途径。"①科技组根据1971 年外交部和中国科学院转发国务院"关于停止与美国进行科技资料交换问题的请示报告"回复植物园。该报告云:"停止与美国各单位有关科技学报及其他科技资料的交换,对美有关要求继续保持这种交换关系和要求继续得到我方科技资料的来函,均不回复,对美方今后主动向我寄来的科技刊物和资料,如来件无任何政治问题,均收下不理。"②由此也可知悉恢复研究,只是有限之恢复。此后国际间交换只是有限恢复,但 1975 年植物园工作逐步走向正常之后,种子交换主要在国内交换。是年与 66 个机构进行交换,其中国内 50个、国外 16 个。

四、初步恢复

1972 年 8 月国务院科教组和中国科学院,向中共中央、国务院请示批准召开全国科技工作会议,力图在继续进行"文化大革命"运动中,改变无序之状况,于是全国科技会议召开之后,各省又召开科技会议,至此科学事业得到进一步恢复,庐山植物园也因此获得一些生机。1973 年,庐山植物园隶属江西省革命委员会文教办公室科技组已确定,而国家从政治运动向恢复正常工作也有所迈进。是年,植物园对园下属机构予以调整,在慕宗山主持园党支委扩大会议上研究决定,设立五个研究组,并确定各组研究方向,组长和组员。

引种驯化组:有计划广泛引种与单项引种,总结引种成功之优良种类之繁殖栽培技术,承办处理园内外种苗交换,通过驯化不断丰富本园栽培植物种类。管理药圃、播种温室、地下温室、杜鹃温室、温框。组长朱国芳、副组长李启和,组员 11 人。

植物分类组:调查采集江西植物标本,并进行分类学研究,管理植物标本室。组长聂敏祥、副组长赖书绅,组员 5 人。

园林组:园林建设体现科学内容与美丽外貌相统一,为科学普及服务,与

---

① 庐山植物园革委会:《关于恢复对外种苗交换的请示报告》,1971 年 9 月 23 日,庐山植物园档案。
② 江西省革委会计委科技组:《复庐山植物园革委会函》,1971 年 10 月 18 日,庐山植物园档案。

生产实践相结合。从事园林规划设计、繁殖苗木新技术、研究园内植物主要病虫害防治、管理各展区,不断充实新种类,建立引种档案。管理展览温室、苗圃、园林、山林、园林建筑。组长涂宜刚,副组长刘永书,组员 17 人。

茶果组:选育云雾茶抗寒新品种,防治茶树病虫害;选择驯化改良庐山野生果种,为发展山区果类提供经验和资料。管理茶园、果园。组长虞功保、副组长黄演濂,组员 16 人。

化验组:以化学方法分析引种植物质变情况,有计划发掘有经济价值之新植物。组长曾友仁,组员 6 人。

各组人员合计 63 人,再加图书、仪器等管理人员 6 人,行政管理人员 16 人,另有生产组人员 7 人,全园职工 94 人。此后这种格局一直延续十余年,实现改革开放之后,只是将茶果组分解,其他照旧。如此组织机制能延续十几年,则可说明植物园在慕宗山领导下,至少在体制上一步到位,其后变动只是将研究组改为研究室,以及人员调整和增减。由于从运动混乱之中走出较早,故其工作业绩曾一度走在学界前列。如下列述其研究工作和园林建设。

1. 主要研究项目

备战外伤止血药研究:该项研究始于 1970 年 4 月,由庐山植物园、中国医学科学院血液研究所、中国人民解放军一七一医院合作进行。从 127 种中草药中筛选出枫香,制成粉状物,止血效果好,并有消炎作用,且毒性及副作用小,初名之"庐山协作止血粉"。1973 年在上年工作之上,对药用植物不同产地,以同样方法提取加工,对比试验,有效成分不同,含量不同,与国内先进产品本京新甲型 25 号对比,得出明确结果。该止血粉系用明胶与地聚合度的聚乙烯共彷成纤维,浸上枫香树之叶提取物和小檗黄连素而制成纤维型止血剂。先后对 270 条狗,约 2000 次试验,止血迅速可靠。在狗的脾脏平均止血时间 1 分 30 秒,止血率 100%;动脉全断平均止血时间 3 分 48 秒,止血率 90.46%。1973 年还试用于临床 57 例,无论外部内部创伤出血,均获良好效果,试用单位普遍反映较好。此后在临床上进一步试用于 860 例出血患者,对中小动静脉、毛细血管出血止血迅速可靠,止血率达 97%,未发现患者有明显不适。1979 年曾以研究成果上报。

该成果只是阶段性成果,但枫香叶提取物在植化、药理等方面尚需深入研究,1982 年 1 月中国科学院上海有机化学研究所对此发生兴趣,与庐山植物园合作,进行有效成分的化学分离和结构分析研究。植物园提供粗提物,由植化室派王永高参与；有机化学所负责有效成份分离纯化研究，结构鉴定、有效成份药理配合等事宜也由有机化学所负责联系落实。该项合作研究两年之后，进展无多，乃为放弃。

中草药筛选避孕药实验：植物园组建植物化学实验室为时甚晚，不仅技术力量有限，设备也甚简陋。在准备从事此项研究之时，一是将研究人员送出学习，如张伯熙在中国科学院植物所植化室学习三个月，王永高则在中国科学院上海药物所学习；一是寻求与有能力机构合作，方才得到提高。由于上海与庐山稍近，即选择上海药物所。且因有人在该所学习，而该所所需实验材料，植物园为之提供，易建立合作关系。

1971—1972年植物园筛选27种植物，如柿蒂、栀子花、棕树根、土茯苓等，在此基础上发现栀子花对动物（白鼠）抗着床、抗早孕有初步效果，并发现栀子花对白鼠中期妊娠有中止作用。实验所用白鼠为上海药物所代购。1973年重点做栀子花提取物对动物引产试验。一年的提取物样品50余个，实验样品40个。最新层析分析样品纯度大大提高，共进行125次大小白鼠实验，使用白鼠757只，加妻性反映实验800余只，发现引产效果显著样品有4个，至于起引产作用是栀子花系何种成份，有待进一步研究。至1976年，曾友仁报告如下研究进展：

> 植化工作：在摸索分离提取方法的同时，分离得到 E_{44} 及 E_{47}；对 E_8 的打样提取以及在基础上分离出20多个植化样品。药理实验：进一步验证了 E_8 对大白鼠抗早孕的疗效；在普筛植化样品对 E_{44} 的疗效进行观察；对大动物——狗的抗早孕模型的初步摸索，并对植化样品 E_{47} 作抗早孕效果观察。[①]

此后，庐山植物园依旧与中国科学院药物所合作，进行抗早孕药物研究，得出结晶 E_{97}。"文化大革命"结束之后，国家更加感知人口数量巨大之压力，计划生育提升为基本国策，该研究得到进一步重视。1978年8月26日至28日，由江西省计划生育办公室主持召开栀子花抗早孕研究协作组阶段小组会议，来自江西省文办科技组、中国科学院药物所、庐山植物园、江西省卫生局、

---

① 曾友仁：《中草药栀子花抗早孕的研究》，1976年6月29日，庐山植物园文书档案。

江西省第二人民医院等机构 15 人参加会议。会议报告江西省二院 E_{97} 临床 12 例观察结果,虽有一定作用,但没有达到预期目的。会议对下一步工作进行部署,继续对 E_{97} 进行临床验证,并借助辅助药物,提高临床效果,由药物所负责组织。50‐6 临床观察由江西省二院承担,其药材 100 公斤,由庐山植物园提供。

虽然会议认为需要继续进行,但中国科学院药物所在会议之前,已预告临床效果不大,且作出放弃之决定,随后即为放弃。其后,植物园独自继续,以张伯熙为主几人投入其中,1983 年完成 40 克生药"1225"的分离,得结晶 9.14 克等,所得结晶样品送至上海药物所,但未得到回馈;此外查阅国内外文献,写出综述《栀子属植物的化学成分》一文。

天麻引种研究:1973 年秋开始,与省药材公司合作,共同组成调查组,对赣西北天麻引种情况作初步调查,探讨天麻生长及其对自然环境要求,总结出合理栽培方法,得到各引种生产单位欢迎。经过几年研究,天麻在宜春引种试种面积不断扩大,预计在三五年内能成为商品。1975 年由省医药公司上报省文办科技组,天麻研究列入全省重点课题,与庐山植物园继续合作,对天麻稳产、高产等技术措施进行研究,并解决种源问题。在宜春试种,种植点由四个扩大十九个,结果增产较大,最大个体达 8.5 两。在庐山植物园内也曾种植,进行对比试验,不同种源对比、不同环境对比、不同栽培深度对比。得出结果如下:植于潮湿环境易腐烂,四川、贵州种源生长粗壮,吉林种源则瘦弱,栽种不宜过深等。

承担《中国植物志》之大风子科、旌节花科编研:《中国植物志》1958 年开始编写,直至 2004 年出版最后一卷,全书 80 卷 126 分册,集合全国植物分类学者参与编撰而完成。初编之时,乃是摸索,未将全部任务分配下去,且时编时停,进展缓慢。1973 年在广州召开重启编撰会议,庐山植物园朱国芳前往参会。此次会议之后,将未完成或未开展的科属重新计划分配,庐山植物园承担其中大风子科和旌节花科,分别由赖书绅、单汉荣承担。植物园承担国家级课题,十分荣幸,故甚为重视,当年即翻阅文献和标本,摸清两科植物在中国分布情况。大风子科(Flacourtiaceae)共有 17 属 70 余种 7 变种和 1 变形;旌节花科(Stachyuraceae)仅有 1 属 16 种 3 变种。由于植物园资料不足,还前往广州华南植物所查阅。1974 年到云南、贵州、广西、湖南、湖北、南京、上海等地借阅标本和查阅资料,抄录和复制两部大风子科专著。1958 年之后,庐山植物园即无人做过专科专属分类学研究，此为首次，即而发现园内所藏两科模式标本稀少，资料不全，虚空之象显现，希望领导重视，补齐一些资料；其实只要有研究目的，才有某些类群的资料积累，形成特色；此前也在搜集，只是泛泛而已。查得云南植物所吴征镒研究甚多，乃决定前往昆明。

承担《中国植物志》编写，基于庐山植物园自建园开始即一直从事植物分类学研究，标本室收藏量达 10 余万号，江西标本基本齐全，甚为珍贵。中苏珍宝岛战役之后，1970 年国家动员备战，曾将一些特别珍贵标本抽出，另为特藏。1973 年国际形势缓和，又将标本归一；然 1950 年以来，未曾消毒。是年国庆假日，大楼无人上班，乃将近 10 万号腊叶标本和未装订 6 000 余份标本进行一次大消毒。消毒之后，整个标本柜放上樟脑丸，以防虫害。

1973 年《中国植物志》恢复编写后，编委会准备在庐山召开一次会议。时陈封怀住山，指导珠江电影制片厂拍摄《庐山植物园》纪录片。俞德浚致其函云："昨与大崔(崔鸿宾)谈植物志编委会，拟在本年秋冬召开。……会议地点在庐山，有很多优点可以考虑。但到冬季，庐山交通恐有不便，弟建议在十一前后，不知如何？ 请与庐山负责同志交换意见，可由庐山方面主动提出建议，寄编委会，以便召开常委讨论决定。"庐山植物园对此深表欢迎，报告江西省科技组后，致函编委会；但编委会会议其后并没有在庐山召开，而是延至 1977 年由编委会组织召开"学习唯物辩证法经验交流会"，百余名编写人员参加。其时，编委会并未能从意识形态中解放出来，虽然出席会议人员心情舒畅，提出，"把四人帮干扰和破坏科学事业所耽误的时间抢回来，为在本世纪内实现四个现代化，为赶上和超过国际先进科学水平而努力奋斗！"[1]但是人们的思想已被禁锢，认为在分类学界，从十八世纪的林奈时代直到现在，始终存在着辩证唯物主义和唯心主义、形而上学之间尖锐的斗争。与会者提交之论文涉及分类学和编志诸多方面，有揭发批判"四人帮"对分类学研究和编志工作的破坏和干扰，有批判分类学领域中的唯心论和形而上学的，有总结编志工作人员学习自然辩证法的经验，有运用毛泽东哲学思想探讨分类学的基本原理，有学习唯物辩证法处理种、属划分的心得，有深入实际、向群众调查研究、搞好编志工作的体会，还有关于近代分类学的进展以及有关学科与分类学关系的介绍等。

① 植物杂志编辑部：《〈中国植物志〉编委会"学习唯物辩证法经验交流会"在庐山召开》，《植物杂志》，1977 年，第 5 期。

图 7-6 1977 年 5 月，《中国植物志》编委会组织庐山会议，部分人员在庐山植物园合影。前排左起溥发鼎、刘玉壶，左四起吴征镒、俞德浚、陈封怀、单人骅、慕宗山、曾沧江、孟昭凡、汤彦承；二排左起张少春、聂根英、□□□、陆玲娣、丁志遵、陈书坤、洪德元、□□□、李朝銮、张本能、胡嘉琪、□□□、夏振岱；三排右起张鸿龄、杨涤清、朱国芳

　　庐山会议之后，社会思潮很快进入思想解放时期，过去念念不忘的意识形态很快被唾弃。其后，几乎无人再提以唯物主义指导分类学研究，也就无人再提 1977 年 5 月 9～18 日在江西庐山举行的此次会议。

　　优良用材树种推广：庐山植物园成立之时，即以选育优良树种，为植树造林服务，故对松柏类植物引种可谓不遗余力，且持续进行。松柏类植物不仅成为植物园之特色，也为园林绿化和荒山造林提供优良树种。1974 年，江西省科技组指示，将植物园多年来引种的优良速生用材树种，及在庐山已有大面积造林成功的树种，在江西省内选点推广，为各地建立小型样板林、采穗圃等。据此，庐山植物园向平原水网地区推荐种植水杉、池杉等；向中高山地区推荐种植日本柳杉、日本扁柏、日本花柏、细叶花柏、大叶花柏、日本冷杉、金钱松、黄山松等。1972 年在乐平白土峰林木良种场、南昌县白虎岭林场，1975 年在进贤三阳公社、安义峤岭林场、分宜芳山林场等地大面积种植相关树种，至 1976

年均生长良好。

2. 园林景致恢复

"文化大革命"开始，植物园人均投入激烈之政治运动，无暇顾及研究，也无暇顾及园林，任其荒芜。不仅如此，为了服务于政治运动，还要牺牲园林。草花区园林布置采用西方规则式园林风格，在草坪中，有两株对称高大之铁杉。1970年夏，中共中央九届二中全会在庐山召开期间，林彪拟将草花区改建为直升飞机之停机坪，植物园接到任务后，连夜砍去两株珍贵铁杉，当时估价每株在5千元。其实，此类损失不能用金钱来估计，草花区自此陷入半荒芜状态。1973年虽然开始恢复，但未曾恢复昔日风格。仅是种植花卉如大丽花、美人蕉、唐菖蒲等30余种，使之夏季有花供游客欣赏，并保持草坪完整。在山谷之中，有面积如此之大，且有平整之草坪，也可称道。

恢复园林景致，不仅园林建设自身之需要，也是庐山对外开放之需要。其时国家公布不多开放区，向来华外国人开放，庐山名列其中。来华外宾，即有被安排往庐山旅游参观，植物园美丽园林景致和科学内涵，成为国家之颜面。庐山植物园早已成为庐山一个景点，势必恢复。

植物园中心为温室区，大小温室四幢，温框十余个及荫棚一个，诸温室均建于1957年之前。其中最大者为展览温室，主要建筑材料为木材，在"文化大革命"之前因木材腐化，有些即应更换和维修，此又去几年，已损坏严重，庐山党委一再督促修理。1972年6月，植物园于是向江西省科技组申请经费，向中国科学院申请木材、钢材等物资。拟将温室木料予以更换，重新安装玻璃，且油漆粉刷，使之焕然一新；荫棚拟将木结构改为钢结构，涂上防锈漆，使之经久耐用；但是江西省科技组并未批准经费，也就未动工，一直破破烂烂，勉强维持。待1974年才落实到经费，开始解决此大难题，但年底尚未完工。但自1973年开始引种温室植物，当年到南京、福州、漳州、厦门、广州等地，引进81科360余种，栽培2000余盆。其时温室冬日取暖，则依靠燃煤之火炉，当年深秋园林组就取暖问题有这样请示："为解决花房保温问题，需要领取火炉和烟筒，若大火炉（用汽油桶作成）需要三个，烟筒40米；若小火炉需要6个，烟筒60米。"1974年由于温室在修缮中，仅是进行换盆和繁殖一定数量苗木。至1977年才安装一座一吨卧式蒸汽锅炉，温室则安装暖气片，大大提升冬季植物生长条件。尤其是冬日，外面冰天雪地，进入温室，不仅温暖如春，且鲜花不断开放，真是别有洞天。

温室区室外广铺草坪,在草坪之上种植矮小珍贵松柏类植物及部分阔叶灌木,广而不乱,与温室融为一体。此时,先前种植者均已长得高大,乃将其移走,重新种植。荫棚修复之后,种植稀有名贵中草药,及庐山蕨类植物。

此时对岩石园、松柏区、杜鹃区、鸢尾区也加强管理,更换植物名牌,使之眉目清楚。于岩石园作精细管理,普遍换土,且做防寒处理。1974年到安徽黄山挖苗采种60余种,并在庐山本地山上山下采挖植物,丰富岩石园种类。是年对各展区植物建立档案,岩石园有400余种,松柏区70余种,杜鹃16种,鸢尾10种。

在园林整治之同时,还对园区道路进行维护,种植行道树,园林面貌焕然一新。由罗少安绘制中心区示意图,竖立于入园大门百米之三逸乡石刻处。其时,珠江电影制片厂来园拍摄《庐山植物园》纪录片,为留下美好历史影像,也是加大园林整治力度之原因。

3.《庐山植物园》纪录影片拍摄

1974年夏,珠江电影制片厂派摄制组来庐山,拍摄纪录片《庐山植物园》,由李耀光编导。该片剪辑成片后,全长24分钟,在全国放映十余年,既普及了植物学知识,也提升了庐山植物园声誉。此事源头今不得而知,但在拍摄期间,陈封怀来庐山小住,指导拍摄,或者由其联系而来。陈封怀来山还邀请其老友南京林学院教授叶培忠,香港作家冯伊湄同来庐山,参与拍摄。叶培忠系树木育种专家,与庐山植物园交往深厚,不仅1934年8月参加植物园成立盛典,还介绍学生汪菊渊来园工作;其后叶培忠从事树木育种试验,庐山植物园为其提供材料,此来庐山还与植物园共同研究针叶植物,合作写文一篇。

其时拍摄电影非寻常之事,庐山植物园将此视为重要工作,几乎举全园之力,与之配合,不仅将园林景致整治出最美状态,还将研究工作尽可能展示。拍摄地点不仅在庐山,为了增加其丰富性,还至国内相关地方拍摄素材。汪国权参与其事,在陪同在庐山之外摄制期间,有函致园中,报告行止,时在1974年11月。其云:

> 离山已近半月,现将工作汇报如下:13日安达宜春,由于地县药材公司热情接待,大力支持,拍摄工作完成得较好。21日离开宜春,直奔杭州。这次我们吸取上次经验教训,没有去找杭州植物园,直接到浙江省委宣传部,得到当地领导的支持,使得拍摄工作迅速完成。24日离开杭州,经上

海中转去南京,于 26 日抵宁,非常感谢南京地质古生物研究所的领导,在困难的条件下,为我们解决了住宿问题。今天(27 日)上午我们去古生所看了水杉的化石,得到古植物室(二室)的同志具体帮助。拟明日到江苏省电影制片组借灯光后,迅速拍掉。估计月底可离宁。由于路上耽误了些时间,李、庞两位准备直接去武汉,我则在九江下船回山一次,取些资料及衣物,再赶到武汉,拍完利川水杉后,便与他们取道武汉去广州。①

摄制组在宜春,是拍摄天麻种植成功;往杭州拍摄什么则不清楚,往南京拍摄水杉化石,往利川拍摄生存之水杉。其时,交通不便,如此辗转多地,即便住宿也有困难,何况还有舟车劳顿,旅途艰辛,可以想见,不辞劳苦,为求完美。

图 7-7　在拍摄纪录片期间,恰逢庐山植物园建园四十周年园庆,职工合影纪念。前排左起赖书绅、陈世隆、张鸿龄、虞功保、李庆、叶培忠、陈封怀、慕宗山、关克俭,前排右起朱国芳、单永年

珠江电影制片厂于 1975 年 3 月制成样片,送交植物园征求意见。植物园组织全园职工观看多遍,并座谈讨论,形成诸多意见,最后由园党支部、园革委

---

① 《汪国权致慕宗山函》,1974 年 11 月 27 日,庐山植物园文书档案。

会归纳整理,致函制片厂,请求修改。摘录如下:

> 一、关于这部影片主题思想:我园一致认为该片反映了庐山植物园经过无产阶级文化大革命和批林批孔运动,遵照毛主席的革命科研路线,科研为无产阶级政治服务、为工农兵服务、与生产劳动相结合的革命景象。
>
> 二、影片科学性方面:我园所进行的科研项目,基本属于应用推广研究,影片基本上反映了我园当前的研究水平。1.天麻的引种,生活史的归纳,放在生活史的后面为好。2.优良树种推广是我园科研的一个重要方面,影片对此反映不够,建议增补。3.茅栗的改良,目前仅有苗头,建议解说词不要说得过分。4.我园许多研究活动是在园内展区进行,影片分区介绍过略,建议作适当介绍。5.园内自然条件是引种驯化研究的依据,解说词中没有提到,建议补上。6.种苗交换是引种驯化研究组成部分,我园虽与国内、国外有关单位建立这种交换关系,但以国内为主,影片和解说词都没有明确反映这点。
>
> 三、有些属于落后技术方面镜头,如手工炒茶,竹竿打板栗,建议删除。
>
> 四、根据文化部刘庆棠同志和庐山党委有关负责同志的意见,应有序幕式镜头,我们的领导认为应有庐山代表性的镜头,从庐山引到庐山植物园。①

今将该函和影片相对照,可悉植物园其时之政治风貌,在女解说员高腔声调中,得到很好体现;当然,此非植物园独有,全国皆然,时代使然。影片所展示园林景致,说明植物园自 1973 年开始整治,得到很好恢复,此在"文化大革命"之中其他地方并不多见;植物园其时之研究项目,大多在影片中得到记述,但自认其研究属应用推广研究,则是忘却纯粹理论研究之初衷。具体修改意见,并没有被制片厂完全接受,如手工炒茶被删除,而竹竿打板栗则保留;序幕式镜头有增加、种子交换也有增加;但茅栗改良还是保留。制片厂得此意见作修改之后,9 月间植物园又派施海根、汪国权、余水良赴广州,与制片厂共看改

---

① 庐山植物园致珠江电影制片厂,1975 年 3 月 14 日,庐山植物园文书档案。

后之片,再商需要修改之处,如品尝庐山云雾茶场景在广州重拍;对女声配音解说要求改为男声,"现在配音解说的是女声,气力不足,且无感情,有些话冲口而出,木然得很。我们建议改用男声,要求声情并茂"①,但并未如植物园之愿,最终还是女声。

图7-8 珠江电影制片厂拍摄《庐山植物园》纪录片之片头

也许植物园人到广州商量修改未久,该片即为杀青,其片尾署名时间为1975年9月。该片全国发行之后,1976年6月,俞德浚在北京尝为观看,致函园领导慕宗山时言及之:"从电影片中看到你园气象一新,科学研究工作有进展,各兄弟园应该向你们学习,特表敬意。"俞德浚所言,或是对庐山植物园此时期工作予以中肯之赞誉。

① 《施海根、汪国权致慕宗山函》1975年9月22日,庐山植物园文书档案。

第八章

DIBAZHANG

奋起六年

（1977-1983）

1976 年底"文化大革命"结束,至 1979 年中共中央十一届三中全会作出否定"无产阶级专政下继续革命"的错误理论,否定"文化大革命",拨乱反正,实行以经济建设为中心,以改革开放为基本国策,并提出在二十世纪末"实现四个现代化"之宏伟目标。在此背景之下,庐山植物园根据国家政策对历次政治运动中受到冲击者予以平反。"实现四个现代化",关键是科学技术现代化,而实现科学技术现代化关键是依靠科学技术人员,即落实一系列知识分子政策。庐山植物园科技力量是"文化大革命"之前大学毕业后入园者,在尊重人才、尊重知识背景下,成为科学研究的中坚;但从政治运动中走出,不堪回首,然人到中年,尚无成就,当奋起直追。

一、拨乱反正,落实政策

1976 年 10 月,中国现代历史发生重要转折,"文化大革命"结束。运动过后,1977 年国家科学研究事业首先是恢复机构,中国科学院将在运动中下放到地方研究所收回,但庐山植物园却未列入收回之列,植物园获悉后,曾为争取,于 1978 年 3 月向中国科学院报告,要求恢复院省双重领导,并将该报告抄报江西省革委会文办科技组。其云"根据邓副主席在全国自然科学学科规划会议中的指示精神:科学院机构要配套,下放单位凡担任全国任务的要收回。为了加强对庐山植物园的领导,发挥专业队伍的积极作用,我们要求恢复以科学院为主的院省双重领导。"① 但是没有得到批准。庐山植物园在"文化大革命"后期得到恢复,比其他研究机构被解散要好很多,在园主任慕宗山看来,收归中国科学院是迟早之事,故未作更多努力,岂不料此后渐行渐远。

---

① 庐山植物园:《关于恢复庐山植物园院省双重领导的报告》,1978 年 3 月 9 日,庐山植物园文书档案。

1979 年中共中央十一届三中全会召开，号召"解放思想"，改革开放，将工作重点转移到经济建设上来，知识分子是工人阶级的一部分。其时，国家对研究所管理模式，采取党委领导下所长负责制，庐山植物园也以党支部领导下园主任负责制。慕宗山担任主任多年，深感植物园学术使命重大，自感难负此重任，乃向上级请示，调派得力之人来领导。1979 年 8 月乃有秦治平调入，任园主任，慕宗山则改任副主任。秦治平(1920—2014 年)，山东蓬莱人。1945 年在沈阳考取八路军冀热军政学校，1946 年 1 月分配到中国人民解放军第四野战军司令部第三处总务科，任行政管理员；1952 年转业调庐山邮电疗养院。来植物园之前，任江西油咀油泵厂副厂长。秦治平为一般行政领导干部，而非专业人士，调来植物园任园主任，且已年近六旬，乃是其时，有一批老干部也需要落实政策，另一方面国家对研究机构领导配备仍在延续旧有模式。好在秦治平在其主持时期，仍对慕宗山以尊重，合力推动事业发展。

图 8 - 1　秦治平与来园调研之江西省科委主任文汉光一行合影。前排左起胡淑娥(植物园办公室文书)、文汉光、秦治平，右一朱而义(植物园办公室主任)；后排左一陈世隆。

在迈向新的征程之际，先对历次政治运动遭受冲击者予以平反。主要有老干部和知识分子两类人群。庐山植物园老干部温成胜此时已调离植物园，故无多少工作可做，但其他机构则有不少人员需要安排，除秦治平外，还有王凡、朱而义也在此时来园。王凡参加革命资格更老，来园之后，不问任何行政事务,好读书,研究马列主义甚勤,2018 年去世后,其子女将其收藏此类图书 2 千余册,悉数捐赠给植物园图书馆。朱而义则任园办公室主任。

关于落实知识分子政策,庐山植物园事务则甚多,在党支部直接领导下,成立落实政策小组,于 1979 年开展此项工作,是年《工作总结》云:

> 本着对党、对人民负责的精神,实事求是,有错必纠。对一九五七年被划右派,反右中有右派言论,作过结论,受过党、团纪律处分的,认真重新审查。对文化大革命的冤假错案,被审查无结论,有结论而本人不服等遗留问题。对上述案件和问题,都通过内查外调,根据材料进行客观分析,做出恰如其分的新结论。复查结果,改正一九五七年错划右派分子一人;错划中右一人;配合庐山公安局改正一九五七年送劳动教养一人。文化大革命中受审,但无结论,现作出结论的一人另一人支部已经研究,决定改正其原结论,但因未找到原结论,尚未修改。……凡重新结论,都与本人见面,并行签字,在全园职工大会上郑重宣布。另对园内保管的人事档案进行全面清查,凡与结论无关的材料一律清理作废,使被审查同志放下包袱,轻装前进。[①]

所谓平反并不是彻底否定政治运动中遭受批判为错误,只是认为有些处分过头而已,平反只是撤销这部分过头的处分。好在其后,并不曾再纠缠历史旧账,不妨碍正常生活和工作,故也默认,且这些不愉快事情人们也不愿重提,渐渐被遗忘。

落实政策不仅是落实平反政策,还要解决知识分子"用非所学",由于各种原因,导致其从事职业与所学专业分离,于公于私均属浪费。在此政策之下,1979 年庐山植物园调入研究人员 7 人。

在落实知识分子政策开始之初,陈封怀甚为关心庐山植物园发展,且从甚多渠道得知关于植物园消息,以为此时是网络人才之机会,且向植物园推荐人选,其致慕宗山函云:

> 园中增加几位领导同志,对园增色不少,我考虑业务人员不够,不能

---

① 《庐山植物园一九七九年工作总结》,1980 年 1 月,庐山植物园文书档案。

发挥作用,同时也需向科学院反映,争取早日双重领导。庐园是国内较最早的植物园,有一定的基础和面貌,提高发展是必要的,在当前四个现代化的要求,庐园应整装上阵,不能落后于人,希望向新旧领导同志们商讨为要。

最近得到林学院学生戴炳麟同志想来庐园工作,是蒋英介绍来见,如你园需要此人,可与他通讯。目前业务干部甚难找到,中年有作用的人才已有岗位,年轻的须从头培养,颇伤脑筋,近闻前庐园的邹垣将调回园,王正刚已调来,皆能发挥作用矣。[①]

其后,陈封怀推荐之戴炳麟并未来园,函中所言植物园旧人邹垣也未回园,仅王正刚重回。王正刚早年于 1950 年来园,工作几年后下放,辗转落在庐山山麓之赛阳垦殖场,调回植物园已垂垂老矣,从事果树研究未及几年,也未见成绩即为退休。陈封怀言他们"能发挥作用",仅是于旧人之厚道,中断几十年研究工作,几乎难以再延续。此时还拟请植物园旧人冯国楣回园工作,其自庐山植物园丽江工作站结束之后,一直在中国科学院昆明植物所工作,曾任该所植物园主任,已为杜鹃花专家。调回庐山或经其本人同意,中国科学院人事局直接向昆明植物所发函,有云:"庐山植物园来函反映,该园科研任务繁重,力量薄弱,根据老科学家建议,并经江西省科委同意,拟调你所冯国楣同志去庐山植物园工作。经研究,我们同意冯国楣同志调庐山植物园工作,请办理调动手续,直接去庐山植物园报到。"[②]事已至此,不知何故,仍然没有调成。

此时调入者有彭希渠、舒金生、刘敏、徐祥美等,此分别介绍之。

彭希渠原在江西省修水茶叶试验站工作,1920 年出生,1948 年毕业于中正大学农艺系,后至修水从事茶叶研究二十余年。1978 年 10 月联系调来植物园,其来函云:"我五十多岁,要求上山,来园工作的主要愿望,是想探索一些科学措施或培育一种新的品种,把高山云雾茶推过山海关。庐山自然地理有利于这个课题的研究,植物园的科研条件远胜于省地农业系统的科研单位。"其于 1979 年调来庐山,进行茶叶高产和茶树耐寒试验,对老茶树进行台刈,以恢

---

① 《陈封怀致慕宗山函》,1979 年某月 9 日,庐山植物园文书档案。

② 中国科学院人事局:《关于调整冯国楣同志到庐山植物园工作的函》,1979 年 2 月 14 日,庐山植物园文书档案。

复产量和品质,发表《庐山高山地带云雾茶稳产高产初探》《南茶北移安全越冬调查的几点认识》等文章。但其来庐山行将六十,已有行走障碍,且只身一人,生活不便,未及退休,又调离植物园。

1978年10月,徐祥美在《光明日报》上看到一篇关于庐山植物园报道,即致函植物园,看是否能前来工作:"我在包头国营二〇二厂工作。1965年毕业于北京大学生物系植物生理专业(学制6年),毕业后分配在中国科学院林业土壤研究所树木生理生态研究室工作。1969年底因爱人关系,调到该厂做技术工作。我爱人1964年毕业于北京师范大学物理系,现在本厂子弟中学教高二的物理。现在我决心归队,学以致用。因此冒失地给贵园去信,不知是否需要我所学的专业的人,也不知贵园是否有科研机关。"经过一年多办理,且将其夫人联系调至庐山中学任物理教师,1980年夏举家迁至庐山。徐祥美来园从事植物种子生理研究,1984年被推举任园副主任,一度主持工作。

刘敏与舒金生,两人为夫妻,来植物园前,同在西北医疗设备厂工作。刘敏北京人,生于1946年8月,毕业于北京农业大学园艺系,夫君舒金生为其大学同学。毕业时响应党的号召,为改变祖国农村落后面貌,一同分配到贵州农村劳动锻炼,后又一同调至医疗设备厂。[①] 刘敏任该厂生产计划科计划员,舒金生任厂宣传科干事。刘敏有姐在九江一七一医院,庐山植物园在研究止血药时,与该医院合作,当国家强调知识分子学以致用,刘敏和舒金生所学园艺学与工厂不对口,其姐遂推荐至庐山植物园。1979年夫妻俩人同时调来,刘敏从事植物组织培养研究,建立植物培养实验室,1985年承担"珍贵林木花卉快速繁殖(即组织培养)"课题,先后获得十几种植物试管苗,其中七种入土栽培,五星花、重瓣矮牵牛大面积种植;其时,君子兰甚为走红,遂做君子兰无性快速繁殖,也获得成功。舒金生则在业务科,从事科研管理工作,后于1984年提拔为园副主任。1986年刘敏公派赴苏联进修一年,待其回国之后,夫妻又双双调离。刘敏后在中国科学院遗传研究所继续从事花卉遗传育种研究。

二、英国邱园副主任格林等来访

1973年庐山已被国家列为开放风景区,准许国外友人来此观光。坐落在

---

① 《庐山夜访北京人》,《北京日报》,1982年11月26日。

图8-2　慕宗山与胡秀英在交谈

风景区内庐山植物园在接待外宾之中，或有植物学者，但只是路过，为一般参观者而已。改革开放之后，中国与国外学术交往重新建立，互访逐渐增多，还有海外华裔植物学家，因思乡心切，回国探亲，也到访一些研究机构。1978年，美国阿诺德树木园之胡秀英，到访北京中国科学院植物所之后，乃准备南下，访问庐山植物园。庐山植物园为胡先骕所创设，胡秀英应早有耳闻，其在北京时，当与胡先骕诸门生俞德浚、汪发缵、唐进回忆起胡先骕，对胡先骕1968年被迫害而死，或唏嘘不已，即有前去拜访之意。而此时庐山植物园已无其相识之旧人，俞德浚乃作函介绍。胡秀英果然来访，但具体情形现已不得而知，但未引起植物园之重视，惟留下俞德浚此函和胡秀英与慕宗山交谈之照片。而1979年还有美国宾夕法尼亚大学李惠林到访，仅在一份档案材料中列举其名，连照片也未留下。而同年5月，英国邱园副主任格林等来园访问，则受到高度重视，其之到来，对庐山植物园声誉提升和工作提高均有帮助。

格林(P. S. Green)为植物分类学家、邱园副主任兼植物标本室主任，来华主要目的为其撰写世界木樨科专著而查阅标本，与其同行者是邱园活标本室（如同园林植物研究室）主任西蒙斯。他们到访庐山植物园之前在北京中国科学院植物所访问，曾作"邱园植物学研究概况"与"木樨科植物分类研究"两个学术报告。格林来庐山，不知是其自我要求，还是中国科学院植物所推荐？其一行于5月25日抵达，30日离开，为时六天。

在植物园室外参观考察之后，进入学术报告环节，格林报告了邱园基本情况，组织架构和现在开展的一些研究；西蒙斯则从植物学、园艺学角度介绍邱园植物繁殖、嫁接方法、种子储藏、组织培养等进展。两位英国学者在与庐山植物园研究人员座谈时，则多有互动，《座谈会记录》载：

图8-3 英国邱园格林在植物园作学术报告

格林先生:昨天很荣幸地看了你们前几年的工作电影,看到图书馆的镜头。图书也是标本室不可缺少的一部分,离开充分的文献做不好分类工作,所以我要求看看你们的图书馆,看是否有我能帮助你们的地方,看看有否我们缺少而你们具有的书刊。我不知道你们这里收集书籍的渠道,书的来源可以通过互相交换方式,这是扩充图书馆常用的方式,邱园很常用。书很贵,可以用标本来交换,等价交换。这样我们可以得到江西的标本,你们也可以得到邱园的出版物。

我有两个建议:1.为教育目的,可着重收集江西和庐山的植物,让游客在这里可以看到江西和庐山的植物。可有导游册和导游员,使孩子们在很小的时候就了解植物。2.从含鄱口看到楼后面的林子,你们介绍是自然保护区,目前来说,自然保护区很重要,不要在上面开路,以免破坏林子。可以将另外一些江西和庐山的人工群落,进行比较。

我能不能对你们的将来提点建议? 从全世界引进植物,这可能地方太小,种类太多,将来能不能选一到两个地方成立分园。是否可以选一些对江西特别有意义的植物,你们现在已有的,从总的标本来看是不错的,但将来应有特别擅长的种类,成为研究中心。育种很重要,作为一个植物园来说,可以培育杂交种,杂种具有优势,例如落叶松(Laiex)用原本和美国二个种杂交。

西蒙斯先生:在参观过程中,已提到还有许多针叶树可以引种到这里,这方面我可以帮助。对一些种来说,原处条件很重要,在我们研究时,从不同条件选择比较好的栽植在一起,建立种子园。

引种植物由专门人员从事,这样不容易错。要了解对方有何专家及专长,定向引种,可以引得正确一些。你们这里有很多野生植物,向有关植物园寄种子时,要说明生长地点,列出栽培或野生,这样科技界将会对你们的交换目录更感兴趣。有一本图鉴,也可以拍成照片留作资料。我回去后,把邱园仙人球拍成照片寄来。根据邱园经验,栽培植物也可做成标本,请有关专家给予鉴定。

图8-4　赖书绅(右)陪同西蒙斯(中)和格林(左)在庐山考察

庐山植物园在建园之初,胡先骕提出以邱园为样板,意将庐山植物园建设成世界著名植物园。但至此时,由于历史被淹没,关于此已无人知悉;但知陈封怀在复员之时开始与邱园进行种子交换,今邱园有人员来访,双方还是感到格外高兴和亲切,以为将会加强交往。即便不提过往历史,仅就庐山植物园在封闭几十年之后,也可借此获知世界先进植物园情形,而提升自己。但格林在访问中，多次言及对庐山植物园不够了解，从上所引谈话，可知其愿意加强合作，且还言："庐山植物园规模大、植物种类多、自然条件极为优越，将成为世界最美丽的植物园。"但是，格林等来访之后并未加深彼此之间学术交往，庐山植物园依旧对外部世界感到陌生。其时为解禁之初，在与国外人员接触尚未完全放开，在座谈记录中，没有庐山植物园人员谈话记载，或者根本就没有人敢于言语。仅张鸿龄在学术报告环节提问："请介绍一下电子显微镜及电子计算机在分类学上的运用"，可见植物园人有求新知之愿望。本节开篇言格林到访，对庐山植物园工作应有提升，乃是言其时对外宾到访非常重视，将此当作政治任务来完成，为给外宾一个好印象，在园林外貌上有一次整治，以便体现针叶植物之特色；在基础设施上有所改建，计划将在会议室作学术报告，因会议室窗户本无窗帘，而窗外甚为杂乱，特意临时安装窗帘作为遮挡，此为小事，但其时却为大事。

格林在座谈会上还言：由于我们旅行里程长，不能带更大礼物送给参观机构，也不能给每一个人一件礼物作为纪念。这是邱园一百多年前的棕榈温室画，作为访问庐山植物园纪念。该幅画作，也未为珍惜，放置于图书馆，未作标识说明，但知其为邱园温室。余读格林此段文字，才知其来历。

三、成立学术委员会

1979 年 11 月，庐山植物园成立学术委员会，此前未曾有类似机构，而在国内只有中国科学院之研究所于 1957 年成立类似组织，意在吸纳学科专家意见，以提高研究所业务管理和评价学术水平。此时拨乱反正，一些研究所正在恢复。不知导致庐山植物园成立学委会之直接原因，此姑不表；但系在江西省科委指导下成立则无疑。成立之时学委会成员有施海根、赖书绅、刘永书、张鸿龄、陈世隆、杨涤清、张伯熙，这些人员均为大学学历，而中专学历者未有一人，亦可将此看作落实知识分子政策之一环。但该委员如何产生，经眼档案未见记载，但《江西日报》有则关于庐山植物园学委会之报道，涉及产生经过，摘录如下：

> 建立一个好的学术委员会，这条非常重要。具备什么条件才可以进入学术委员会？开始认识不一。有的同志认为："领导和各组负责人，

是当然的学术委员。"工作组(江西省科委派驻)与科技干部商量,提出学术委员会委员必须具备三个条件:有比较高的技术业务水平;作风正派,办事公道,群众信得过;适当照顾各个专业的代表。这三个条件,所有科技人员都表示拥护。学术委员会委员人选采取群众推荐,反复酝酿,领导审定的办法,大家很满意。①

园学术委员会被赋予多项职能,如开展学会活动、论文评价、外语考试、科技人员技术职称评议等,园领导参与学术委员会活动,但不得干预学委会职权。在学委会成立之后,召开第二次会议之时,讨论学委会工作条例及工作如何开展,会后形成会议纪要,向园务委员会报告,其文如下:

学术委员会于十一月二十一日、二十三日召开两次会议,讨论通过有关事项,呈报如下:

一、在江西省科委未成文下达"学术委员会工作条例"以前,我会讨论通过了"庐山植物园学术委员会工作条例"(暂行草案),提请审批,详见附件一。

二、为便于开展工作,加强兄弟植物园、所学术交流,要求刊刻"庐山植物园学术委员会"图章一枚。

三、学委会决定:不定期连续出版《庐山植物园植物研究资料汇编》,一致同意杨涤清、刘永书、陈世隆三同志组成汇编编辑小组,具体负责征稿、审核、印刷、酌付稿酬等事务。汇编录用稿件酌付稿酬案,现提请园务委员会议定经费出处,并通知园财务人员,凭学委会稿酬通知单领取。

四、鉴于庐山植物园创始人秦仁昌、陈封怀两先生,年事已高,学委会一致认为应立即派员前去广州、北京录回两位先生对庐山植物园历史、方向、任务的意见。为此,提出购买携带式小型录音机两台(约需币500元),请园领导决定资金来源,学委会责成张鸿龄同志具体经办。录音机对于我园开展学术活动,接待外宾、首长用处颇大,望园务会研究解决,便于进行工作,免失众望。

---

① 省科委试点工作组、庐山植物园:《做好科技人员职称的评定和晋身工作》,《江西日报》1979年12月20日。

　　五、学委会是园务会常设参谋机构，为开展活动，存放资料，接待客人，在行政领导调整业务人员办公室时，酌情考虑安排一间房间，以供活动场所。

　　六、学委会决定在年前举行2—3次科技讲座。内容、时间定后待告。以上六项，务请园务会从速论定，以免悬想。①

　　档案中此份文件为初稿，过录之中修改个别文字，以求通顺。该草稿上有各委员之签字，而提议签字者为施海根，其云："此件按下列名单传阅，望在文稿上提出修改意见，并请杨涤清同志设计学委会图章样式，附上。交我上报"，由此可以断定施海根为学委会主任。施海根甚有抱负，工作中积极肯干，长期致力于茶树抗寒品种选育，且取得一定成绩；在建设植物园中，开荒造地，放炮垒磡，因有很好体魄，总是走在前面；政治上要求进步，在多次申请之下，已加入中国共产党。现社会转型时期，有学术委员会平台，乃是施展其学术理想之机会。其后学委会被认定为学术咨询机构，故其主张学术活动之独立性，难以为园务委员会所接受。学委会主任在园内民主产生，而园委会主任为园主任，为上级任命，为植物园主持者，此中矛盾无法调和，只有牺牲学委会的独立性，无形之降低其作用。

　　从其后史实看，仅《植物研究资料汇编》创刊，且陆续出版多年，其他多未实现。或者施海根理想难以实现，1980年寻求调动工作，后与妻子张若梅一同调往中华全国供销合作总社杭州茶叶研究所。

　　1981年施海根正式离园，学委会主任由赖书绅接任。翌年3月16日学委会开会投票决定谁赴朝鲜进行学术访问，赖书绅主持。投票结果赖书绅4票，杨涤清3票，聂敏祥、朱国芳、罗少安各1票。之后赖书绅向党支部汇报投票结果及其本人意见。意见如下："本人是学委会的，又是主持会议的，应该见荣誉就让，以便鼓励和调动千军万兵，我的名字请改聂敏祥，因为上次朝鲜访华团是他接待的。"其后即按赖书绅意见执行，由聂敏祥出访；但赖书绅之谦让与厚道没有被宣扬，此后不复矣。庐山植物园派员访问朝鲜之由来，系根据其时中朝两国政府文化合作协定，上年9月朝鲜植物园有两位学者来华访问，中国

――――――――――

① 《庐山植物园学术委员会致庐山植物园园务委员会》，1979年11月23日，庐山植物园文书档案。

科学院安排其到访武汉植物园和庐山植物园访问,第二年中国科学院派人回访朝鲜,从武汉、庐山两园各选一人。庐山植物园接到中国科学院通知后,园主任会议中先确定人选是赖书绅,不知何故,后提请园学委员议决。聂敏祥出访于6月上旬与武汉植物园冉宗植同行,为时两周。

庐山植物园派员出国访学,并非皆由学委会议定,此前1981年8月朱国芳参加中国植物园代表团出席在澳大利亚堪培拉召开之国际植物园会议,此后1985年6月舒金生出席在英国达拉姆召开国际植物园协会会议,均不是园学委会决定。庐山植物园能参加国际植物园会议,乃是长期与国外植物园进行种子交换,赢得国际声誉之结果。当中国实行改革开放,1980年国际植物园协会将于第二年8月17日至20日在澳大利亚堪培拉召开国际会议,其秘书DM.亨德森特两次来函,向庐山植物园发出邀请,庐山植物园遂向江西省科委,江西省科委又向国家科委请示,乃同意派人参加。澳大利亚会议中国植物园界代表仅有5位,此会之后在澳大利亚悉尼召开十三届世界植物学大会,参加该会中国代表有20余位,在澳洲出席植物园会议代表又一同前往悉尼出席世界植物学大会。

学术委员会成立之时,拟定诸项工作,仅编辑印行《植物研究资料汇编》得以付诸实施。该刊实在1978年即已创刊,此交于学委会负责编辑,1980年出版四期,且持续十余年,此刊为不定期推出,每期6—8万字,主要刊载本园研究成果及论文,虽为内部刊物,也支付稿酬,每千字2—3元,每篇文章平均为10元。其时,长期未加工资,大学毕业之后十多年月薪54.50元,此项稿酬对家庭收入不无小补。

学委会起初还组织学术讲座,邀请国内专家来园演讲,如俞德浚、张宇和等受邀前来;也曾组织园内学者讲解,如罗少安讲"庐山植物园总体规划的设想",赖书绅讲"编写植物志方法",每次讲半天,报酬8元。此项学术活动没有坚持下去,因请外地专家,交通不便;园内学者能主讲者不多。其时,园内还招收不少青年技术工人,多系高中毕业,未曾学习过生物学知识。大学于1978年恢复高考,已多年未有大学毕业生分配来园,学委会为将这批青年造就为研究助手,开办学习班,讲授若干课程,由本园科技人员任教;但此讲课未有讲课费收入,仅讲几节便中止了。

在八十年代后期,学委会处于一个可有可无地位,需要看园主任是否利用该组织,如此一来,也就无人重视其之存在。

四、重理方针，编制规划

1981 年国家计委、国家科委下发"编制科技发展六五规划和十年设想的通知"，经江西省计委和江西省科委转发至庐山植物园，由园党支部组织成立以慕宗山等九人组成规划小组。为准确把握植物园性质和任务，重新学习此前在 1979 年 1 月于云南召开中国科学院第二次全国植物园工作会议纪要，及此次会议通过之植物园工作条例，重新对庐山植物园研究方向、研究重点和内容、园林建设等予以界定。

中国科学院植物园工作会议纪要指出，中国科学院直属和下放到地方植物园，是从事植物引种驯化理论和实践的研究机构，以研究为主，兼顾普及工作。庐山植物园自建立之日起，即在此范围内发展事业，此经"文化大革命"政治运动干扰，但在 1973 年已回到以研究为主题之轨道，早于其他机构；换言之，庐山植物园成功创建和发展，为中国植物园创建和发展提供范例，也影响此"工作条例"之制定。故庐山植物园此次编制规划只不过是重新界定，表述为："庐山植物园致力于亚热带山地植物的引种驯化工作，着重进行裸子植物（特别是松杉类），其次经济植物种类收集，开展植物分类学、植物资源调查和开发利用研究，重视特有、稀有和濒临灭绝植物保护。"其中关于珍稀濒危植物保护，为新增内容，此系人类社会发展导致破坏自然之后给植物学带来的新课题。规划之于园内研究机构设置，在此重新界定时上仍保持不变，延续 1973 年所设置。

其时之社会由乱到治，研究机构隶属关系虽有不同，但实质区别不大。江西省下拨于庐山植物园经费还算充裕，每年事业费约在 50 万元左右。在 1979、1980 年还另下达 39 万元建筑费，建筑药品仓库 200 平方米，职工宿舍 2 100 平方米。职工宿舍安排在芦林宿舍区，兴建二幢三层、一幢二层，每户建筑面积 70 余平方米，共计 28 套，1982 年建成。新建宿舍分配给领导干部和具有中级职称研究人员，工人住房仍安排在旧宿舍，面积则有增加。其时中国城市居民，无不为住房紧张而困扰，庐山植物园有此显著改善，也令人羡慕。而在此时，植物园在吼虎岭有房屋一幢，建筑面积 198 平方米。1982 年 4 月，江西省科委办公室与植物园商量，将该建筑划归省科委长期使用，且签署协议书云:"自签订协议之日起,任何一方不得擅自更改和违背协议。"①但该协议书上未有植物园印章。当年科委出资予以修缮,作为其在庐山之接待站。1990年,科委在未与植物园有新的文字协议之下,将该房屋拆除,斥资新建"梓园山庄"宾馆。1999年7月,江西省国资委组织"行政事业单位财产清查",庐山植物园对该房屋产权归属问题,提请省科委裁定。②

其时,是否隶属于中国科学院也无明显界限,在云南中国科学院植物园工作会议上,为恢复各植物园园林景观,庐山植物园也得到一笔经费,将园区一部分道路改造为花岗岩石路面。或者因此之故,庐山植物园并未谋求立即重新隶属于中国科学院。但也感知研究力量之薄弱,与研究所所属植物园比较,有些研究内容是研究所承担,植物园研究项目相对少却集中;而庐山植物园承担项目多且散,而每一项目即为学科某一分支,且仅有一人在从事。此种境况,乃是1951年在中国科学院植物分类所将庐山植物园定位为植物园,而不是植物所所导致,只是其后发展逐渐增加一些研究项目而形成这种特殊局面。五十年代中国植物学机构设置,沿用苏联模式,将植物园隶属于研究所下,而庐山植物园其上却无研究所,从事研究则有力不从心之感。此种历史原因,并不被其时庐山植物园人所知悉,在重新讨论植物园方向任务时,他们只是感知自己处境之尴尬,而未谋求改变。

庐山植物园之园林展区已建设完成,设有树木园、草花区、药圃、岩石园、松柏区、温室区等六个展区,还有茶园、苗圃、猕猴桃园、自然保护区等四个试验区,已体现出以松柏类为特色,具有美丽景观之亚高山植物园。其后续工作是如何提升,规划认为今后建园工作的基本方针,是在现有基础上,充实、调整、提高。即根据引种驯化研究成果,在现有展区内丰富植物种类,合理改造已有展区,适当调整其种类,并充实地被植物。根据经济能力适当增建园林建筑和增建新的展区或试验区。即便如此,还有大量具体工作需要深入,该规划报告认为:

---

① 江西省科委办公室、庐山植物园:《关于庐山吼虎岭405号房屋划归省科委长期使用的协议书》,1982年5月1日,庐山植物园文书档案。
② 庐山植物园:《关于吼虎岭433号产权归属的报告》,1999年7月16日,庐山植物园文书档案。

在"六五"期间建园工作初步设想:1.测绘本园地形图,做出建园总体规划图,并按总体规划,逐步实施园林建设;2.清查充实园内植物种类,修订各展区种植图,建立健全引种栽培植物档案;3.新修主干道;4.中心区高压线改为地下电缆。①

对照往后工作安排,该规划实施情况:1981年9月请江西省测绘局测量绘制《庐山植物园1∶500地形图》,但在此图基础之上编制总体规划却没有实施;主干道在1984年建园五十周年庆祝之前予以重修,铺设水泥路面;但种植图、栽培植物档案却未建立。

此次规划是在各科室作出各自规划之上作出,但各科室规划更具体。赖书绅主持之分类生态研究室,将其五年目标定为继续调查江西野生植物资源,编写完成《江西植物志》《江西药用植物志》《江西树木志》《庐山植物志》,研究人员增加一倍,达到10人,其中研究员2人、副研究员4人、助理研究员4人。其后发展不仅没有实现,反而还是逐年萎缩,在其1985年退休之时,拟编之书,均未完成。

园林管理室主持者杨建国对充实各展区植物内容,认为在体现裸子植物特色之外,植物园已具有发展中高山观赏植物和药用植物良好条件,以充实特稀危植物为着眼点,将现有3 400种植物发展到4 000种。重点对树木园和药圃进行改造。园林管理室还要求将管理室名称改为园林植物研究室,其云:"园林管理室,顾名思义仅仅是园林管理工作,可以不担负园林植物的研究工作。园林植物研究室,要求科技人员从事栽培、庭园设计、植保和多方面工作。栽培又分草本、木本和温室、苗圃,最好是将科技人员定位于各展览区,这有利于工作。能不能充实研究人员10—15人。"此为1973年恢复以来,对园林室管理所得经验之总结,此后即将管理室改名为研究室,但人员由于其时整个植物园人员一时得不到新生力量而未补充。

五、两部拟进行而未完成之著述

庐山植物园自1934年创建之后,至1984年为五十周年。在此五十年中,在1964年三十周年时曾举办园庆,此后经过"文化大革命",胡先骕已去世,秦

---

① 《庐山植物园关于"六五"规划的报告》,1981年,庐山植物园文书档案。

仁昌、陈封怀已步入垂暮之年,但历史已得回归,故建园五十周年纪念日乃显得特别重要,继往开来,意义重大。如何纪念,自1982年即开始准备,经分别请示秦仁昌、陈封怀,将长期研究成果编辑成图书,予以出版,是最好礼品。秦仁昌举张编著《庐山植物志》,陈封怀认为再版《庐山植物园栽培植物手册》,遂着手落实。

在庐山植物园创建之时,即致力于庐山植物之调查与采集,五十年后应有一部完整总结之著作存世,此前曾多次提出,均未付之实施。而此时,江西省政府又将庐山设立为自然保护区,为保护庐山植物资源,亦有现实意义。1982年春节之后,为编写《庐山植物志》,2月12日至15日连续召开四天编写工作筹备会议,由慕宗山主持,秦治平、赖书绅、聂敏祥、单汉荣、杨涤清等出席会议。决定聘请秦仁昌为主编,编委会成员有赖书绅、聂敏祥、单汉荣、杨涤清、陈世隆组成。在会上并没有明确编委之职责,而是另成立编志小组,任命赖书绅为组长,聂敏祥为副组长,单汉荣为秘书,并确定该小组在园委会、园主任领导之下。会议还讨论具体编写事宜,如收录范围、体例规格、篇幅字数、完稿时间等。预计收录植物2 000余种,全书约200万字,分上下两册,以18个月时间完成之。人力不够,可请外单位专家撰写。[1]

著述之编委会,即为责任主体。《庐山植物志》以秦仁昌为主编,实是名誉主编,理应在编委会其他成员中,任命一位副主编,行使主编之责。此事体大,涉及谁负编写之责、组织之务,也涉及劳动成果如何体现,属著作权之署名问题。庐山植物园中从事植物分类学研究,以赖书绅见长,却未被委以重任。在此次编志小组会议之前,即春节之前,1月20日曾召开园学术委员会与科室主任联合会议,讨论庆祝五十周年事宜,是否有能力编写《庐山植物志》和《庐山植物园栽培植物手册》两书,大家均知此中有困难,但还是议定编写。在会上也讨论过署名问题和副主编人选问题。得出署庐山植物园编著,大家均无意见;秦仁昌任主编也无歧义,有人认为为具体推动工作,赖书绅应挂副主编;赖书绅本人也赞同,言"不然谁通稿、谁工作";但有人提议将编委会成员皆列为副主编,也有人认为赖书绅资历不够,压不住阵脚。最后党支部复议决定不设副主编,以编志小组代替编委会,即在其后编志小组会议上公布。

编志小组会议于3月26日再开,组长赖书绅言:同意《庐山植物志》提前

---

[1] 《庐山植物志编写组第一次会议记录整理》,庐山植物园文书档案,1982年2月。

完成,订了计划就完成,组长请改选。副组长聂敏祥言:副组长干不了,要求免除,水平低、能力差。如此局面,尚未开始,就难以继续下去。其时,赖书绅不仅接受《中国植物志·大风子科》编写任务,也在组织编写《江西植物志》,以其长期学术积累,完成《庐山植物志》应该胜任愉快,但在同仁之间,有人不希望他人成为学术带头人。此种妒贤嫉能之狭隘心态,此后在很长一段时间在植物园内潜行,导致几十年无法产生学术专家。或者秦仁昌不知庐山植物园如何行事,见自己倡导项目没有下文,乃批评云:庐山植物园几十年,连庐山植物还未搞清楚。

《庐山植物志》没有下文,但《庐山植物名录》在半年之后即自行内部印刷出来。今不知此两者在编写事务上有无关联,现仅抄录《名录》之"编写说明",以见其基本内容:

> 本名录收载了蕨类植物 38 科、75 属、203 种;裸子植物 9 科、34 属、95 种;被子植物 154 科、864 属、2 105 种,共 2 403 种(包括一些变种、亚种和变型),其中 2 144 种为庐山野生的,259 种是引种后逸为野生的栽培的。每种记载了中名、拉丁名外,还有少数附有别名,并注明在庐山地区的发布、生态及简要用途。
>
> 本名录由我园分类生态室编写,蕨类植物得秦仁昌教授修改和补充,并得到林英教授的指导。

该《名录》在赖书绅主持下完成,此后庐山植物园未曾以庐山植物编著其他著作。然而此《名录》赖书绅本人也不甚满意,或者问题尚多。其后赖书绅还在不断修订和增补,2011 年,赖书绅已是暮年,仍未放弃其研究,在与笔者闲聊时,言其尚有此花费一生心血之《庐山植物名录》手稿,而此时植物园经费拮据,无从出版。笔者乃认为应自费出版,以便传世,但未得其认同。此后,庐山植物园还曾多次提出编写《庐山植物志》,终未实现。赖书绅(1925—2022 年),湖南汝城人,1957 年毕业于武汉大学生物系。是年庐山植物园兼任主任陈封怀向武汉大学孙

图 8 - 5　赖书绅

祥钟索要毕业生,而推荐赖书绅来园,终其一生均在从事植物分类学研究。

陈封怀主编《庐山植物园栽培植物手册》,初版于 1958 年,由科学出版社出版,至此已二十五年,植物园栽培植物有了不少变化,陈封怀曾多次提出希望修订重新出版。此次拟再版,科学出版社也甚为支持,同意出版。即仍以陈封怀为《手册》主编,1982 年春节之前讨论时,计划清查现有植物种类,再据积累之资料,予以修改和补充。有人提议由园林植物研究室主任朱国芳担任副主编,但有人则直言不设副主编,仅确定参加编写人员,除朱国芳外,还有园林室副主任杨建国、涂宜刚,由朱国芳召集,慕宗山和陈世隆参加。此种不确定性,导致其后无人再提,如同《庐山植物志》一样。

其后,为纪念建园五十周年,又决定编辑出版纪念论文集,1982 年 9 月开始向全园科技人员征稿,其后未见编辑出版。后改为由杨涤清编辑《庐山植物园五十年论文目录》一小册。其时,园内编辑《植物研究资料汇编》内部刊物,起此刊名,乃是认为整体研究水平不高,大多文章尚称不上论文,仅看作研究中获得资料而已。为纪念建园五十周年,仅编辑几期《资料汇编》,以为纪念。纪念建园本是为提升全园各方面工作,以上一个新台阶,事实却是自我减低。

六、几项研究成果

1.《江西植物志》编撰

"文化大革命"后期之 1973 年,《中国植物志》编委会在广州召开,会议不仅重启《中国植物志》编撰,还倡导各省自行编写各省植物志,即以《中国植物志》带动地方植物志编写,以地方植物志促进全国植物志编写。会后,一些研究基础较好省份如云南、广东、陕西、江苏和湖北等即开展此项工作,至 1975 年或已定稿,或在分期分册出版。这些省份均有植物研究所,有学科带头人,易著成效。而江西有庐山植物园,但园中无专家,没有立即响应。至 1975 年 6 月,贵州、广西、安徽、青海、甘肃、内蒙古、辽宁、福建、四川、河北等省区也都在组织编写,江西在江西大学生物系林英主导下,联合庐山植物园一同向省科技组报告,申请编写。该报告由植物园起草,写于 1975 年 6 月 5 日。节录其文云:

> 江西地处亚热带中部,自然条件优越,植物资源丰富,编写《江西植物志》是我省许多农业生产单位和广大工农兵群众、医药工作者的迫切要

求；而且我省有关科研、生产单位和大专院校多年来积累了丰富的标本资料，具备一定的研究技术力量，在省科技组的直接领导下，当前进行植物志的编写是完全可能的。

其措施如下：一、在省科技组直接领导下，成立《江西植物志》编委会。建议省科技组于 1975 年秋召集庐山植物园、江西大学、共大总校、共大分校、中医学院、省农林垦殖局、省林科所、省卫生局、省药材公司、各地区科技组和林科所等单位参加的会议，并邀请广东省植物研究所等单位前来指导，成立领导干部、工农兵、科技人员和老中青三结合的编写委员会。在党的一元化领导下，组织力量，大搞群众运动，进行编写工作。二、开办全省编写人员学习班，以政治统帅业务，进行专业理论、资料整理、标本鉴定和编写方法学习。根据现有标本，并参考省外有关单位已收集的江西植物标本和资料，编写出《江西植物名录》，并于 1976—1980 年内分期分片进行补点采集，尽可能做到物种不漏，标本齐全，多快好省地完成编写任务。三、争取于 1985 年以前编写完毕，分四卷陆续出版，形式与内容力求做到深入浅出，文句简练，通俗易懂，一种一图，文图并举。四、在 1976 年至 1985 年间，每年根据需要由省科技组统一拨给一定数量的经费，以保证工作正常进行。①

此为编撰《江西植物志》之开端，其后庐山植物园即为编写作准备，其标本室藏有较为丰富的江西标本，请有关专家予以鉴定定名，在 1975 年鉴定了芸香科、杨柳科、败酱科、山茶科、卫矛科、葫芦科、仙藤科。但是江西省科技组并没有批准此项目，转眼"文化大革命"结束，江西省科技组改组为江西省科学技术委员会，庐山植物园为其下属机构，大约在 1979 年，赖书绅找到江西省科委副主任唐楚生，说明《江西植物志》编撰写之重要，得到唐楚生赞同，认为江西人应该编写江西植物志，乃一次性批准 20 万元人民币之全部项目经费，此为赖书绅生前面告。因林英为主编，时任江西大学生物系主任，即将经费下达至江大生物系。《江西植物志》后计划共五卷，但自 1993 年出版第一卷后，此项经费即用罄。此时，赖书绅已从庐山植物园退休，在无经费情况之下，仍在苦

---

① 江西大学、庐山植物园：《关于建议编写〈江西植物志〉的报告》，1975 年 6 月 5 日，庐山植物园文书档案。

苦支撑,寻找机会,于 2004 年和 2013 年分别出版第二卷、第三卷,此后即无下文。

《江西植物志》历经四十余载,没有予以完成,成为烂尾工程,令学界遗憾。是否在其开端之时,即见出某些端倪。首先,没有一流植物分类学专家主持,虽然有林英,但林英主业是植物生态学,且其于九十年代调离江西。林英走时,推荐副主编赖书绅接任,但赖书绅缺乏行政能力,虽感历史责任重大,很是努力,但在其有生之年也未完成此项大业;其次,学术事业,乃几位素心人终身爱好之事,在组建编委会时,即发动群众参与其中,必然掺杂许多非学术因素。当社会发展已摒挡这些政治因素,编委会仍然延续过去做法,发动群众,且在其后分配编写任务时,也持相同方法,许多未曾从事分类学研究者,也分得任务,所完成稿件肯定有质量问题,加重每卷主编修改难度,影响进展,且时间拖延甚久,反反复复,影响人之热情。

2. 乌头碱与植物化学研究室

1978 年在庐山植物园与中国科学院药物研究所合作研究栀子花抗早孕,植物园植物化学研究组王永高参与其中,且往上海工作。栀子花研究主要以药物所为主,王永高在上海无需花太多时间和精力,乃在药物所老先生指导下选择乌头为研究对象,其后果然分离出乌头碱。且看其当初来沪十天后给植物园主任写信,报告此事,报告准备进行乌头碱研究,请为批准。其函云:

> 关于工作,原则上按协作计划进行,以栀子花为主。由于栀子花工作探索强,对于系统训练科研人员,提高独立工作能力有一定的局限性。为此,在不妨碍栀子花工作的前提下,老朱又为我安排另一个课题,对象是中国乌头中生物碱。由于该生物碱较为复杂,材料又容易取得,才选该题。其宗旨是,通过对乌头生物碱分离、鉴定,掌握查阅国内外资料的方法,实验方案的设计,资料数据的处理及撰写实验报告。工作分三阶段进行,第一阶段 4—5 月,查阅国内外文献资料,写出近十年来乌头生物碱研究进展的报告;第二阶段 6—10 月,在收集到资料的基础上,设计实验方案,进行乌头生物碱的分离提取;第三阶段 11—12 月,总结,撰写实验报告。这样花的时间较长,但能得到系统训练,这确实是难得的机会;对我来说,这也是一个很好的学习机会。虽然时间长,会带来许多困难,主要是家中无法照顾,但为了不辜负党对我的培养,实现科学技术现代化,自

已还是尽力克服,圆满完成这次来沪工作。[1]

庐山植物园不仅批准王永高在上海从事研究,还准许提供少许研究经费。经近一年研究,从内蒙古赤峰产的北草乌中共分得五种结晶性的生物碱,证明其中四种为已知物,即去氧乌头碱(deoxyaconitine),次乌头碱(hypaconitine),乌头碱(aconitine)和新乌头碱(mesaconitine);另一种为新生物碱,被命名为北草乌碱(beiwutine)。该研究报告发表在1980年之《药学学报》。[2]

王永高此项工作是在上海中国科学院药物所老先生指导下完成,其在上海也思考庐山植物园植物化学研究如何开展,曾言"如何尽快出成果和人才,我们这样单位植化工作也就是做些资料积累工作,要我们去发现一个新药、新化合物,没有这个能力。但是,我们可以做那些方法已经成熟,结构已经清楚,国家需要,如过去薯蓣皂甙这样的课题。国家要我园承担挥发油(精油)研究,我园可以组织人员承担。"清醒认识到自己水平,不仅没有高层次研究人员,仅就实验室设备而言,不与国外比,就与上海也不可比。其时,玻璃器皿全是常量分析,微量、超微量几乎是空白,也影响一般化学实验开展,因此王永高呼吁予以重视,且言:将工作重心转到科研上来,单呼口号,没有措施,什么事也办不成。

王永高(1943—),江苏无锡人,1966年南京大学生物系植物学专业毕业,同年分配来庐山植物园。1979年担任植化室主任,并曾承担《中国油脂植物》研究。该项研究由国内12个研究机构于1978年集会商定进行全国油脂植物调查研究,由中国科学院华南植物所和昆明植物所主持,编写完成《中国油脂植物》一书,庐山植物园承担其中小部分种类,即月见草等22种植物含油量测定,并分离出植物油,其中9种碘值对照检验分析,数据可靠。该书主要记载形态特征、产地、生境、种子或果实的含油量、油脂理化性质及脂肪酸组成等。但庐山植物园在研究过程中,增加种类,至1980年完成62种江西油脂植物分析,由张若梅执笔完成《六十种油脂植物脂肪酸分析》一文。

其后,植化室还是受到固有条件限制,未能做出耀眼之成绩,即便王永高本人也未做出如同乌头碱这样成果。而植物化验室也于1984年被取消,归并到植物资源研究室,王永高仍为该室主任。

---

[1] 《王永高致庐山植物园主任函》,1978年4月8日,庐山植物园文书档案。
[2] 王永高、朱元龙、朱任宏:《北草乌中的生物碱》,《药学学报》,1980年,第9期。

图8-6　方育卿

3. 植物保护与庐山蝶蛾研究

方育卿(1936—　)，江西乐平人，1959年自华南农学院植物保护专业毕业，分配来庐山植物园，从事植物保护工作。起初只是对园内植物进行病虫害防治和预防等应有研究，如1975年总结撰写《点尾尺蛾的初步观察及防治试验》；或者配合本园其他研究项目，如茶叶白星病调查研究，对原菌及发病过程进行观察、记载、鉴定等。为防治工作便利，也收集虫害标本。1975年江西省农林垦殖局主持全省昆虫调查和北京中国科学院动物研究所编写《中国蛾类图鉴》，此两项目均以庐山植物园为调查重点区域。庐山植物园因有丰富植物种类，形成多种植物群落；而多种植物群落，又形成丰富昆虫相，为研究昆虫资源理想地方。调查采集自6月15日开始，至8月15日结束，飞蛾扑火，以夜间点灯，诱捕飞蛾，共得标本3575号。对所得标本进行鉴定，由此进入昆虫学研究，有700余种，鉴定出263种，为园林虫害防治，《中国昆虫志》编写积累资料。

此后，方育卿持续对庐山蛾类进行深入调查、采集和整理，并结合饲养，共收集标本4000余号，在有关专家协助下，鉴定出32科340属455种。根据这些资料，提出庐山蛾类分布规律。①区系组成以东洋区和东洋——顾北区为主体；②庐山又是东洋区系和北区系蛾类交汇地带，其组成复杂与庐山植物区系关联。③庐山蛾类有高山特有种，这与区系因冰期作用而形成有关，也是组成复杂原因之一。④庐山蛾类垂直分布，与海拔高度有一定相关性。有此结论，撰写《庐山蛾类区系研究》一文，发表在《动物研究》七卷二期(1986)。1987年12月该项研究经江西省科委组织，由章士美主持鉴定会，认为其研究达到国内领先地位。多年之后，方育卿虽已退休，仍将其研究再作全面整理，出版《庐山蝶蛾志》一书，2003年江西高校出版社出版。

4. 猕猴桃引种选育研究

黄演濂之于研究，1978年从木本粮油植物转移到新兴水果，开展猕猴桃引种选育。在园内新建猕猴桃原始材料圃，并赴赣西北地区调查猕猴桃资源，同时进行野生单株选优。将调查所得,结合植物园标本室所藏江西猕猴桃标本,初步确定猕猴桃在江西分布、种类情况。选出三个优良单株,其中 79 - 2 号,单果重 175 克,10 个大果平均重达 123 克,到达国内单果重量最高水平,且色美味佳。还选出红心杨桃,最大单果达 100 克,果色内外均美,甚甜。此外还进行有性杂交试验,及扦插和播种繁殖试验,得到良好效果。

图 8 - 7　俞德浚在黄演濂陪同下查看猕猴桃园

此后,该项目予以进一步研究,申请江西省一级课题。引进中华猕猴桃硬毛变种 4 个,嫁接成活,生长良好。中华猕猴桃软毛变种实生选种 16 个优良单株,进行果实营养成份分析,以期培育新的优良品种。中华猕猴桃软毛变种选出 7 个优良雄株,以期培育优良授粉品种。开展扦插试验,成活率达 10%;对灰霉病、腐烂病进行药物防治。1985 年修筑猕猴桃园大门和蓄水池。

黄演濂(1940—　),江西南康人,1960 年入江西大学生物系,林英之学生,1964 年毕业分配来庐山植物园。其时规定,新来大学毕业生须与工人一起跟班劳动锻炼一年,黄演濂劳动锻炼一年后,又被派往永修参加对中国农村社会主义教育,其后才开始接触专业,被选送至南京中山植物园进修,跟随张宇和

图 8-8 黄演濂

进行"木本粮油"研究。此主持猕猴桃研究,其本人曾被评为国家科委六五期间攻关项目先进个人。

在猕猴桃研究之初,还有陈辉、王正刚参与,陈辉题目为"猕猴桃雌雄株早期鉴定",王正刚题目为"猕猴桃的嫩枝扦插繁殖"。其后不久,陈辉转而研究特稀危植物引种,王正刚则退休。

5. 植物细胞分类学研究

植物细胞分类学研究在中国开展甚晚,直到 1976 年《植物分类学报》才发表第一篇这方面研究论文,由此陆续展开,杨涤清则是较早研究者之一,可见其学术视野之敏锐。1979 年以 2 万多元人民币购买一架日本产奥林巴斯显微镜为其研究主要设备,结合其分类学修养,开始进行研究,对国产"重楼属及其四倍体型""几种人参属植物细胞分类学研究",得出研究结果,并写出有独特见解之论文报告。对人参属染色体核型研究,结合形态学、化学成分、地理分布,提出中国西南地区是人参属现代分布中心,也是变异和起源中心新见解。对庐山兰科野生植物虾脊兰等八种植物、五加科人参、三七等五种植物染色体数目进行测试观察。还对伯乐树等珍稀濒危物种,以及兰科、百合科有关物质染色体核型进行研究,发表一系列论文。杨涤清(1939—),浙江海宁人,1964 年复旦大学生物系毕业,被分配至庐山植物园。

七、整治树木园风波

1981 年 6 月,园林植物研究室在制定"六五规划"时,明确将园林建设确定为整治、补充、提高。十余个展览区中重点整治树木园和药圃。1982 年先进行树木园整治,亦为纪念 1984 年建园五十周年作准备,因为树木移植修剪,非有几年,始能显现出姿态。

树木园所在地建园初期为苗圃,1950 年建成灌木区,主要种植庐山及邻近山区所产阔叶灌木,有些后来长成乔木,故 1964 年改名为树木园,但一直未作精细管理，也无专人管理。1967 年由于提倡木本粮油植物，在树木园中又种植了一些锥栗。至 1982 年，由于本土植物长势良好，遮蔽引种而来外地树种，因此整治势在必行。

树木园整治在园林室主任杨建国主持下进行，间伐了一些高大且庐山常见树木，却遭本园职工向江西省科委、庐山自然保护区举报，于是科委办公室主任尹贵庭来植物园调研，并召集园领导及科室主任座谈会，就树木园整治出现问题听取意见，杨建国首先发言：

> 从 1965 年以来，这个区管理很少，近几年才将道路上的草拔一拔。1967 年至 1968 年，园内职工受极左思想影响，在树木园内见缝插针，栽上锥栗，这是庐山乡土树种，生长较快，胸径有茶杯大，对周围影响很大，再是原来的一些树如枫香、法国梧桐长大后枝桠很低，压抑周围的灌木，形成偏光、弯曲。再是该园松树很多，自然更新很容易，过多的重复没有必要。再是引种来的树受压，有些已经死了如海州常山。对于死树，也作为清理对象。树木园整个外貌是黄山松和阔叶混交林，使这个区的特色不突出。根据现状，突出阔叶树，对针叶树进行了疏伐，对过密的枝桠进行了修枝。
>
> 关于株数问题，不能说明问题，如果间伐不合理，砍一棵也不对；如果合理，就不在乎株数。庐山自然保护区数了共 115 株，我思想上不愿去统计。①

树木园修整，乃是为了保存更多植物种类，而收集更多植物种类是植物园基本工作，故间伐修剪树木，乃为正道。与会者均明此理，支持杨建国此项举措。假若事先召开类似会议，形成集体决议，就不会有此举报。但尹贵庭支持举报，他说"有同志反映树砍多了，砍了些贵重树种——池杉。今后每一个区都应该进行正常的整理，至于不同意见，可以谈一谈，大家谈出来，对今后有好处，可以互相交流。写信的同志是爱护植物园的，不是恶意。"陈世隆言：砍池杉乃是为了保护唯一一棵落羽杉，乃是合理之举。大家对自然保护区介入调

---

① 庐山植物园：《征求关于树木园整理意见的座谈会发言摘录》，1982 年 7 月 26 日，庐山植物园文书档案。

查,不以为然,朱国芳言:砍一棵树,也要征求一下他们意见,我是不同意,这等于干涉我们的工作。慕宗山主任在树木园整治时,在党校学习,在发言中支持整治工作,且言在其赴党校之前,曾召集支部会议,确定几项工作。但尹贵庭言:"我们植物园以研究为主,不是林场、农场,应该正确地开展我们的工作。科研单位是所长负责制,植物园应该是主任负责制,支部在植物园不是决策机关,而是保证党的方针路线的执行。"研究所实现党委领导下的所长负责制是科技体制改革重要内容之一,此种安排在改革开放之初即已提出且实行。座谈会最后由园主任秦治平发言,其言:"今后,我们要加强管理,有计划、有步骤地进行整理,光守业不创业是不行的,树木园整理,指导思想明确,园林室同志积极性很高,大胆整理,并且整得很好。我完全支持。如果在执行中有些什么不足,应由我来负责,园林室没有什么责任。"由于秦治平有力表态,这事就此平息。该座谈会记录被整理上报江西省科委,但并未追究责任。

事后不久,杨建国要求调离植物园,往庐山管理局园林处任处长,调离原因是否与此有关,不得而知。但此事到此并未终了,其后庐山管理局有关部门多次派出检查组来园现场查看,着重指出植物园事先未向庐山区政府请示报告,是错误,至 1984 年 1 月 14 日植物园不得不写出书面检讨,表示虚心接受,"为了更好贯彻森林法和中央、国务院的紧急通知精神,今后再大量疏伐树木时,一定向上级领导请示,按指示精神去办。检讨不当之处,请批评指正。"①还需指出,此检讨是园主任秦治平、慕宗山已于 1983 年底退休之后,由 1984 年新主任上任之后所作。显然是老主任有革命资历,不便要求。此次检讨,降低庐山植物园在庐山之声誉,且影响与庐山管理局之关系。此后,植物园还发生多起砍伐树木而被人举报事件,导致植物园专家不能决定其园林植物之去留,任其自然生长,也咄咄怪事。

由于发生树木园整治风波,导致其后整个园林整治,及计划中药圃整治即未进行。药圃始建于 1973 年,属草花区,1977 年由李启和负责,此时收集种类达 500 多种,1980 年之后,放松管理,药用植物冻死、丢失不少,布置也不尽完善。原计划按药用植物用途进行重新布置,如全草类、根皮类、花果类和藤本

---

① 《江西省庐山植物园关于整理树木园疏伐树木的检讨》,1984 年 1 月 14 日,庐山植物园文书档案。

类以及水生类等,再增设廊架等设施。但是,此后管理进一步松弛,导致将药圃园址改作杜鹃园;若干年后,还是认为药圃之重要,又另择地开辟,也未得形成模样,又被荒芜了。

八、胡先骕骨灰安葬

1968年7月16日,胡先骕在"文化大革命"中被迫害致死。1977年9月,胡先骕生前所在机构中国科学院植物研究所作出"关于胡先骕历史问题的复查结论",予以平反,并于1978年举行追悼会,恢复名誉,《光明日报》予以报道。1979年2月6日,植物所再次作出"关于胡先骕历史问题的复查结论",有云"经复查认为,胡先骕属重大政治历史问题,但党组织已审查清楚了。他一生的主要精力一直是从事科学教育工作。党委决定推倒强加在胡先骕身上的资产阶级反动学术权威不实之词,公开平反,恢复名誉。"此系撤销上次结论之上,作出进一步平反。但是该结论依然认为胡先骕有严重历史问题,只是就打击迫害过头而予以平反,至于胡先骕之于中国植物学研究事业之历史贡献还未予以赞颂。

图8-9 庐山植物园内胡先骕、秦仁昌、陈封怀之三老墓园

胡先骕平反之后,随着改革开放深入,思想不断解放,胡先骕子女遵照胡先骕生前遗嘱,希望将胡先骕骨灰安葬于其所创建之庐山植物园。得时任庐山植物园主任秦治平、慕宗山赞同,认为借此可作永久纪念。关于安葬经过,

2014 年,笔者曾约请胡先骕嗣哲胡德焜先生作《胡先骕与庐山植物园内的"三老墓"》一文予以记述,后编入《庐山植物园八十春秋纪念集》。其云:

先父谢世之时,骨灰归葬庐山绝无可能,就连一般公墓也不会接纳,只能存放在家中。1976 年"文革"结束,一年多后,以蔡希陶事迹为题材的报告文学《生命之树常绿》刊出。该文记述了些许先父与蔡希陶共事的往事。自"文革"以来,这是首次以正面的笔触提及胡先骕。我们由此切身感受到社会气氛的回暖,业已渺茫的期望遂被唤醒。1979 年中科院植物所为胡先骕公开平反,并补开了追悼会。凭借平反证明,先父的骨灰得以存放进八宝山公墓。追悼会后,我们向植物所副所长俞德浚先生转述了父亲希望葬于庐山的遗言。俞所长很快致信庐山植物园慕宗山主任,称"据胡先骕先生子女相告,胡老曾有遗嘱,希望骨灰能葬在庐山植物园,在其墓地种植他所命名的新种树木如水杉、称(秤)锤树、木瓜红等作为纪念。""胡老为庐山园创始人,想许多同志必定愿意促其实现。……不知您园意见如何,特来函相商。"

庐山植物园主任慕宗山鉴于胡先骕在中国植物学领域卓越之贡献,非常赞同将胡先骕骨灰安葬在庐山植物园,以作纪念。为办成此事,特于 1982 年请全国政协常委,著名农学家吴觉农致函全国政协刘澜涛秘书长转呈全国政协主席邓小平,要求将胡先骕骨灰迁葬庐山植物园。全国政协办公厅将庐山植物园所请转至胡先骕生前所在单位中科院植物所,请其酌处。其函这样写道"胡先骕同志不是政协全国委员会委员,我们无权批复。应由胡先骕同志生前供给所在单位批准,并办理迁送骨灰事宜。"中科院植物所的意见是:"我们认为胡系庐山植物园创始人,对我国植物学也有不少贡献,值得纪念。但具体安排,应由该园请示江西省科委办理,本所无其他意见。"于是,庐山植物园向其主管部门江西省科委请示,获得批准。至此,各方意见基本一致,庐山植物园即可开始实施。其时,庐山植物园正在筹备 1984 年建园五十周年纪念活动,拟将骨灰安放仪式作为庆祝活动的一项。

胡德焜文中所言吴觉农,乃是 1982 年夏庐山植物园在请示批准葬事之时,吴觉农和钱俊瑞到访植物园,故将批准之事托付吴、钱两位。他们均为中国人民政治协商会议全国委员会委员,或者以为胡先骕也曾为全国政协

委员,希望政协予以关问。他们返回北京,即为办理,并有函告知进展。其
函如下:

治平、宗山二主任同志:

在庐山承殷勤接待,至感!

承托办"胡先骕先生骨灰转移到庐山您园"公函,已送交我政协秘书
处。适因刘秘书长参加第十二大大会未能亲阅,当由办公厅负责核办。
经查胡先骕先生系科学院聘请的研究员,并非本会委员。但所请转移骨
灰事,本会完全赞同。除已将原函转请中国科学院并植物所负责经办外,
并仍托由钱俊瑞同志和我转告您园,即请直接联系并祝及早完成。

顺致

敬礼!

钱俊瑞 吴觉农 同启 1982 年 9 月 6 日 北京

此函可与胡德焜文相印证,刘秘书长即为刘澜涛。吴觉农(1897—1989
年),浙江上虞人。农业经济学家,中国现代茶业奠基人。新中国成立后,任农
业部副部长兼中国茶叶公司总经理。钱俊瑞(1900—1985 年),经济学家、教育
家。江苏无锡人。新中国成立后,历任教育部党组书记、副部长、政务院文化
教育委员会秘书长,文化部党组书记、副部长等职,1978 年,任中国社会科学院
世界经济研究所所长。从他们简历看,与胡先骕应无交接,但有良知,思想开
明,愿历史回归正轨,故为一请。此并非所有人皆愿为之,其时,胡先骕并未得
到颂扬,尚属另类。

庐山植物园办理相关请示手续之后,即开始设计施工,由园林设计师罗少
安负责。墓园最初选址在草花区大草坪上,但考虑此地系一展览区,游人甚
多,没有应有之肃静;墓园设于此,也破坏展区之完整性;后选择温室区之旁小
山谷中,此处尚未被利用,其背正靠月轮峰,面朝含鄱岭,位置适中,且面积恰
当。其时,随胡先骕一同创设庐山植物园之秦仁昌、陈封怀也已年高,闻得胡
先骕骨灰将安葬于植物园,亦愿百年之后,同葬于此。故在设计之时,以胡先
骕墓为中心,左右各留一个墓地。墓园三面筑短墙,短墙最上以波状小弧形装
饰。墓床前有两个台面,供人站立凭吊;平台之间以石级相连,移步趋上,有崇
敬之感。墓以花岗岩为材料,样式系设计者综合各地名人之墓而成,风格独

造,符合植物学家之身份,周边种植与他们研究相关之植物。胡先骕墓碑落款仅署庐山植物园之名,也反映植物园为主持安葬唯一之主体。笔者2024年初往湖南长沙拜谒罗少安先生,得此四十年前之设计方案。罗少安还言:"1984年胡先骕先生骨灰安葬仪式我在现场。这个墓地是按三位植物园创始人同一墓床设计的。共花8300元经费。没想到这会成为植物园的一个荣耀,我很高兴。"

图8-10　罗少安晚年谈胡先骕墓园设计。庐山植物园其时园林规划和园林建筑如仰贤亭均出自其手

墓园在建设期间,陈封怀、俞德浚甚为关心。1984年2月18日俞德浚致函慕宗山,询问进展:

胡老墓地蒙省科委大力支持,贵园领导积极筹划,即将完工,至为钦感。墓地设计及布局既经陈老及其他领导同志选定,必定庄严肃穆,符合要求,图纸不必寄京了。水杉为胡老重要发现,水杉歌为其得意佳作,同时后之学者,瞻仰学习,可以深受教益。拙见以此提供参考。未知迁葬日期定在何时,前闻将与贵园五十周年纪念会联合召开,不知最近如何确定。胡昭静女士常来询问确期,我们均盼早得消息,以便安排工作,届时争取参加典礼!

图 8 - 11　胡先骕骨灰安放仪式,俞德浚致悼词。前排为胡先骕四嗣哲

1984 年 7 月 10 日举行胡先骕骨灰安葬仪式,陈封怀、俞德浚亲来主持,胡先骕家人悉数参加,还有庐山植物园百余位职工。俞德浚致悼词,慕宗山、胡德焜分别代表植物园和家属讲话,几乎没有邀请政府官员,仅有庐山管理局办公室主任出席,也未有新闻记者,事后仅有《植物杂志》发布消息。

九、五十周年园庆

1984 年 8 月 20 日为庐山植物园建园五十周年,举行纪念活动,借以总结五十年历史,正确吸取经验教训,并开展学术交流,进一步调动科技人员积极性,提升植物园声誉,与其建设和发展均有裨益。此项纪念活动,植物园极为重视,早在 1982 年初开始着手准备,江西省科委更是极力支持。是年 8 月 10日,江西省科委主任文汉光来园视察,在园职工大会讲话,对五十周年纪念活动作出指示,所言恳切,录之如下:

建园五十周年纪念活动非常重要,很有意义。注意不能轰一阵、热闹一阵,为庆祝而庆祝。要认真回顾总结五十年来的演变发展过程,从中得出好的经验、好的成果、好的论文,存在的问题、教训都要总结出来。教训在某些方面比正面经验还重要,为今后发扬光大、借鉴、鞭策我们更好地前进。现在,植物园的名气不如过去大,愈来愈小,要把五十年所有好的论文编成论文集,还要录像,内容和艺术都要高出于电影纪录片,还可聘请画家分时期搞出一套画展。要好好规划一下,明年底就要拿出来,还可聘请一些诗人咏诗作对,一定要有个实施计划。

胡先骕是国内植物学权威,在国际上也有一定影响,他的墓八四年前一定要迁回来,影响很大,可以提高庐山植物园的身价。墓不要搞得太好或太差,一般过得去就可以了。建园五十周年庆祝活动,职工都要参加,创始人、老专家、老人健在的,都要主动听取他们的意见,主动邀请他们参加庆祝活动,对扩大影响有好处,我们的牌子就响了,地位就高了,不仅对国内有影响,也必将对国际有影响,要集中力量抓这件事,要建立一个专门班子,要有领导挂帅,人不宜过多,七至八人,以后有增加。[1]

或者是文汉光作出明确指示,植物园于 9 月即成立由慕宗山、陈世隆、罗少安、杨涤清、杨建国等五人组成领导小组,并制定方案,向江西省科委报告,并请求予以支持。纪念活动项目有:编辑《纪念论文集》,园林规划和整理建设,修建胡先骕墓、新建亭台、拍摄录像片、举办展览等。有些纪念项目在本书此前记述中已有涉及,此再记述其他几项。

1. 五十周年园史展览

五十年历史,以照片、实物、资料、奖状等形式予以展示,张作嵩任展览组组长,向园内各部门及全园职工征集史料,收集到大量照片资料,并修复庐山植物园远景模型,共布置五个展室,展线 43 米。五十周年纪念活动期间,代表观看后予以好评。但其后不久因展室房屋改作他用,而被撤销。

2. 拍摄纪念建园五十周年录像片

录像片名为《锦绣满园沐春晖》,由汪国权编导,请江西省科委所属江西省

---

[1]《省科委主任文汉光同志在庐山植物园职工大会上的讲话记录》,1982 年 8 月 10 日,庐山植物园文书档案。

科技情报所摄制,因该研究所已购买价格昂贵日本制造之录像设备。摄制用费共 5 万元。片长 35 分钟,再现植物园历史、园林外貌和研究工作。在五十周年纪念活动期间反复播放,受到专家赞誉。其后江西电视台、福建电视台做了播放,在江西省庆祝建国三十五周年,建设社会主义成就展览会上也多次播放。

3. 中国植物学会植物引种驯化协会第四次学会讨论会

8 月 14—18 日,中国植物引种驯化学会在庐山召开第四次学术研讨会。此前 1964 年,庐山植物园成立三十周年之际,曾在庐山举行该协会第一次会议,借会议以表庆祝,此第四次会议亦然。有来自全国各地植物园、树木园、植物研究所、园林研究所及教学机构共 68 名代表参会,收到论文 138 篇。协会名誉理事长陈封怀出席会议并讲话,协会副理事长盛诚桂作"中国植物引种驯化概况和对 2000 年的设想"之报告。庐山植物园主持工作之副主任徐祥美致欢迎词,云"正值我园成立五十周年前夕,中国植物学会在我园召开讨论会,这是对我园的极大关怀和鼓励",随后介绍植物园基本情况及历史经历,对创建者胡先骕、秦仁昌、陈封怀功绩予以赞颂。由于会议在植物园内召开,且代表也住在园内招待所,故徐祥美邀请代表在会议之余,在园内多走走看看,多提宝贵意见,且言:"十年浩劫,科研工作遭到影响,但因我园处偏僻山区,园林没有受到严重破坏。"在大劫之后,庐山植物园仍有如此美丽园林,确实令人艳羡。然而所言原因,本书前已阐明,并非是地域偏僻这样简单。

会议结束之后,部分专家受邀参加植物园园庆活动,特别召开座谈会,征求对发展庐山植物园意见。

4. 建园五十周年纪念活动

纪念活动自 8 月 20 日开始,举行三天。20 日上午九时在职工食堂饭厅举行纪念大会,大厅四周布置盆栽鲜花,主席台则摆放铁树,墙上挂有"庆祝庐山植物园成立五十周年"横幅。陈封怀,江西省科委副主任唐楚生、由玉明,中国植物学会代表孙祥钟、盛诚桂等六十余名代表及全体在职和离退休职工,共计 250 余人出席大会。纪念大会由由玉明主持、唐楚生致开幕词,孙祥钟代表中国植物学会致辞,陈封怀、庐山管理局副局长陈惜春分别讲了话,徐祥美作《庐山植物园的五十年》报告。

下午,与会代表在大楼会议室观看《锦绣满园沐春晖》电视录像,之后,在办公大楼前合影留念,参观展览室及各展区。8 月 21 日,在会议室,舒金生向

图 8-12　1984 年 8 月庐山植物园五十周年园庆,科技人员与嘉宾合影

代表们作《庐山植物园 1985—2000 年远景规划》报告,其中罗少安报告其中园林规划部分。然后分组进行讨论,征求代表建议。8 月 22 日上午,进行学术交流,共宣读论文 20 篇。

江西省科委为纪念活动下拨 5 万元专项经费。

第九章

DIJIUZHANG

经济转型　探索前行

（1984－2018）

1984 年 8 月，庐山植物园迎来建园五十周年，为总结历史，借助历史辉煌，以提升植物园在国内外之声誉，走上健康发展之路。经过几年筹备，举办了隆重纪念活动。但是，事与愿违，在庆祝活动尚未开始之时，即发生一些阻碍事业发展因素。其后，国家实行改革开放，由计划经济转向市场经济，对科研事业投入不足，科技体制改革之重要举措是要求将研究成果转化为商品，自行创收，弥补不足；然于庐山植物园而言，远离都市，难以适应新的机制，乃陷于困境，日积月累，事业日渐式微。此自 1984 年起，延续至 2018 年，凡三十余年。本章以此时期主持工作之园领导为主线，记述各自任职期间主要事件。

一、"领导干部年轻化、知识化"

早在 1982 年 8 月，江西省科委主任文汉光在植物园职工大会发表讲话，其中言"明年领导班子要'四化'（革命化、年轻化、知识化、专业化），科技人员参加领导班子，安排到重要岗位上。"由此可知江西省科委在考虑植物园领导更替事宜。文汉光系 1978 年 10 月，江西省恢复设置科学技术委员会后出任主任，但其于 1983 年 4 月卸任，未及任命庐山植物园新任主任之人选，而由其继任者郭亚明办理。

学术机构虽为政府所办，但其主持者，非政府机构之领导干部，除具备一般领导干部之素质外，有行政才干，其还是学术带头人，在学界有一定学术声望，且能传承学术机构之学术传统。故其在出任之前，须经培养、考查，方知是否胜任，是否获得众望所归之民意。对于研究机构而言，没有选好后继者，乃犯大忌。此时体制架构，选拔庐山植物园主任大事，由江西省科委全权掌控；植物园时任主任秦治平、慕宗山也不便操心；在他们主持期间，未曾远谋，不曾物色、培养并选定后继者。但是，江西省科委是政府机构，是"铁打的衙门，流水的官"，而植物园是学术单位，有学术传统，需要积累和继承，需要主任为之经营和抚育。江西省科委将两种不同性质机构于无形之中等同起来,主管机构认知偏差,便难以选出适宜人选。还有,庐山植物园很多年以来,缺乏高级研究人员,曾试图解决,也未如愿;园中现有中级研究人员,无人脱颖而出,似乎无人可选,也是没有提早选定继任者的原因之一。

出任主任职务,对于个体而言,无论是否有能力,是否具备资格,多数人均愿为之,甚至私下运筹,故选拔工作也极为神秘。在现存庐山植物园档案中,几乎没有关于此类案卷,即便公开之任命文件也少,令人费解。1984年任命徐祥美、舒金生为植物园副主任,徐祥美主持工作,对其选拔过程,完全不知。从入园时间看,徐、舒两人均在1979年所谓"知识分子归队"之时,他们在植物园没有经历"文化大革命",人际关系没有瓜葛;但是,他们虽为大学毕业,属于专业人士,但很长一段时间,未曾从事专业研究,在学界声望甚微;其实,就个人具体研究而言,是否能够真正归队,也成问题,何况对学科整体把握,承担学科带头人之角色;至于是否有办事才能,姑且不论。

关于徐祥美、舒金生之出任,唯有《庐山植物园一九八四年年报》有少许记载:

> 领导班子成立晚(三月底),老领导没有送一程,造成工作中断,职工思想涣散。特别是新领导缺乏工作经验,思想修养和业务水平较差,缺少长期计划安排,工作显得忙乱。

机构《年报》如同《年终总结》,但体例不尽相同。庐山植物园创建之初,采用民国时期学术机构之通例,每年编写《年报》,记载人员变动、经费来源、研究进展、论文发表等情况,为往后留下一份基本史料;而《年终总结》,似乎是写给上级机关,报告成绩,稍略展望来年,而不关注基本事实之列举。庐山植物园在纪念建园五十周年时,重新阅读早年《年报》,从中获悉当年历史,对比时下《年终总结》为佳,故在当年改用《年报》体例。上所录文字,只有在《年报》体例中才可出现,从中感知新任园领导之坦诚,但所言却不完整,现为补充。

1983年5月9日,中共中央批转的中央组织部、省市自治区机构改革指导小组《关于配备全国省级领导班子的工作报告》,总结省级领导"四化"调整情况,与此同时,对地市级领导进行调整,且设置年龄限制。一大批老干部离休,江西省科委主任文汉光即在此背景之下离休。随后即调整县级领导,庐山植物园被列为县处级单位,而秦治平、慕宗山均已过六旬,即在年底时办理离休。此乃执行中共中央指示,可谓突然,在未选出继任者时,依然执行,使得植物园几个月内无领导人,即有"造成工作中断,职工思想涣散"之说。在此期间,不知江西省科委如何考虑,选拔徐祥美、舒金生为副主任,由徐祥美主持工作,于1984年3月宣布。以副主任名义行主任之责,也令人玩味。

图9-1　徐祥美与江西省科委副主任唐楚生在植物园
　　　　仰贤亭前合影

新领导上任之后即开始筹备五十周年园庆,庆祝活动前章已述。《年报》对此总结云"五十周年纪念活动筹备太晚,仅四个月时间,感到压力太大,暴露不少问题"。我们知道早在1982年即开始筹备,而他们没有参与其中,有重新开始之感,故手忙脚乱,总算完成纪念活动。

徐祥美、舒金生仅是副主任,主任人选空缺,他们自感责任重大,一再呼吁"领导班子不健全,希望上级领导尽快解决。"他们也感觉能力有限,难以应付内外诸多问题,但他们呼吁所得回响,是在第三年之1987年2月,江西省科委又任命一位副主任,由王永高担任,分管行政后勤,分担一些事务而已;5月经江西省科委党组决定将中共庐山植物园支部提升为中共庐山植物园委员会,经省委组织部批准而成立,调吴炳文来园任党委书记。植物园领导班子不健全,主要是没有园主任,在研究所以所长为责任制之机制下,所长为研究所之核心。似乎江西省科委对主任缺失并不在意,几年当中,未见其做过努力。

1. 经费不足,自行创收

1979 年中共中央十一届三中全会之后,首先对农村集体所有制实行包产到户改革,取得良好效果之后,向其他领域推广,打破"铁饭碗",取消"大锅饭",但具体如何改革,则允许各机构自行探索。

庐山植物园在七十年代末和八十年代初,尚在老体制下运行,江西省科委下拨事业经费在 50 万元左右,其时未感经费拮据。但至 1984 年,改革之风吹起,首先是下拨事业经费减少,以此逼迫研究所改革。是年 10 月,江西省科委核定年经费合计 44 万元。而本年有纪念建园五十周年活动,科委虽然拨有专项,但有不少是在常年经费中开支,且还有人员增加,职工子女教育社会摊派、温室取暖用煤增加等,44 万元已不敷,为此申请追加;但不知结果如何,不过下拨经费缩减乃是趋势。此非庐山植物园所仅有,而是全国性科学研究机构均面临之问题。于是,国家号召科研单位实行改革,将非科研人员推向科研成果推广和开发,以生产养科研。庐山植物园作出积极响应,1984 年 10 月,经讨论编制出《开创庐山植物园新局面的改革方案(草案)》,有云"我园虽然不是试点单位,但要学习试点单位勇于改革的精神,解放思想,大胆实践,敢于冲破一些现存的不合理的框框,我们不能坐等别人拿出改革的灵丹妙药,要靠自己去探索去实践。为此,我们组织全园职工学习中央领导同志的有关指示,传达全国和江西省科研体制改革的精神。"经充分讨论,统一认识,集思广益,草拟出此《方案》。改革核心是"大锅饭、铁饭碗",但在植物园难以打破,因为有无研究课题,是否能出成果,并不影响工资收入、福利待遇。方案对上级下达之课题,采取在园内以招标方式招聘课题组长,课题组长再组织人员;对没有进入课题组人员,采取发放 80% 工资。植物园本就研究人员少,许多领域仅有一人在研究,招标方式根本无法进行。此仅举其一例,该项改革实施一年,年终总结云:"改革方案中限定科技人员在三个月内找好课题,这是不客观的,业务科应予以协助。""改革方案中规定对未签订合同,解除合同、未聘和解聘人员只发80% 工资,过分强调经济制裁,忽视政治思想工作,不利于调动积极性。""园内有无经济效益的岗位,收入差距过大,影响一部分职工的积极性。"改革步履维艰。

但是,经费减少不敷使用,是迫在眉睫需要解决之事,创收弥补不足,乃是上级指引的途径。1984年12月,植物园成立种苗技术开发中心,由园副主任舒金生任经理,办公室主任丁占山、园林室副主任涂宜刚任副经理。翌年对原有苗圃予以改造,加建围墙,平整苗床,大面积繁殖各类苗木,植物园有丰富植物资源。此前,每到初春,总有一些机构来植物园购买苗木,此时国内市场供不应求。选择此项目,可谓正确。苗圃苗木繁殖与经营,实行经济责任制。1985年繁殖49种,计15万株,当年预计产值10.9万元。其时,五针松制作之盆景甚有市场,可用黑松嫁接而成,于是在苗圃之外,又新辟黑松基地四亩,购买黑松苗3万株。苗圃和基地之苗均是新育,而此前所育之苗,在1985年获得好的收成,共有54个单位前来购买,获得6.4万元。

但是,由于苗木市场火热,也促使包产到户之农民进行繁殖,但无种质资源,庐山山麓农民即来植物园窃取,导致园内所有翠柏,没有一株不被偷剪,较为稀少之五针松,也全部遭到剪伐,还有匍地龙柏、金龙柏、凤尾柏、金星桧、鹿角桧等均遭窃手,园林面貌受到破坏。为遏止此行为,除安排4人加强管理,配备军犬6只外,还组织职工轮流二十四小时值班巡逻,抓获几起,送交司法部门处置;还请新闻媒体《人民日报》《江西日报》,中央人民广播电台等向全社会发出呼吁,至此才算绝迹。

但是,等待植物园苗圃之苗出圃之时,山下农人所育之苗也已上市,价格下跌,再加上植物园管理成本高于农人,苗木创收之路不通,此前所作努力收效甚微。

植物园不仅有植物资源,还因群山环抱,水源充沛,1985年夏,上海中药研究所认为可以利用天然泉水制作可乐,于是与庐山植物园合作,拟生产"庐山可乐"。中药研究所提供可乐处方、工艺和质量控制标准。植物园筹集资金,建造厂房、添置设备,报批产品,安排劳动力组织生产。利润分配,中药所仅在头三年获得10%,而技术转让则以植物园安排十个床位三年,供中药所职工夏季来庐山避暑住宿。其时,瓶装饮料刚刚兴起,若懂得开发,打造成商品,也不失为良好项目。于是,植物园建造简易厂房,购买相应设备,为解决待业青年和部分职工家属之就业,拟成立由8人组成之植物园劳动服务公司,负责饮料生产。但至此便无下文。

与此同时,对园食堂、招待所、车队本有创收机能之岗位,也实行经济责任制,以求获得更多收入。但这些均未实行独立核算,若计算人员工资和设备成本,是否有盈余,也值得怀疑。

虽然 1984 年江西省科委核定植物园之事业费有所减少,但此后还是逐年增加,至 1987 年达 66 万元,增幅不少,但其时物价在年年攀升,即便如此,还是可供开支。此外,是年还有研究经费 9 万元。因此,创收并非迫切之务,此前开展之创收项目,悄然无息矣。

植物园出售入园参观门票,也是创收一重要途径。大约在八十年代中期,庐山风景区已开始收取大门票,而有些景点也要收取小门票,庐山植物园为庐山重要景点,曾试收小门票,却被庐山管理局叫停。至 1988 年 8 月,植物园再次向管理局报告:"我们认为收取门票不但合理,而且合法,这样做可以解决园林建设资金渠道,更好为庐山旅游开放服务,更重要的是加强落实对国家珍贵植物资源的保护措施。"此次报告,得到批准,但只能销售温室门票,核定票价为 0.2 元,1989 年开始出售,全年收入 0.15 万元。第二年增设三逸乡至草花区公路北侧之铁栏栅,销售入园门票,年收入为 0.7 万元。1992 年门票提升为0.5 元/人,但年收入未能查得。

2. 与地方关系

庐山植物园坐落在庐山风景区内,在 1980 年之前,庐山风景名胜管理局对庐山植物园尚有一些领导权,如植物园招收园林工人,即由管理局劳动处下达指标;植物园党支部也接受管理局党委领导。1980 年后有所改变,植物园仅为住山单位,但也无碍彼此关系,植物园主任与管理局领导皆系旧人,彼此尊重。1984 年初,全国各级部门、各机构对领导干部作"四化"之"年轻化"要求,作出调整,植物园、管理局均更换领导。管理局新领导对不能管辖植物园似有不适,所以上任之初,即抓住植物园 1982 年在整治树木园时砍树事件不放,植物园为此不得不作检讨,前已有述。

未久,植物园为纪念建园五十周年,继续整治园林,拟对园内各个展区道路、桥梁系统进行整修或拆除,在部分地段安装栏杆,同时恢复游客入园购票。但管理局对此予以干涉,声称如不停止,即采取行政措施,停止供应植物园职工之粮油及副食品,为避免事态发展,植物园只得放弃计划。更有甚者,庐山管理局在编制庐山总体规划,不征求庐山植物园意见,将植物园规划为公园,将植物园所属之含鄱口规划为旅游区。

对于此种境况,植物园向江西省委、省政府呈报,并陈述庐山植物园历史及其事业之科学意义。其时,陈封怀在植物园出席胡先骕骨灰安葬仪式,获悉

此情,也提笔致函省委书记和省长,其函云:

图9-2　陈封怀晚年在庐山植物园留影

　　最近因工作关系,我由广州回到庐山植物园,高兴地看到,在上级党委的领导下,庐山植物园近年又取得了较大发展,同时也得知庐山管理局根据"庐山风景名胜总体规划"欲将植物园改变为一般公园,并已开始执行该规划,使植物园的正常科研和管理工作受到一些不合理的干扰。对此,我谨以一个老科学工作者身份提出个人意见,供你们参考。

　　植物园是一个综合性植物学研究机构,它对于开发、利用植物资源、引种驯化国内外的重要经济植物,培育新的品种,均有重要意义。而庐山植物园不仅是我国历史最久的植物园,也是我国唯一亚高山植物园,在全国引种驯化网中,有独特地位。

　　……

　　植物园工作与发展旅游事业并无矛盾之处,植物园引种各类经济植物,其中也包括一些奇花异草和观赏花卉,并结合园林艺术,将这些科学内容布置成各种展览区,向群众开放,供人参观学习,在某种程度上更好地丰富了旅游的内容。因此我建议今后应加强省科委对植物园的领导,促进科研工作的发展。当地行政机构(庐山管理局)不必对植物园的方针任务和具体工作作过多干涉,更不可将一个已具有规模的科研基地改变为一般的公园。否则,五十年的辛勤积累毁于一旦,将造成不可挽救的损失。

　　五十年代我曾任庐山植物园主任,与当时的几位庐山管理局领导,如沈坚、娄绍明同志等配合十分默契,植物园工作也得到他们大力支持,我希望这种不计较部门之间的权益,以党的事业为重的优良作风得到进一步发扬。①

不知江西省委、省政府对陈封怀来函如何处理,但植物园与庐山管理局关系并没有恶化下去。以历史眼光看,陈封怀能得到管理局尊重,乃是其为专家,庐山风景规划、绿化造林等皆有倚重于他主持庐山植物园时之植物园;其后之慕宗山、秦治平为老革命,拥有政治地位并不比管理局领导低;但是,此时植物园已无学术地位,也无政治地位,而让管理局小觑。此种处境延续许多年,需要植物园学术地位提升,才会得到改善。

3. 兴建几幢建筑

在常年事业费之外,庐山植物园偶尔还可以申请到专项资金。三十年代所建温框,久以废弃不用;而其旁五十年代所建之小温室,勉强维持;1984 年,江西省科委副主任由玉明来园检查工作,植物园以试验温室设备破败为由,申请兴建繁殖温室。即将温框、温室一并拆除,在原址上建造一幢 400 平方米由玻璃、钢管结构,可以自动调温调湿之实验温室。1985 年,江西省科委拨款 4.5 万元,植物园还动用中国科学院下拨园林建设经费 8 万元,经庐山城建处批准,开始兴建。该幢建筑前为温室,后为实验室,中以走廊分隔。至 1986 年 5 月建成,但经费超出预算 9 万元,于是又向江西省科委申请追加 5 万元,在当年包干节余经费中解决 4 万元。在建造过程中,考虑该建筑实验室为一层,且系平顶,拟改为两层;但庐山管理局城建处不予同意,云整个温室建成后,若加盖部分影响景观,应拆除。后又准备将加盖部分改为温室,也未实现。植物园温室区系依山而建,随山势错落有致;若新建一味追求体量,即与周围环境不相协调,即影响观瞻。该温室几乎占用原址全部,若再加高一层则更甚。或者基于此,最终没有添加一层。

繁殖温室建成之后,国家计委有领导来园视察,见如此美丽之植物园,已有很好基础,但还有一些设施老化或不健全,如五十年代建造之播种温室甚为老旧,当即允诺可以拨付经费,予以重建。于是植物园上报江西省科委,省科委与省计委一并又向国家科委、国家计委申请,即有 50 万元下达,此为第一

---

① 《陈封怀致江西省委书记白栋才、江西省长赵增益函》,1984 年 7 月 20 日,庐山植物园文书档案。

期,且允还有第二期、第三期。

庐山植物园根据园内实际情况,认为建造图书资料馆和学术报告厅更为急迫,经江西省科委、江西省计委同意,将建筑播种温室之经费先挪用建造图书馆和学术报告厅。基于此植物园对园科研条件建设作出较为切合实际之方案,向江西省科委报告。节录如下:

> 如我园现有的展览温室和播种温室是五十年代初所建,目前墙体发生裂缝,木梁架已腐朽,面积狭小,屋顶低矮,影响通风避光,植物生长不良。其次,办公大楼兼作实验室、标本馆、图书资料馆、库房等既拥挤不堪,又相当不安全,容易发生火灾。此外,我园至今仍没有一所能容纳全体职工的会议室,现有会议室仅 $60\,m^2$,园内外学术交流受到严重影响。我园和国内外的学术交流,以及业务来往比较频繁,而现有招待所仅 40 个床位,且条件非常简陋,远远满足不了兄弟单位来往的科技人员的需求。还有,职工住房也相当紧张。近 8 年来大学毕业生和青年职工人数增加较快,大部分到了结婚年龄。目前就有 6 个青年职工领取了结婚证,因无住房而不能同居,还有 6 个年轻大学生都到了晚婚年龄,等待分配住户,这些问题均迫在眉睫,急需予以解决。
>
> 为此我们提出改善庐山植物园科研条件的发展规划如下:
>
> 1. 1987—1989 年,建成图书资料馆(含学术报告厅),基建面积 $1200\,m^2$,地点:苗圃(现有低产苗圃搬迁),现已开始实施;重建展览温室和播种试验温室,面积 $1600\,m^2$;在原地址重建;将现办公大楼改建成实验大楼,面积 $2100\,m^2$;把中心区永红院职工宿舍楼改造为办公室、接待室、陈列室,面积约 800m;另选址筹建职工宿舍 $500\,m^2$。此五项投资为 210 万元。
>
> 2. 1989—1992 年,在九江市郊筹建植物引种驯化基地,征地 30 亩,其中珍贵观赏花卉繁殖圃 10 亩,优良果树种苗繁殖圃 10 亩,良种蔬菜引种示范圃 5 亩,职工宿舍、办公室及中转接待站 $1500\,m^2$;另在春色满园筹建科学家之家,拥有中档床位 100 个,其他配套设施齐全,基建面积 $3000\,m^2$。此二项投资金额 370 万元。[①]

---

① 庐山植物园:《关于改善庐山植物园科研条件的发展规划报告》,1987 年 9 月 15 日,庐山植物园文书档案。

此后即按此方案而逐步实施，只不过没有全部实现。在此方案确定之后，国家计委下达图书馆经费也为下达。植物园遂将温室和图书馆两项建筑一并施工，先呈请庐山管理局建设处许可，所言更加具体，现再为摘录，可对此两幢建筑有更多了解。

一、改扩建展览温室：我园现有展览温室不仅破旧，而且面积不足，仅550平方米，无法扩大引种栽培观赏植物的种类和数量，影响科研和科普工作的开展。为此，现拟将播种温室（接待室下边，面积为150平方米）改扩建为展览温室，主要用于引种栽培热带观赏植物，丰富我园热带植物的种类和数量。建筑面积500平方米，造价50万元。

二、新建图书馆（内含学术报告厅）：我园没有专用图书馆及学术报告厅。五十余年来收集的7万余册专业图书均藏于办公大楼内，面积不足，大量的图书均堆放在地板上，不仅无法查阅，影响科研工作，而且楼板负荷超载。办公大楼内现有多间实验室，不仅拥挤，而且极不安全，容易发生火灾。其次，我园目前每年平均接待国外学术团体十五次，接待国内一百所大专院校实习师生，却没一座学术报告厅，随着改革开放的深入，我园对国内外学术交流也必将进一步扩大，急需增添学术报告厅。为此，特申请修建图书馆（内含学术报告厅），建筑面积1200平方米，造价50万元，地址选在大楼西侧苗圃内。①

庐山建设处对此两项建筑甚为重视，接到10月2日植物园报告后，于10月19日组织召开由建设处、园林局、文联、植物园等单位计13人参加之审议会，会议由一位副局长主持。先实地查勘现场，认为加速改变庐山植物园面貌，势在必行，拟建房屋，布局合理，环境协调，安排得当。图书馆建筑过程中，同时搞好周围园林绿化；温室只能仅限于旧温室一块地，不要上下扩大，还要注意控制高度，以不影响景观视线为准，同时周围保留一定空间。

图书馆由江西省城乡规划设计院设计，庐山建筑公司承建，1988年7月开始施工，工期一年，翌年7月竣工，总造价64.9万元。展览温室由上海园林工

---

① 庐山植物园：《关于申请改扩建展览温室及新建图书馆的报告》，1987年11月2日，庐山植物园文书档案。

具厂总承包，1989 年 4 月交付使用。

该两项建筑即将竣工时，植物园已就计划中职工宿舍、科学家之家等项目予以申请，但并未得到经费投入，此后很长一段时期，植物园也未新建大型建筑。

4. 两项研究

（1）杜鹃花属植物的引种驯化及推广研究。杜鹃花属植物云南分布最多，具有较高观赏价值，庐山植物园成立之时，即以云南高山花卉为引种重点。其后，抗日战争期间在云南丽江设立工作站，乃继续此项工作，且待胜利后携回庐山。其时，冯国楣参与其事，胜利后其并未返回庐山，而是继续在云南研究高山花卉，后为杜鹃花研究专家。

1978 年底和 1979 年初，中国科学院召开第二次全国植物园工作会议，会议议定庐山植物园依旧着重于裸子植物和高山观赏植物引种研究；陈封怀、冯国楣也曾多次建议庐山植物园，重新开始研究杜鹃花。但重新开始于 1983 年，刘永书承担该项任务。刘永书（1935—2019 年），广东揭西人，1959 年江西农学院毕业分配来园。此前曾任园林植物研究室主任，因工作繁重而身体较弱而请辞。1984 年建园五十周年纪念会期间，与会专家建议庐山植物园应发挥地理条件优势，建议大力开展杜鹃花属引种驯化研究，冯国楣更是极力促进，首先开始广泛引种，1987 年着手将先前之药圃改造为杜鹃花专类园，疏伐部分杂木，建卵石水泥路面主干道 276 米，小径 51 米。定植

图 9 - 3　刘永书

杜鹃花属植物 37 种 558 株，并进行杜鹃花抗寒性研究。此时已成功收集国内外种类达 250 种，在国内重享声誉。是年中国杜鹃花协会成立，冯国楣任理事长，决定将庐山植物园作为全国杜鹃花引种基地；同年 4 月该会在江苏无锡举办首届中国杜鹃花展览会，庐山植物园送展杜鹃花获最佳引种奖。

1988 年 5 月冯国楣应邀访问英国，考察英国杜鹃花栽培。在与英国皇家植物园邱园和爱丁堡植物园负责人商榷时，倡议在庐山植物园建立杜鹃花国际友谊园，英方对此甚感兴趣，表示愿提供种苗，爱丁堡植物园主任约翰·麦克尼尔还愿赞助一笔基金，以供庐山植物园派人赴爱丁堡植物园学习。1984

年、1987 年美国杜鹃花基金会秘书长杨迪·朱先后两次专程来庐山植物园,考察杜鹃花生长情况,认为此处有杜鹃花生长之理想环境,并主动允诺予种苗等方面以赞助。于是,庐山植物园决定新建国际友谊杜鹃园,向国家科委申请专项经费,说明原由之后言:"我们拟选择在植物园内东北方向,开辟 10 公顷的山林作为杜鹃花国际友谊园的园址,用五年时间引种栽培国内外杜鹃花 600 种左右,总投资初步预算约 37 万元,其中建园费 30 万元,国内外引种费用 5 万元,派三人赴英进修往返旅差费 2 万元。"[①]该项目当年获得国家科委批准立项,且下达经费 80 万元,两年完成。

为建立国际友谊杜鹃园,1989 年 4 月,聘请广州市规划设计院吴泽椿来园进行规划方案设计,5 月召开方案论证会,到会者有冯国楣、江西省园艺学会理事长沈廷厚,中国科学院华南植物研究所教授胡启明等,认为方案结合植物园地形、地貌等自然条件,分区合理,体现植物建园主导思想。继于 1990 年 10 月聘请中国科学院植物所教授余树勋作"一园三区"(友谊园、分类区、景观区、自然生态区)规划设计,获得庐山管理局认可,即开始建园和引种。

图 9-4 张鸿龄

(2)于都大盒柿良种繁育及示范研究。该项目于 1986 年立项,列为省一级协作课题,由庐山植物园与于都县科委合作,庐山植物园由张鸿龄负责。于都大盒柿负有盛名已 400 余载,清代被列为贡品。1987 年,张鸿龄赴江西省于都县,实地考察大盒柿生态环境和生长发育特性,采集花果标本 40 份,进行果实营养成分分析和土壤肥分分析,并开辟 10 亩圃地,进行嫁接试验,以得到优良品种,并取示范效应。

其时,庐山植物园承担课题十余项,大盒柿良种繁育课题并非有何特别,本书之所以选择其言之,乃因课题负责人张鸿龄。此前张鸿龄并非从事果树园艺研究,而是拟以电

---

① 庐山植物园:《关于筹建杜鹃花国际友谊园的可行性研究报告》,1988 年 8 月 29 日,庐山植物园文书档案。

子显微镜为手段,探索植物之微观世界。其生于 1936 年,河北清苑人,1960 年北京大学生物系毕业,被分配到江西省科学院所属江西科技大学任教;然为时未久,江西省科学院解散,因慕庐山植物园之名而于 1961 年 10 月来庐山。但其在植物园前十余年几乎荒废,仅展示出爱好无线电,且有动手修理能力。1976 年植物园分配来一架电子显微镜,由张鸿龄负责安装使用,即以为依靠此可以实现其梦想。经努力建起百余平米之电镜室,但至 1987 年,该电镜不得已需要处理掉。先看庐山植物园处理之时,向江西省科委报告之函:

> 我园的电镜(型号 DSA3－8)于一九七六年从上海冶金所无偿调入,为上海新耀仪表厂六十年代产品,属我国第一代电镜。
>
> 电镜为大型精密仪器,室内要求空调,单每年保养费就达数千元,操作和保养人员必须训练有素。我园人力和财力有限,一直未能开展工作,近期内也无法开展工作,电镜已成为我园一大包袱。为节省开支,做到物尽其用,缓解科研和办公用费的紧张,经园主任办公会议决定,将电镜无偿调给省内有关单位。由于该电镜为六十年代产品,又使用多年,在性能上已难于满足科学研究的需要,建议协调拨给教学单位供教学示范所用。[1]

电子产品更新换代只有几年,庐山植物园得到该台电镜时,已被淘汰;不知是什么原因,还将其当作一个宝,不惜动用甚多资金装修一个实验室,而张鸿龄为之又耗费十年光阴,是认知缺陷,还是另有其他之因不详。张鸿龄后对于都大盒柿甚为关注,可谓全身心投入,但为时未久,即退休矣。退休之后,仍不放弃,也未得到进一步支持,仅守护其引种而来之柿树,令人唏嘘。

5. 从研究研究状况看人才断层

1989 年 5 月,江西省科委任命杨涤清为庐山植物园副主任,主持工作;此时原副主任舒金生已调离,而徐祥美、王永高依旧任副主任。杨涤清上任之后,立即重新任命中层科室主任,此前各科室均设正副两职,但此仅设一正职,且办公室主任还欠缺,由杨涤清自己兼任;并重新组织园务委员会、学术委员会。园党委组成不变,吴炳文仍任书记,杨涤清为非党员,故在园党委中无职

---

[1]《庐山植物园呈江西省科学技术委员会函》,1987 年 8 月 13 日,庐山植物园文书档案。

图9-5　杨涤清

务。1992年8月,杨涤清被任命为园主任,此为八年之后,庐山植物园始有园主任职务者,此前一直空缺。

第二年,1990年7月中层干部重新任命,各科室均设副职,且多由年轻人担任。此时"文化大革命"之前大中专毕业分配来园工作者,均已五十有几,行将退休,且多数人均曾担任过中层领导,是时候培养后进矣。此次任命,人选产生过程,《任命决定》云"经园主任提名、园党委推荐,园党委召集党政领导集体讨论。"可见甚为重视,曾广泛征求意见,有一定民意基础。

杨涤清主持之初,植物园研究规模和水准与此前大致相当,主要是从事研究之人,没有多少变化,此举1990年为例,以见一般状况。先列是年新开和延续之课题项目:

(1)新开课题9项:

徐祥美:庐山植物园信息数据库,江西省科委下达;

杨涤清:江西省野生兰花资源的开发利用,江西省科委下达;

张伯熙:GD对扦插生根作用的研究,江西省科委下达;

方育卿:庐山蛾类研究,江西省自然科学基金;

张伯熙参与,江西工业大学主持:猕猴桃保鲜技术研究,江西省科委下达;

张伯熙参与,九江医专主持:粟米草抗心律失常研究,自选;

朱国芳参与,九江市林学会主持:庐山林业,江西省林业厅下达;

黄演濂参与,江西省农科院主持:猕猴桃优良品种选育及栽培技术研究,江西省科委下达;

汪国权参加,江西省教育学院主持:江西省野生观赏植物资源调查及应用开发,江西省科委下达。

(2)结转课题14项,此列举8项:

国际友谊杜鹃花;

江西省野生芳香植物资源中含香成份及其利用前景的研究;

山桂花的综合开发；

含笑的综合开发；

观叶植物的引种培育；

珍稀濒危植物引种、种质保存、花粉形态及染色体研究；

于都大盒柿良种繁育及高产示范；

优良柿树在赣北地区推广栽培研究。

以上罗列，仅从课题数量而言，是年或者是植物园承担课题数超过以往任何时期；但除少数几个项目如国际友谊杜鹃园外，均为小项目，且看是年形成之《工作总结》①对课题之经费使用情况之分析：

> 由于单位事业费（69 万元）仅能勉强维持个人经费（40 万元）和日常开支，已无法安排自设课题的经费。故专业技术人员的自选课题、课题开设前的论证及先期工作所需经费，均需从个人正在进行的课题中挤占。但目前已获批准的课题，也存在经费偏少的倾向，这一方面造成"经费越少课题越小，课题越小经费越少"的恶性循环；另一方面，为了留点"后备"，引发了专业技术人员舍不得合理花钱开展正常工作的逆反心理，影响课题正常开展和研究的深入。②

此中分析尚未深入到问题之根本，何以改革开放十多年来，且起步之时已有一定基础，不能承担较大课题，没有大课题，即无大成果，即无大人才。此中原因甚多，为限制植物园发展根本原因，前已有述，此不细究。但有，有一点需要指出，课题多为单打独干，大学毕业新来之年轻人难以进入到课题组，使得年轻人无所事事，即而思走；年长者即将退休，几年之后，反而是课题越做越小；即便如此，几年之后小课题，也所剩无几。前言中层领导副职安排年轻人，使之锻炼成长和接班；其实，让年轻人进入研究领域更为重要。

纵然是小课题，尚有不少在承诺年限到期之后，且不说申报奖项，即便是结题也难做到。其原因据说"有的则因人事变动，客观条件发生变化，未能完成课

---

① 1984 年开始之《年报》至此又改为《工作总结》。

② 《江西省庐山植物园一九九〇年工作总结》，1991 年 1 月，庐山植物园文书档案。

题的研究任务"①。科学管理不力也应该是其原因之一。大多课题来源于江西省科委,因无法完成导致科委一些处室对植物园甚有意见,影响植物园再申请课题。

长者陆续退休,新人又难挽留,尤其是送出进修学习者,本来优秀才送出,然而通过进修,反而增加其离去之机会,待进修结束返园,即扬长而去;但是,工人人数却在不断增加。1979 年、1980 年重新上路,需人孔急。1977 年恢复高考,尚无大学毕业生可供分配,通过庐山劳动局下达指标,在社会招收待业青年 20 余人,其中约有一半为本园子弟;此时,国家还实行父母退休,其子女可以顶替政策,一批五十年代参加工作的工人退休,其子女顶替来园也做了工人。此后,副研究员以上职称可安排子女在园内就业,有困难家庭也可以安排子女就业。至 1991 年还在执行这类政策,"根据赣府厅发(1990)108 号文件精神,经园主任办公会议研究,同意在本单位历年来的自然减员中解决两名增员指标,安排本园就业困难户子女在园内工作。"②1992 年全园在职职工 138 人,其中高级职务(副研究员职称)15 人,中级职务(中级职称)12 人,初级职称和工人 111 人,人员结构失衡。

然而改革不断深入,1990 年邓小平南方发表讲话,号召深化改革,科技体制改革也在进行。所谓科技体制改革,即国家对科学事业投入减少,且导致有些领域严重不足,乃通过研究所自行改革,或者创收,或者缩小规模,以适应新的经济形势。1992 年庐山植物园改革乃是"加快分流人才,合理调整结构"。分流人才,乃是鼓励人员停薪留职,"除奖金、补贴、福利停发外,基本工资照发"③。调整科室设置,乃是人员减少,缩小机构。经此改革,园内设行政管理办公室、科研管理办公室、基建管理办公室、园林植物研究室、资源植物研究室。此为 1973 年确立架构,经过 17 年发展,植物园事业不是得到发展,而是萎缩。主持者没有因此感到没落,而是言此为集中"精悍有力人员从事研究"。此将原有四个研究室减少为两个,但令人费解的是,在行政上却增加基建办公室;事业在萎缩,而基建却不断。此后,基建办撤销,而增设"科艺高新技术开

---

① 《庐山植物园关于五项课题的情况汇报及请示》,1993 年 4 月 6 日,庐山植物园文书档案。

② 庐山植物园:《关于要求解决我园就业困难户子女就业的报告》,1991 年 7 月 6 日,庐山植物园文书档案。

③ 庐山植物园:《关于放宽专业技术人员政策的几点规定》,1992 年 5 月 9 日,庐山植物园文书档案。

发公司"。

改革年年都有新举措,1994 年春为调动职工工作积极性,打破大锅饭、铁饭碗,对在职在岗人员,实行用人制度改革。设置全园工作岗位,竞争上岗。实施结果,并未达到预期目的,反而造成不必要混乱。有些技术岗位有其延续性,随便更换人员带来问题可想而知。即便如此,最后没有进入岗位者,还是被安排工作。

6. 日本友人白井真人来访

改革开放之后,国家将引进国外专家来华工作作为一项重要而又迫切之工作,以求解决某项科学技术问题,自 1986 年起,各省均成立引进国外智力办公室。1992 年江西省引进国外智力工作办公室通知庐山植物园,云"应我省邀请,日本花甲协会专家白井真人先生将于 1992 年 5 月 20 日至 6 月 10 日赴你单位,对杜鹃、兰花先进栽培技术进行咨询。"专家来庐山,植物园仅支付其在庐山费用。

日本花甲志愿者协会,由日本退休人员组成。1983 年 10 月,在时任日本首相中曾根康弘建议下,中国科学技术交流中心与日本花甲志愿者协会建立了技术交流,以引进日本退休专家来华,促进中国的科技进步和工农业经济发展。园艺学家白井真人,在来庐山之前一年曾到访西安植物园。从江西引智办通知可知,其来庐山带来不少园艺植物种苗,在档案中也有记录:其中种子

图 9-6　植物园老主任慕宗山向白井真人赠送书法作品

有矮干向日葵、麦秆菊、满天星、大花金鱼草等八种;苗子有金边君子兰、黄金红豆杉、白鹤芋、香石竹等 8 种;白井还带来花甲协会其他日本园艺学家赠送之杜鹃花、兰花种苗。白井于 5 月 22 日抵达庐山,在庐山为时约十余日,期间除传授其携来植物栽培方法,介绍日本花卉园艺现状,并参观植物园各展区,并游览庐山风光。当获悉植物园正在建设国际友谊杜鹃园时,愿为该园建设一个日本小区而贡献其所能。白井回国之后,即为联系此事。从植物园主任杨涤清致花甲协会干事山本条治之函,可知白井在庐山和回国后所作之努力,此节录之:

> 蒙贵协会派遣白井真人先生来我园进行科技交流,传授了兰花、杜鹃花、鸢尾等栽培与经验,使我们获益匪浅。白井先生认真负责的工作态度,深受我园职工的敬佩和爱戴。庐山植物园正在兴建国际友谊杜鹃园,拟在其中建立一亩多面积,具有日本园林特色的杜鹃园小区,白井先生推荐日本杜鹃花协会的小山清先生进行规划,请您及贵会出面协助联系。如小山清先生有困难,请协助推荐能完成此项工作的其他合适人选。①

白井来庐山植物园共三次。第二次于同年 10 月,此次未留下记录。第三次则在翌年 3 月 10 日到访,来之前有一函致植物园主任杨涤清,节云:

> 关于国际友谊杜鹃园一事,我正在积极准备之中,去年十月份访庐时,商定的友谊园设计者伊泽宏先生(日本花甲协会会员)将同行前来交流,是否可以,请研究答复。此次来庐,将把杜鹃苗、花菖蒲苗、惠兰、资竹等带来,庐山交流结束后,我将去西安。
> 费用问题:我国花甲志愿者协会只担负我和伊泽宏先生来往东京至上海机票,由于我国财政预算到 3 月 31 日为止,由于经费预算原因,请急速和江西省科技交流中心商量,及早回信。我们希望交流时间能定在 3 月上旬至 4 月上旬。
> 中文代笔东京农工大学沈卫德,回信请仍寄白井先生处。②

---

① 《杨涤清致山本条治函》,1992 年 6 月 6 日,庐山植物园文书档案。
② 《白井真人致杨涤清函》,1993 年 1 月 9 日,庐山植物园文书档案。

或者前请小山清设计日本园改请伊泽宏设计,此行白井因携带种苗太多,在登机时因行旅超重,不惜将个人衣服等丢置于机场,可见其精神风貌。但白井一行抵达庐山之后,不幸于 15 日早晨在其下榻芦林饭店因胃出血而去世。白井突然离世,导致日本园意向也戛然而止。关于白井去世,中国科技部之"中日技术合作平台网"2015 年刊出一文,总结日本花甲协会对中国科技发展所作贡献,有云"我们不能忘记白井真人等近十名在中国生产第一线奋斗到生命最后一刻的专家们。我们坚信,对这些以自己真挚情怀和辛勤汗水架设的中日友好桥梁的花甲专家们,将铭记在中国人民心中。"①但是,在庐山植物园1992 年、19933 年之《工作总结》中,却只字未提白井真人。

通过江西省引进国外智力办公室邀请,到庐山植物园进行交流国外学者还有二次,一为 1992 年 8 月日本花甲协会岩田诚来园进行蝴蝶人工饲养、标本制作及工艺开发等交流,为时九天。一为 1997 年 5 月荷兰专家万·德·普拉斯来园,对郁金香、百合等球根花卉栽培技术及花期调控、种子培育储藏等进行交流与咨询,为期 6 天。普拉斯还向植物园提供 1 万个种球。

二、艰难改革路

1995 年春庐山植物园领导班子进行调整,改由党委书记吴炳文负责,徐祥美、王永高仍任副主任,但这届领导仅任职一年。吴炳文(1938—　),湖北黄梅人,生于庐山。1952 年 9 月入庐山林业学校学习,未久该校迁赣州,1958 年又迁南昌,改名为江西劳动大学,吴炳文一直随校学习,于 1960 年 10 月毕业。毕业之后,先后在海会林场、庐山垦殖场、庐山农水局工作,1984 年任九江市庐山区人民政府区长,1987 年经省委组织部调任庐山植物园党委书记。吴炳文接任之时,植物园所得事业费拨款已严重不足,而离退休人员已占职工总数之三分之一。在自行创收能力依旧低下,十几年来,未能形成一个产业,只得继续其前任的步伐,向前更再走了一步。《庐山植物园 1995 年上半年工作总结》:

---

① 李缨新:《前言——银色的梦想金色的收获》,2015 年 3 月 24 日,http://www. sino-jp.com/flowersystem-28-16-106. html.

对现有职工进行定岗定员,把工作重点放在园林管理和开发创收上,为深化科技体制改革,促进人才分流作了前期准备。全园 127 名在职职工,除停薪留职、外出学习、系统内外借人员外全部按管理、科研、园林、开发、综合服务五个类型的岗位进行定员。调整后的各类人员比例为:开发创收岗(含直接创收人员)占全园职工总数的 33%,园林岗占 16%,科研岗占 17%,管理岗占 15%,综合岗占 7%。①

人员结构失衡至此,研究人员仅有 22 人,若从研究力量言,或者还不如正规研究所一个课题组,且研究所课题组力量组成是合力,可以承担大项目;此则为分散,仅有几项小课题。1996 年 2 月植物园改由王永高执掌,吴炳文改任正处级调研员,徐祥美改为副处级调研员。王永高正式任命为园主任在 8 月间,10 月徐祥美又被任命为党委书记。

植物园更换领导,但植物园面临趋势却没有改变。且在 1996 年 8 月 2 日遭受台风侵袭,许多高大树木被连根拔起,成片倒伏,"据统计倒伏林地有 40 余亩,林木达 2 500 余株;还有 10 余种国家保护珍稀濒危植物和 20 余种园林树种遭到破坏,园林景观几有面目全非之感,尤以大门入园处最为惨重,这是建园六十余年来未曾有过的自然灾害。"②灾难发生之后,得到江西省科委救灾拨款,迅速清理惨败现状,补种树木。此后经两年维持,虽然在 1996 年 9 月办理江西省与中国科学院双重领导新机制,但领导主体还是在江西省,中国科学院仅每年下达一项课题,经费有几十万元之谱。有此虽不能扭转植物园之趋势,但对改变面貌还是帮助不少。关于双重领导此将在下节有详细记述。

时至 1997 年,还是探索改革之路,其改革思路如下:

为加快我园从单一的科研型向科研经营型转变的步伐,拟设立 2—3 个开发基地,如庐山云雾茶的产业化;花卉种苗的基地建设,尤其是球根花卉基地要初成规模;旅游市场的开发,形成旅游接待、旅游服务等综合配套能力。通过开发基地的建设,逐步使我园走上良性发展的轨道。

稳住一头,放开一片,真正使"一园两制"的改革方案得以实施。对管

---

① 《江西省庐山植物园 1985 年上半年工作总结》,庐山植物园文书档案。
② 《江西省、中国科学院庐山植物园一九九六年工作总结》,庐山植物园文书档案。

图 9 - 7　1996 年庐山风景区申请加入世界遗产名录,5 月联合国世界遗产委
员会专家桑塞尔、德·席尔瓦来庐山考察。在考察庐山植物园,桑塞
尔手植一株银杏树后留影。左起汪国权、王永高、桑塞尔、徐祥美

理岗实行按需设岗、双向选择、竞争上岗,鼓励科技人员申报课题,进入科
研岗,全园 65% 的工作人员将进入开发岗,园里只给 70% 工资,其余部分
通过自身努力去争取,从而保证全园工作的正常开展。使经费不足的矛
盾得以部分解决,另外,各岗位之间保持动态平衡,机会对每位工作人员
都是均等的,通过努力都能进入自身满意的岗位。①

　　1988 年曾按此方案实施,但成效甚微。开发收入主要是入园门票,1996
年全年门票收入 13.5 万元。1997 年曾要求将门票每张 4 元上调至 10 元,并
要求将售票点由三逸乡改到大门口,对此庐山管理局仅批准了门票上调。而
对园内职工管理,设岗聘任,前曾实施,没有实质效果,此再来一番亦然。

　　1999 年 2 月,植物园领导班子再次调整,江西省科委调景德镇宾馆副总经
理胡星卫任副主任,并提拔原办公室主任詹选怀为副主任,王永高继续主持工
作,园党委书记仍为徐祥美。2000 年 6 月改由胡星卫主持工作,王永高离任。
此时,国家对离任干部进行财务审计,江西省审计厅所作"王永高离任审计报

① 《庐山植物园一年来工作情况汇报提纲》,1997 年 8 月 8 日,庐山植物园文书档案。

告"云:

> 这次综合审计,没有发现较大的财务违规违纪现象,该园的财务制度较为健全。王永高同志在任职期间能尽职尽力、积极主动地促进植物园的发展,但植物园的发展形势严峻。例如:1996年拨入事业费127.8万元(其中救灾款10万元),而人员费用达107.8万元。1999年财政拨款171万元(其中财政补助专项资金30万元),人员费用就达141万元。公用费用紧缩再缩,全园职工的工作环境和生活环境越来越困难,缺少必要的资金来加快植物园事业的发展。①

由此可知植物园事业已进入捉襟见肘地步。其后,还是希望以改革创收方式走出困境。此前植物园在改革进行中,自行试办多个公司,自主经营,均未得到可观之效果。1999年当胡星卫主持工作之后,或者是改革不断深入,植物园也采取与外机构合办公司方式,以进入市场经济。1999年中国科学院植物园工作委员会,联合院属13个植物园成立中园科技股份有限公司。庐山植物园斥资10万元,以2股加入,胡星卫任公司董事。2000年公司在广州举行"首届植物园珍奇植物展"。庐山植物园送展11种75盆,展出后就地销售,以此探索花卉经营途径。2000年10月,该公司还组织各董事赴荷兰考察花卉产业,但未久公司即解散。2000年10月还拟以植物园植青路1365号房屋作价69.27万元,入股加入景德镇德宇集团,由德宇集团使用20年,职工则认购69万自然股。德宇集团经营茶叶,植物园以生产云雾茶加入其中。其时,德宇在筹划上市,若可依托,也不失为求植物园发展途径之一;但并没有合作成功。所谓开发依旧没有起色,不久,胡星卫也调离植物园。

1. 几宗房产地亩变迁

1936年庐山植物园成立未久,园主任秦仁昌就因园址界限不明,经请示江西省农业院,后会同庐山管理局、庐山林场勘定界址,丈地测量,共4419亩,经江西省政府鉴核备案。此面积一直沿用,未曾发生法律意义变更。1983年九江市庐山区人民政府对此4419亩颁发"林权属证"。但自1980年以后之几十

---

① 江西省审计厅驻科学技术委员会审计处:《关于江西省庐山植物园王永高同志的离任审计报告》,2000年6月13日,庐山植物园文书档案。

年中,由于庐山旅游事业发展,植物园土地被占用发生多宗,罗列如下:

含鄱口及含鄱岭均在植物园地界之内,植物园接收时,其上有多处风景性建筑,这些建筑的产权都归植物园所有。江西解放之初,岭上建筑多已毁坏,但植物园经费过紧,无力顾及修复,而此地为庐山重要景点,庐山管理局于1951年出资予以重建,为使建筑与植物园造园风格相一致,植物园特派园林设计专家宋辉参与规划设计。此后植物园对此地进行日常管理,如派人值班、打扫卫生等。至七十年代,因"文化大革命"期间植物园无暇顾及于此,后由庐山园林部门接手进行日常管理。1984年,含鄱口被庐山管理局规划为旅游区,植物园曾提出异议,但未被采纳。此地继续被无偿使用,为游览及旅游商品经营场所。

1981年,在靠近植物园西边界址内,为方便植物园职工生活和发展庐山旅游需要,经植物园时任领导口头同意,庐山管理局及庐山饮食服务公司在此建筑一幢"含鄱口饭店",占地面积805平方米,无偿使用。2000年9月,庐山管理局拆除该饭店,改建为旅游停车场,由庐山观光车公司使用,经与植物园商量,达成以观光车公司为植物园开通班车为交换。

庐山管理局为发展庐山旅游,1994年在含鄱岭之南架设观光缆车,成立庐山大口索道公司。该索道由含鄱口至大口,所经路线大多在植物园界址之内。但未与植物园进行商洽即为兴工,在即将投入使用之时,1995年3月3日庐山植物园致函索道公司:

> 我们意见是:一、本着顾全大局,进一步挖掘庐山旅游资源,配合打好"庐山牌",我们对此工程表示支持。二、工程兴建的过程中,要尊重对方土地使用权管理单位,并按照国家对土地有关的政策和法规进行协商并办理土地征用手续,以避免今后发生土地纠纷。为此,请贵公司接到此函后于三月上旬来我园商谈有关土地使用权转让事宜。①

其后商谈情况,但至7月19日,庐山植物园与庐山开放开发区管理委员会签订《有偿征用庐山植物园林地协议书》,主要内容是:征用林地12亩,一次性支付植物园25万元人民币,予以补偿。双方信守协议,"如有违犯,应按有

---

① 《庐山植物园致庐山大口索道公司函》,1995年3月3日,庐山植物园文书档案。

关法律办理并承担对方因此而造成的损失"。如是,该宗土地永久为他人所用。

2. 实现双重领导体制

在中国科学技术研究体系中,中国科学院自从成立之始,其所属之研究所即被打造为国内一流水准之研究所,其人才、经费、成果均优于国内其他科研院所。从此前庐山植物园历史,可知当归属于中国科学院时,事业便得到发展;当脱离科学院时,事业便趋于停滞或倒退。"文化大革命"为一特殊时期,中国科学院也几乎被解散,大多研究所均下放到地方;"文化大革命"结束,中国科学院没有将庐山植物园收回,而庐山植物园也未积极争取,此后渐行渐远。1996年之前,一些原属中国科学院之植物所如江苏省植物研究所、广西植物研究所办理实行中国科学院与地方省区双重领导机制,此均在中国科学院主管生物类研究所之副院长陈宜瑜主持下办理。陈宜瑜也知庐山植物园历史渊源,1996年初夏,其来庐山,向植物园主任王永高表示,中国科学院愿与江西省共同管理庐山植物园,实行双重领导,并言其与江西省委书记吴官正曾提过此事,望早日办理成功。6月20日,植物园于是向江西省科委呈文请示。7月,江西省科委又向省政府呈文,迅速得到批准同意。8月16日,江西省政府致函中国科学院,磋商合办协议,9月4日,省、院联合发文,遂办理完毕。庐山植物园之全称改为"江西省、中国科学院庐山植物园",挂牌仪式则在1997年5月6日举行,是时借陈宜瑜来江西开会之便,出席仪式有江西省副省长黄懋衡、江西省科委主任杨淳朴等,以及植物园职工等。

双重领导以江西省为主,植物园在江西原隶属关系不变,"中国科学院在科研任务和参加国际学术交流及有关外事活动等予以指导与帮助";而在研究经费上,"庐山植物园科研工作上可以参与中国科学院内平等竞争,按中国科学院有关管理规定,经过择优获取支持"。① 以上是双重领导"协议"之主要内容,若仅如此,对植物园而言,意义不大。国际学术交流于植物园而言,少之又少;与科学院研究所一同竞争,则根本不具实力。若据此,双重领导机制岂不甚为空洞,但中国科学院资源环境科学与技术局在实施中,还是每年定向支持一个项目,经费在20万元左右。庐山植物园有此专项经费,也促进事业发展,

---

① 中国科学院、江西省人民政府文件:《关于庐山植物园实行江西省人民政府与中国科学院双重领导的通知》,1996年9月4日,庐山植物园文书档案。

此举如下两项。

3. 乡土观赏灌木园开辟

1996 年,庐山植物园遭受飓风灾害,倒伏林地甚多,其中大门入园之右,倒伏面积大,拟在此建一新展区。由本园王江林提议兴建,且由其负责建设。王江林(1938—2022 年),陕西蒲城人,1962 年 9 月兰州大学生物系毕业,分配至江西省农业科学院,1964 年 11 月调至庐山植物园,其后曾在九江制药厂工作八年,1978 年 10 月重回植物园。此后从事植物生态学研究,参与江西省林业厅主持之《江西古树》调查,为主要研究人员。该项研究系统记载江西古树资料,建立档案,分析威胁古树生长,发育因素,提出挽救保护措施。对森林植物学研究及古代园林树种引种驯化具有重要的科学价值。王江林对江西珍稀濒危植物也曾作深入调查,1985 年发表《江西省的珍稀动植物资源及自然保护区》[①],庐山设置自然保护区,其也为之撰写相关论文。王江林于 1996 年晋升为研究员,此为植物园近五十年来第一人。而在此时,其行将退休,而被植物园挽留:

> 王江林同志系我省生态学领域的著名高级专家,目前无人能取代他在这一领域的作用,尤其是在我园,王江林同志在业务上起着把关作用并在学科中起带头作用,如其退休,我园生态学领域的研究将中断,科研工作也将受到重大影响,在客观上也影响了我园专业人才的培养,加深了我园人才断层的矛盾,这对我园在科研上的突破将带来致命打击。[②]

挽留王江林至 2002 年,但并未挽回植物园之颓势;其实,继王江林之后,黄演濂、徐祥美、王永高均晋升为研究员,也未给植物园带来起色,此不多论。

1998 年 3 月,中国科学院下达"乡土观赏灌木园"项目,经费 15 万元,即由王江林承担。随即开始建设,平整土地,修筑道路,即赴河南、湖北等地引种及在庐山本地采挖树苗,共栽植 64 属 104 种(品种)。根据园区及周边环境和花灌木生态习性,模拟具自然群落结构,以四季花期及季相色彩为基调,采用群

---

① 阳含熙主编:《自然保护区学术讨论会论文选集》,中国林业出版社,1985 年。
② 庐山植物园:《关于暂缓王江林同志退休的请示》,1998 年 11 月 3 日,庐山植物园文书档案。

植和丛植为主,乔灌草互相配置,而形成园林景观。使得游人入园即有景可赏。该展区规划设计由江西省城乡建筑设计院庄惠荣设计,无锡建设局李正为之修改,然限于经费未能按原设计施工,其中有一水景没有完成。该项目于2001年9月验收。

4. 植物标本室专项

中国科学院植物所植物标本馆是中国植物标本收藏最丰富的标本馆,至九十年代该标本馆收藏条件堪忧,经其多番呼吁,且经中央电视台"焦点访谈"节目报道,得到国家和中国科学院重视,此时国内其他植物标本馆也存在类似问题。为改善整个生物标本馆现状,由中国科学院资环局主导整个标本馆长期发展规划。庐山植物园因长期致力于植物调查和标本采集,收藏量有17万号,在国内属中上水平,被中国科学院资环局纳入发展规划之中。1998年资环局下达通知,要求庐山植物园自行编制发展规划。

图9-8　植物标本室内部

庐山植物园标本室在大楼顶层,而该建筑为平顶,建于1965年,由于年久,平顶中间开裂,"由于长期经费困难,自1984年以来,标本馆房顶开裂,渗透严重,几经修缮,未能解决根本问题。馆内设施简陋,无除尘、除湿和消毒设备,给保护带来极大困难"。在中国科学院计划尚未实施时,北京临床药学研

究所名誉所长、全国人大代表林明美来园访问,获悉标本室此情,乃在 1999 年
3 月全国人大会议上,提交《抢救庐山植物园标本馆问题亟待解决》议案,此议
案转至江西省人民政府和中国科学院,引起有关部门重视,当年即获下拨
经费。

> 江西省财政厅、江西省科委分别下拨专项经费 10 万元,房顶渗漏现
> 象得到修补,标本室也进行了一次以药物磷化铝的消毒处理,购置两台 2
> 千瓦的除湿机。中国科学院将在整个标本网络化建设的经费中划拨 50
> 万元,用于标本室设备建设。①

2000 年中国科学院下拨之经费主要用于加盖大楼房屋楼顶,由原先平顶
改为坡顶,从根本解决渗漏问题。此后,中国科学院标本馆网络化建设进一步
深入,即将每份馆藏标本数字化,建立数据平台。该项目由中国科学院植物所
主持,庐山植物园也加入其中,获得资金,组织实施。

三、新千年后二十年

进入新世纪之后,随着改革开放不断深入,有些省份经济已开始腾飞,财
政收入增加,不仅增加科研事业投入,即便个人收入也获得大幅上涨。中国科
学院更是实行"创新工程",几期之后,各研究所硬件全面更新,不仅吸收国内优
秀人才,也吸引海外人才前来发展。然而,江西省经济发展相对滞后,庐山植物
园依旧难上台阶。十余年后,江西经济渐渐崛起,庐山植物园也出现转机。

1. 以科普带动发展

2001 年 7 月,江西省科技厅任命郑翔为庐山植物园主任,其原为科技厅所
属计算技术研究所所长。郑翔(1960—　　),安徽泾县人,1984 年毕业于江西财
经学院,1987 年调入江西省科委,在植物园任职四年。

郑翔来园之后,了解历史和现状,感到植物园衰败至此,乃是人才缺乏。
壮大人才队伍,首先将停薪留职人员召回。在国家实施停薪留职政策之初,植
物园是鼓励人员停薪留职,故发给基本工资;其后并不鼓励,即停发基本工资,

---

① 《庐山植物园一九九九年年报》,庐山植物园文书档案。

也无需向单位交纳管理费；此前于 2001 年 1 月制定新的制度，"园外就业人员不再享受一切工资、福利待遇，并承担个人医疗保险、社会失业保险等费用，具有技术职称的干部还得向单位交纳应发工资总额的 10% 作管理费。"①有此制度安排，郑翔来后，私下联系停薪留职专业技术人员，介绍植物园事业发展将出现契机，邀请他们重回，共同发展事业。在其鼓励之下，即有多名在外人员重回植物园工作。

在召回旧人之同时，还鉴于现有人才学历太低，无硕士研究生以上学历者，而其时引进甚为困难，乃决定自行培养。2001 年 6 月，以植物园为中国科学院与江西省双重领导体制，向中国科学院人事局申请定向培养研究生指标四名，获得同意。即在在职具有本科学历者中，选拔去中国科学院武汉植物研究所学习，以获得硕士研究生学历；与此同时，还联系北京林业大学获得一名在职攻读博士研究生名额。在职学习费用由植物园承担，但须与单位签订协议，毕业之后，至少在庐山植物园服务多少年，否则需退回相关费用，以此约束人才流失趋向。

在内部管理上，重新设置内部机构，两个职能科室：办公室、科研科；两个中心：园林管理中心、后勤服务中心；还有一个科普旅游接待科。此前将仅有几个研究项目归于园林植物研究室，现将该室改名为园林管理中心。此亦说明，研究工作已甚微小。改变用人机制。为提高研究人员积极性，采用"高职低聘、低职高聘"政策，实是提高一部分人员工资待遇，但此项改革力度有限，也未持续下去，一二年后又回到江西省人事厅制定正常职称晋升机制中；新的用人制度方案，还有设置流动职位，向社会招聘所需人才，但植物园在学界已无声誉，不仅难以吸引相关人才前来应聘，甚至问津者也少。

为提高庐山植物园声誉，在研究上一时难见成效，没有人才，即难以申请到课题，没有课题即无成果，也无声誉。于是借助植物园现有基础，大力开展科普活动。而其时，植物园收取游客入园门票，每张 10 元，但游客甚少，即便夏季庐山旅游旺盛之时，亦如此。此中原因有普通游客对植物园所展示的内容不甚了解，若无人讲解难以看出门道。2001 年 7 月底开展免费导游活动，持续一个多月，至 9 月初结束。免费科普讲解乃是调动全园力量，进行短期培

---

① 庐山植物园：《关于我园在职职工园外就业的通知》，2001 年 1 月 2 日，庐山植物园文书档案。

图9-9　植物园主任郑翔(左)与来园游客作科普讲解

训,即持证上岗,且园领导也加入讲解队伍。很快取得社会效应,中央电视台、《人民日报》《江西日报》等媒体予以报道。8月间,还开展科普活动月,主题为"珍惜绿色,善待植物",遇全国人大副委员长蒋正华来园参观,请其书写,为活动增添亮度。

在科技开发上,植物园继续探索与外单位联合,或合作开发一个项目、或合资成立一家公司、或合办一个机构。2002年8月,植物园与四川自贡灯会联合在植物园内布置"原始生物科普园"项目,以人造古生物模型,如各种恐龙等,放置于林中空地上,宛如恐龙生活在自然之中,以此吸引游客参观。2002年12月,植物园与九江市园林管理处合作,在其所属甘棠公园联合创建九江长江植物园,举行揭牌仪式,并派人前往实施。2003年3月,植物园与上海东甫科技有限公司、江西省林业科学院开发公司,共同出资100万元,上海出资51万元、林科院开发公司出资25万元,庐山植物园出资24万元,在上海南汇区注册成立上海庐林园林科技有限公司。然而诸多合作,均为时未久,即因种种原因而草草结束。还有门票销售作为开发项目之一,由于有一条公路穿园而过,设置三个售票点,共安排十余人在门票岗位,成本甚高。2003年庐山管理局进一步取消各景点小门票,植物园也在取消之列。取消之后,庐山管理局每年给予植物园50万元补偿;后于2012年增加到80万元。

庐山植物园展览温室培植长江流域不宜种植之华南乃至更南一带所产之花卉,因冬季寒冷,无法越冬,乃种植于温室;由于庐山更为寒冷,温室冬季需要取暖,在七十年代安装燃煤锅炉供暖,其时庐山大多宾馆招待所等也都以煤炭为燃料,对环境造成一定污染。2000年庐山管理局为净化庐山空气,提倡改用电力能源。植物园在未测试电力取暖设备可行前,即将燃煤锅炉及配套供暖系统拆除;但其后测试多种电热方式,均难以达到温室花卉过冬所需温度,只好改用架设多个家用取暖火炉,继续使用燃煤。由于使用之时,难以避免煤烟和粉尘,而在温室内又难以散去,几年之后,花卉生长不良,虽也曾更新,但整个温室还是渐渐衰落。锅炉拆除之后,锅炉房于2003年拆除,在原址之上,兴建一幢两层专家楼,用于安排来园访学之专家住宿,后取名为东庐,与原有位于西边招待所相对,因而名之。

图9-10 庐山植物园内陈寅恪夫妇之墓

在郑翔主持植物园期间,还办理迎历史学家陈寅恪骨灰安葬于植物园展览温室东侧之小山丘。2003年6月16日上午举行安葬仪式,其墓样式由植物园卫斌设计,刻画家黄永玉书写陈寅恪名言"独立之精神,自由之思想"十个大字,后名此小丘为景寅山。

2. 回归学术

2005年8月,江西省科技厅党组任命张青松为庐山植物园主任,其与植物园渊源颇深。张青松1988年获西北植物研究所硕士研究生学位,分配来植物园,从事植物分类学研究;1992年调至江西省山江湖开发治理委员会,从事生态学研究。张青松重回植物园,于第二年年初重组植物园内部机构,设置植物研究部和植物保育部,恢复植物园为研究机构基本属性。其时研究力量尚且薄弱,但此前通过送出就读在职研究生,均已毕业回园工作,尚可将研究体系搭建起来。植物研究部设植物分类和区系研究组、植物生态研究组、蕨类苔藓植物研究组以及标本馆、实验室等支撑设施;该部邱迎君、高浦新于是年申请到国家自然科学基金,此在植物园历史尚属首次。植物保育部设杜鹃花研究组、猕猴桃研究组以及组培实验室、气象站等支撑设施。

此时,除将已有课题予以完成,因国家对科研投入已开始逐年增加,于是积极申请各类项目,其中杜鹃花研究,获得资助最大,取得成绩也最大。2006年"杜鹃花属植物引种驯化研究及专类园建设"项目,通过由江西省科技厅组织之项目鉴定,鉴定认为:该项目研究达到国内领先水平,播种育苗技术达到国际先进水平。该项目系在刘永书所主持国际友谊杜鹃园之后,2000年5月中国科学院生物技术局下达"国际友谊杜鹃园续建"项目,由张乐华主持。经

图 9-11　张青松(左)在植物园接待比利时植物园专家菲
利浦(右)来访留影。菲利浦为国际植物园保护
联盟(BGCI)最大之捐助者、雪津啤酒之董事长。

过多年不懈努力,进行了 65 种播种育苗试验,开辟圃地,移栽苗木万余株;系统观察记载其生物特性。该项研究于 2008 年申请到科技部国际合作项目,名为"杜鹃属植物的回归引种及保育基地建设",为期三年,经费 100 万元,如此力度,也属空前。其后在 2016 年,"杜鹃属植物种质资源圃建设及迁地保育技术研究与应用"项目获江西省科学技术进步奖一等奖。

在 2008 年新开大小课题共有 11 项,此数量亦有明显增加。

在植物园内也设置主任基金,根据庐山植物园研究方向,拟定资助领域,以此培养尚申请不到课题,但又值得培养之年轻人,每项资助 2 万元,令其迅速成长起来。

3. 创设鄱阳湖分园

庐山植物园发展受到限制,很大一部分原因是受限于所处山岳地理位置,难以吸引优秀人才在此长期工作。为改变这一格局,无论是植物园,还是其上级主管机构江西省科学技术委员会早在八十年代即已形成共识,在九江或南昌开辟分园,将室内研究部分和职工主要生活地点安置在城市,依托城市公共资源,让植物园走上良性发展。几十年之愿望,至 2008 年始才有机缘付诸实施。

是年,随着江西省"鄱阳湖生态经济区"建设的深入推进,江西省科技厅将庐山植物园建设分园之事提上议事日程,决定分园以鄱阳湖生态为研究主旨,拟在鄱阳湖边择地兴建之意向。2008 年 8 月,全国政协常委、原国家科学技术部部长徐冠华来江西,接受江西省政府聘其为"鄱阳湖湿地与流域研究教育部重点实验室学术委员会主任"一职。在江西期间,于 23 日来庐山植物园视察,省教科文卫委副主任李国强、省科技厅厅长王海等陪同。在听取植物园主任张青松汇报后,领导专家们就庐山的地理环境诸多因素制约庐山植物园的生存空间,建议在鄱阳湖边建设分园。此分园之建设,不仅可为环鄱阳湖生态经济区建设提供科学保障,同时还能将植物园研究方向转移至湿地生态、水生植物、防沙植物等新的领域,为治理湖泊、荒山、沙漠做出应有的贡献。是日决定调庐山区副区长吴宜亚来庐山植物园任园党委书记,负责鄱阳湖分园筹建。陪同前来的九江市委副巡视员、庐山区委书记陈和民当即拍板,表示庐山区会全力支持庐山植物园鄱阳湖分园的建设。①

---

① 《庐山植物园大力推进二次创业鄱阳湖分园建设紧锣密鼓》,《鄱阳湖分园简报》第一期,
2009 年 4 月 15 日,庐山植物园文书档案。

图9-12　2010年4月7日,江西省科技厅长(左1)陪同江西省副省长谢茹
(左3)来鄱阳湖分园工地视察,吴宜亚(左4)作汇报

　　建设分园,获得九江市及庐山区各级政府的支持,遂在庐山区范围内踏勘选址,最终选定庐山区威家镇和虞家河乡交界处泉水垅西山头,毗邻鄱阳湖,距九威大道2公里。江西省政府为鄱阳湖分园设立专项,每年下拨500万元,连续支持五年。

　　庐山植物园鄱阳湖分园经过立项、环评、征地、拆迁等各项工作顺利完成,于2010年10月29日举行正式开工典礼,副省长谢茹,省科技厅党组书记、厅长王海等出席。建造科技创新大楼5080平方米,含有标本馆、科普展览馆、图书资料室、学术报告厅、会议室、行政办公室等;管理用房6240平方米,包括后勤服务、专家公寓、学生公寓等;综合实验中心2052平方米,以及水、电、道路等配套设施,总投资3502万元。科技创新大楼等主体建筑委托九江市城市规划市政设计院为之设计,经公开招投标,由南昌对外建筑工程公司承建,于2012年8月竣工,第二年初开始启用。鄱阳湖分园所使用土地在2009年征得第一批土地114亩之后,第二年又征得第二批土地372亩,共计486亩。但第二批土地仅属租赁农民土地,待2019年黄宏文任植物园主任后,历时5年,才完成鄱阳湖分园全部征地,并获得土地使用证。

　　在鄱阳湖分园建设之中,2010年6月园主任张青松调离,改由园党委书记吴宜亚主持全面工作,鄱阳湖分园即在其继续谋划之下予以建成,其主持工作

图 9 - 13　鄱阳湖分园科研大楼

至 2019 年。在其主持期间,于 2011 年申请到科技部国家支撑项目《鄱阳湖流域重要珍稀濒危植物保育技术及资源可持续利用的集成与示范》,获得 1 709 万元的资助;于 2012 年申请到江西省重大科技专项《鄱阳湖流域水生植物资源保育与利用研究》,获得 500 万元的资助。此两项课题支持力度又是此前未曾有,以项目促发展,为植物园在整体上迈上新台阶奠定基础。

第十章 DISHIZHANG

省院共建新体制
（2019—2024）

庐山植物园于 1997 年已属江西省与中国科学院双重领导,但中国科学院权重甚轻。2018 年 12 月,江西省委书记刘奇与中国科学院院长白春礼就进一步加强江西省与中国科学院合作达成初步协定,其中一项是在保留庐山植物园此前双重领导体制基础之上,增设一个中国科学院非法人单元,即机构名称增加一个"中国科学院庐山植物园",依托中国科学院武汉植物园管理和支撑,而原隶属江西省科技厅之机制不变,是为省院共建。12 月 16 日,江西省科技厅长万广明与武汉植物园主任张全发,并邀请黄宏文等,为落实加强共建机制精神,到庐山植物园鄱阳湖分园进行调研,初步确定共建方案。

一、聘请黄宏文为植物园主任

图 10-1　2019 年 10 月 18 日在南昌前湖迎宾馆,江西省委书记刘奇,中国科学院院长白春礼,为共建中国科学院庐山植物园揭牌

2019年1月14日,中国科学院科技促进发展局组织专家在中国科学院召开中国科学院庐山植物园共建方案论证会,陈宜瑜院士担任专家组组长。武汉植物园主任张全发介绍庐山植物园共建方案。经交流质询,专家组同意中国科学院庐山植物园共建方案,并建议制定庐山植物园长远发展规划,创新管理体制机制,完善后提交中国科学院秘书长办公会审定。

3月1日,江西省委书记刘奇与中国科学院院长白春礼在北京举行科技合作座谈会,并签署《江西省人民政府、在中国科学院共建庐山植物园协议书》,期许庐山植物园"开展特色植物资源开发利用研究,建设世界一流的综合性亚高山植物园,为打造美丽江西样板提供精品工程。"

按共建协议,由双方组织成立中国科学院庐山植物园理事会,理事会理事长由江西省科技厅厅长万广明担任,经中国科学院推荐,聘请黄宏文为庐山植物园主任。第一届理事会第一次会议于4月22日在江西南昌召开,中国科学院副院长张亚平、江西省副省长吴晓军出席。中国科学院科技促进发展局、南京分院、武汉分院、武汉植物园负责同志,江西省科学院、省委教育工委、省科技厅、九江市政府、庐山风景名胜区管理局负责同志参加会议。

新当选的中科院庐山植物园主任黄宏文作了题为《中科院庐山植物园2019年度工作计划及未来发展思考》的报告。

张亚平副院长对中科院庐山植物园未来的规划表示赞同,并对中科院庐山植物园提出了三点建议:一是要充分依托于中科院植物园联盟和武汉植物园抓好庐山植物园建设,二是要注重学科建设,突出发展重点和特色,三是在专类园建设上,要结合江西产业发展优势,加强相关领域科研力度。

吴晓军副省长从历史意义、生态文明建设和庐山植物园发展等方面,强调了共建中科院庐山植物园的重要意义,并对中科院庐山植物园下一步工作提出要求:一是要坚持内外兼修,全面提升园区管理能力和水平。二是要坚持创新引领,打造国际一流正规化植物园。三是要坚持服务社会,为生态文明建设贡献力量。四是要坚持多方协作,为发展创造良好的环境。最后,吴晓军副省长要求省直相关部门、九江市、庐山风景名胜区管理局要对中科院庐山植物园建设给予全力支持,提供良好保障。在下一步工作中,江西省政府将从四方面大力支持,一是资金上全力支持;二

图 10 - 2　江西省政府副省长吴晓军在庐山植物园座谈会上

是人才方面,一方面加强人才引进,博士和硕士培养同步进行,加强人才
政策倾斜,现有政策全力倾斜、支持、保障,省里、市里、庐山政策叠加起
来,形成叠加效应;三是在建设方面支持,九江市、庐山管理局要全力以赴
予以支持,绿色通道、特事特办,为庐山植物园发展提供良好的环境,该地
方政府做的事坚决做到位,需要省政府协调的事,本人亲自出面协调;四
是全面授权,人事权、资金使用权、项目选择权、科技方向的选择权和整个
经营管理权均由黄主任全权负责。①

　　此次新机制之形成,乃以江西方面为主导,从上所录副省长吴晓军一番
讲话,可知其在推动此事,亲自办理江西方面一些事务。庐山植物园事业得
到推动和发展,只有受到省级层面重视,而这样时机,在植物园历史上并
不多。

　　庐山植物园事业自陈封怀于二十世纪五十年代离开之后,一直受到没有
专家主持之困扰。此由中国科学院推荐黄宏文前来担任,也为江西方面认可
并信任,也可谓是历史机遇。黄宏文,1957 年生,湖北武汉人。1984 年获华中
农业大学农学硕士学位,1993 年获美国 Auburn 大学博士学位。1994 年回国,

———————————

① 《中国科学院庐山植物园第一届理事会第一次全体会议在南昌召开》,《庐山植物园 2019
　　年年报》。

在中国科学院武汉植物研究所从事植物种质资源研究和果树新品种选育，并于1997年担任武汉植物所所长，为知名果树学家和植物资源学专家。后武汉植物所改名为武汉植物园。十年后，又任中国科学院华南植物园主任，至2015年。黄宏文还担任中国植物学会副理事长、国际植物园协会（IABG）秘书长、中国科学院植物园工作委员会主任、中国园艺学会猕猴桃分会创始人和理事长等学术领导职务。2019年3月来庐山，任庐山植物园主任。关于黄宏文任庐山植物园主任之原委，其本人言：

> 在中科院我素有"救火队长"之称，从武汉调往广州就是典型的"救火"安排。2018年底就派谁去庐山植物园，白院长开会时云：江西省刘奇书记提出的要求，我院干也得干、不干也得干。我虽与刘奇是老朋友，但说不定刘奇随即调中央工作，会成为我院的上司。问题是派谁去才能给刘奇一个满意。后几经周折，院领导决定重新启用我。经我本人（退休人员原本可以拒绝）同意后，白院长和院秘书长邓麦春云：宏文在武汉十年，原湖北省委书记俞正声满意；在广州十年，原广东省委书记汪洋也很满意，他去江西我们可以放心了，刘奇会满意的。①

黄宏文虽为学者，但有与地方政府交往之能力，而庐山植物园此前很长一段时间，难以将庐山植物园事提交到省政府，成为省政府议题，自然是不被重视，而导致没落。在此没落之中，黄宏文前来"救火"。在2019年1月14日，中国科学院科技促进发展局组织专家论证庐山植物园共建问题，陈宜瑜为专家组组长。陈宜瑜对庐山植物园情况甚为熟悉，1996年双重领导即由其经手而成。黄宏文作为专家组成员，也参加是会。黄宏文讲述："陈宜瑜在会上曾暗示（共建）没那么简单，云：谁去？黄宏文去？会后陈宜瑜较为严肃地对我说：你有把握吗？当年我想将庐山植物园收回，都没弄成，你有这个能耐？我回复：我有选择不去吗？院长点名了。同时表示：您当年让我在武汉植物园打造最大的水生植物资源圃，千湖之省不做水生植物做什么？我没有做好，如果这次去江西再有机会，我会按您心愿干一个更好的水生植物研究中心和资源圃。"就这样，黄宏文受命上任庐山植物园主任一职。

---

① 黄宏文：《我来庐山工作的背景及新路点滴》，手稿。

图 10-3　2020 年 8 月 1 日,中共江西省委书记刘奇视察庐山植物园,强调地方各级政府和相关部门要继续全力支持庐山植物园园区建设以及科研平台和保障平台建设。图为黄宏文向刘奇介绍植物园规划

图 10-4　2020 年 10 月 11 日,中国科学院院长白春礼调研院省共建中国科学院庐山植物园工作进展。前排右为白春礼、左为黄宏文

黄宏文此前主持之武汉植物园、华南植物园,均曾为陈封怀所领导建设之

植物园,而庐山植物园更与陈封怀有莫大关联。其云:跟随陈封怀之后,在此三座植物园工作,是莫大之荣幸;但以现代植物园宏观理念看,回看陈封怀所建造之植物园,因历史原因均尚未完成,尤其是缺乏完善的园区道路系统;故在其主持武汉、华南植物园时,均将陈封怀所开创之事业予以完善;此来庐山植物园亦面临同样工作。而在庐山植物园传统中,认为老先生留下的不可动,而宁可任期荒废。黄宏文言:武汉植物园、华南植物园都是陈封怀建的,我不彻底改造、提升了吗,谁说我做得不好了?

在庐山植物园理事会第一次会议上,黄宏文通过其对庐山植物园仔细考察之后,从三方面报告 2019 年度庐山植物园工作计划及未来发展思考。一是学科方向部署与人才队伍建设;二是计划新建庐山植物园景观温室 3000 平方米、建立 25 公顷庐山植物学/生态学研究永久大样地、新建一批特色专类园;三是启动庐山植物园园区总体规划。黄宏文所作三项工作计划,得到理事会成员及与会省院领导认可。于是,加强省院共建,即从实施此三项计划开始起步。本章记述此六年历史,亦以此为源头。

二、编制中长期发展规划,搭建研究平台

按庐山植物园整体布局和研究方向,黄宏文将其规划为:"庐山植物园将紧紧围绕'一山一水',重点做好江西特有的山地植物资源可持续开发利用、新种质创新,以及鄱阳湖流域生态环境恢复重建这两篇文章。"诸多研究组即依托庐山植物园及鄱阳湖分园所处地理区位而组建。2019 年春夏,组织园内专家,在副主任张乐华主持下,制定《庐山植物园(2019—2035)规划》。规划包含总体规划、控制性详细规划、景观规划三部分,黄宏文委托中国科学院植物园工作委员会予以评审。10 月 19 日该委员会组织召开此规划评审会,在江苏南京国际会议大酒店召开。评审专家组由中国科学院华南植物园、中国科学院西双版纳热带植物园、中国科学院植物所、南京中山植物园、昆明植物园、广西桂林植物园等 12 个植物园的园主任组成,中国科学院科促局曾艳副研究员和中国科学院武汉植物园主任助理刘贵华研究员出席。与会专家审阅规划文本,听取张乐华所作规划报告,经答疑和讨论,一致同意通过该规划。认为规划定位准确、目标清晰、内容全面,符合江西省委省政府与中国科学院对庐山植物园发展的战略要求,同时对规划中出现的不足和遗漏之处提出了很好的

指导和补充意见,希望按照"院省共建中国科学院庐山植物园协议"要求,加快人才队伍和科研能力建设,力争早日将庐山植物园建成国际一流的综合性亚高山植物园。

2020年8月编制完成《中国科学院庐山植物园控制性详细规划》,在南昌召开专家评审会,与会专家一致认为《控规》全面分析了植物园发展现状和自然保护地的保护要求,结合中国科学院植物园的建设需要提出了发展目标,《控规》结构清晰,布局较为合理,规划成果基本符合庐山风景区总体规划要求,随后报送国家林业和草原局。

庐山植物园开始共建,扩大机构规模,首先遇到基础设施不足且已老化问题。在庐山由于受庐山风景名胜管理局对旅游景区管理规定,已有近三十年未曾兴建新建筑,此无法安排即将招聘而来新人员的办公、实验及住宿;在山下虽有鄱阳湖植物园,也只能安排少量人员在此工作。

江西省在南昌市新建区西霞镇建有溪霞国家现代农业园,计划吸引机构来此开展研究,并有建设南昌植物园计划,其中有科研大楼、试验场地和生活设施。但基本建成之后,原先计划多未实施,此时原副省长吴晓军调任南昌市委书记,着手解决农业园被搁置问题,找到黄宏文帮助将溪霞农业园重新定位,并规划成立南昌植物园。黄宏文抓住机遇,为之谋划在农业园中建立庐山植物园南昌科研中心,其云:现代科学研究机构的前沿研究,因科技支撑社会

图 10-5　庐山植物园南昌溪霞分园科研中心

服务离不开省会城市,在省会南昌部署庐山植物园的前沿研究单元势在必行。黄宏文建议得到吴晓军赞同。

在吴晓军书记关怀下,庐山植物园与新建县达成协议,庐山植物园在该园区设立南昌溪霞分园科研中心,得到园区管委会支持。2020年8月3日,植物园派胡伟明前往筹办,10月28日,植物园与新建区举行项目签约仪式。科研中心大楼建筑面积约2,300平方,由胡伟明主持室内装修设计,黄宏文主任为之审核把关。2020年9月中旬施工,当年年底完工,装修总费用600万元。科研中心可进行植物细胞、生理、分子生物学、植物育种、智慧农业和植物收集保育等研究,南昌市政府还投入2,000万元用于采购仪器设备。另外,农业园还有智能化温室配套设施,占地面积60亩,主要用于冬季苗木繁育和研究。12月30日,植物园正式入驻农业园,人员有胡伟明、刘芬、孙宇、王利松、王书胜、胡骞、孔丹宇和王松等8名博士,程珊、陈春发、万萍萍和巫伟峰等4名硕士。

庐山本部房屋改造,经与庐山管理局沟通,同意庐山植物园在原有旧房原址上进行人才公寓重建和改造,先后将大门口建于二十世纪六十年代平房宿舍予以拆除,新建成二层复式公寓,在果园、茶园工房原址上也新建二层复式公寓,共得14套。公寓采取流动管理模式,配备必要生活用品,可以拎包入住。大楼三层,原为通体植物标本室,将其改造隔为小间办公室,以解决新入职者无办公场所之问题。且将园行政、后勤办公地点,全部集中在此大楼中,以符本部之名。

图10-6　鄱阳湖分园种植之水生植物

鄱阳湖分园在宏观园区布局中,确定以研究水生植物为主,湖泊与湿地植物研究中心诸研究组在此;并建有植物园自主设立省级重点实验室,该实验室于 2020 年 4 月通过江西省科技厅组织验收评审;还建有面积近百亩水生植物展示区,至 2023 年引种水生湿生植物约 500 种(含品种),有荷花、睡莲、鸢尾、再力花、千屈菜、梭鱼草、花叶芦竹等,且已初步形成水生湿生植物景观,为湿地生态环境修复、水体净化及景观建设等提供示范。湖泊与湿地植物研究中心主要研究组为水生植物生物学研究组,该组组长钟爱文,2002 年吉首大学毕业,2012 年获中国科学院水生生物研究所博士学位,毕业后即来庐山植物园工作。其组成员有廖立冰、刘送平、陈陆丹、徐磊、朱秋平等。该组重点关注以下几个方面研究:重要水生植物资源收集、保育、评价与可持续利用;重要水生植物类群的生长、发育、繁殖生物学研究;鄱阳湖流域水生植物对环境的响应和适应机制研究。

在鄱阳湖分园大楼里,还有植物标本馆。2020 年将本部标本悉数下迁,与此前在此之标本室合并。合并之后,藏量达 17 万份。标本馆馆长由彭炎松担任,成员有唐忠炳、梁同军等。

三、组建研究团队

庐山植物园在省院共建之前,2018 年底在职在岗人数 70 人,其中专业技术人员 41 人,且人员整体层次偏低。共建目标乃是争创一流,而一流研究所从事研究者人数至少具备一定规模,方可在学界具备竞争力;且研究所总人数具有一定规模,才能实现研究所自我更新功能,步入良性循环,稳步发展。经过审时度势,黄宏文将庐山植物园人员队伍确定在至少 250 人以上,且大多数从事研究。为实现此目标,2019 年当年即开始实施人才全球招聘计划,因共建新机制和黄宏文在学界之声望,庐山植物园开始具有吸引力,至年底招得 13 名具有博士或硕士学位者入园,即以具有研究经历者组建课题组。研究组管理采用组长负责制,极大提高组长能动性和责任性。此后连续四年,均大力招聘,研究队伍迅速加大,至 2023 年成立 5 个研究中心,25 个课题组,按庐山植物园整体研究方向。至 2024 年 5 月,全园在册职工 197 人(含在编职工 141人,长期聘用专家 22 名,外籍专家 8 名),长期合作专家 69 人。在读研究生 35人,其中博士研究生 2 人,人员数量和结构均有质地增加和改变。此列举 5 个中心及所属各课题组之名如下：

植物多样性研究中心：苔藓植物研究组、生物学史研究组、生物信息学及功能基因发掘组、种子植物研究组、古植物学研究组、民族植物学研究组。

资源植物研究中心：植物改良与种质创新研究组、经济植物研究组、植物种质资源发掘与可持续利用研究组、植物生理研究组、植物表观遗传研究组、植物表型组学研究组、分子遗传学研究组。

湖泊与湿地植物研究中心：水陆交错带植物生物学研究组、水生植物生物学研究组、水生植物生理生态研究组。

生态与环境研究中心：森林生态学研究组、濒危植物与保育遗传研究组、植物与微生物互作研究组、生态系统生态学研究组、氮磷生物地球化学研究组。

中药植物研究中心：药用与功能植物研究组、药用植物次生代谢研究组、传统中药研究组。

此再选择一些研究组作具体介绍。

（1）种子植物研究组。该组研究方向：专科专属的系统与进化研究。在整合分类学研究框架下，利用多学科方法和证据，对种子植物科或属级类群开展系统性研究，包括资源调查、标本采集、系统发育分析和分类修订；探讨相关类群的系统关系、生物地理格局、多样性来源等方面的科学问题。迁地保育研究，世界1600多个植物园引种栽培各类植物约10万种，占世界植物多样性约30%；中国上百个植物园引种栽培植物2万余种，覆盖中国植物多样性超过60%。围绕植物园建设目标，开展植物园迁地活植物编目、大数据整合分析、相关专科专属类群的引种栽培和迁地保育研究。种子库建设，围绕植物园发展需求，建设"庐山方舟"野生植物种子库，保存华东地区5E植物，包括作物野生近缘种、重要经济植物、珍稀濒危植物、华东森林植被主要建群植物等植物的种子库、植物DNA库和离体材料；开展相关类群的种子收集、保存等种子生物学方面的研究。该组组长王利松，2000年毕业于湖北民族大学林学系，2007年获中国科学院植物研究所博士学位，2014年赴英国伦敦自然历史博物馆，从事欧盟玛丽居里（Marie Curie Research Fellow）研究项目三年，2020年来庐山植物园。该组成员有万萍萍、吴少东。

（2）经济植物研究组。该组组长孔丹宇，2002年获河北大学学士，2009年中国科学院遗传与发育生物学研究所获博士学位，后往美国田纳西州立大学等校进行博士后研究,2020年来植物园组建该研究组,其成员有巫伟峰、熊子墨等。研究方向是关注控制经济植物农艺性状的基因功能,经济植物遗传育种与改良。来植物园后主要工作有:①建立番茄种质资源圃,搜集包括野生种、农家种和栽培种约数百种,以进行抗逆抗病番茄优良种质的筛选和培育。②利用番茄耐涝和抗病种质,开展番茄耐涝和青枯病抗性研究。利用多组学分析,全基因组关联分析(GWAS),遗传群体构建和分析等多种手段发掘关键抗逆基因。

（3）植物表型组学研究组。该组研究方向有四:一为拟南芥、杨树和柑橘植物发育的表观遗传控制;二为Polycomb（Pc-G）和Trithorax Group（Trx-G）募集对基因表达的表观遗传和染色质调控;三为外源信号(生物和非生物胁迫)的表观遗传"植物记忆";四为根从头再生（DNRR）的激素和表观遗传控制。该组组长Ralf Müller-Xing,1995—2002年在德国科隆大学获得生物学学士与硕士学位,2007年在德国杜塞尔多夫大学获得博士学位,后分别在德国杜塞尔多夫大学遗传学研究所、英国爱丁堡大学分子植物研究所、德国科隆植物育种马普研究所等机构从事研究工作。2021年来庐山植物园组建课题组,致力于研究拟南芥、杨树和重要经济树木的表观遗传学和发育,组员有邢倩。

（4）水陆交错带植物生物学研究组。庐山-鄱阳湖位于长江中下游南岸,属亚热带季风区地带,为典型的水陆交错地理单元,植物种类和植被多样性均丰富;同时鄱阳湖岸线受季节性丰水、枯水调控,水陆相交替年际变化明显,两栖环境造就了独特的滨湖植被和水生植被,对当前气候变化极为敏感。该研究组关注于水陆交错带现代植物群落多样性维持机制及对当前气候变化的响应;还探讨从庐山中高海拔山地到山麓,从山湖水陆交错带到鄱阳湖湿地,植被类型梯度变化,现代山湖一体植被分布格局对深时山湖共存等理论问题;以及利用古环境代用指标揭示地质历史时期亚热带气候区的演变和亚洲夏季风与湖泊和湿地的共演化关系。该组组长张志勇,2003年毕业于山西师范大学,2015年获中国科学院植物研究所博士学位,2017年在中国科学院地理科学与资源研究所从事博士后研究出站,2017年入职庐山植物园。其组成员有刘泽田、闫玉梅、程冬梅。

（5）森林生态学研究组。2019年庐山植物园自行投入,建设庐山亚热带常绿落叶阔叶混交林大样地,5月21日确定,以副研究员万慧霖负责样地选址,以副研究员周赛霞负责样地本底资料的调查,共有十余人参加。于是万慧霖踏勘庐山各地常绿阔叶林、落叶阔叶林、常绿落叶阔叶混交林、黄山松林等，最后选在黄龙庵附近的常绿落叶阔叶混交林内，上海华东师范大学王希华、张健两位教授特来庐山，实地察看，肯定选址恰当。庐山自然保护区于 6 月 17 日批准此项选址。有此进展，于 6 月间，邀请古田山大样地负责人米湘成教授来植物园对项目组成员进行培训，介绍大样地知识，并实地指导大样地建设具体事项。7 月 18 日，约请江西思拓力测绘仪器有限公司开始进行大样地进行测绘，在项目负责人协助下勘定样地边界，采用增设中转基站放大 GPS 信号的模式，对样地各桩点进行定位，误差控制在 10CM 以内。在样地建设之中，即成立森林生态学研究组，由周赛霞任组长，成员有万慧霖、张佳鑫、张昭臣、习丹、向泽宇、王静轩等。周赛霞，2000 年华中农业大学林学系毕业来庐山植物园，后在中国科学院武汉植物园获得硕士学位，曾参与多项生物多样性与植被调查。该研究组关注之科学问题有：在种群生态学层面，针对植物种群数量、空间分布格局、年龄结构、种群更新和扩散动态开展研究；在群落生态学层面，研究植被群落的结构、组成、多样性、演替及群落与环境因素互作等；在土壤生态学层面，开展土壤营养物质循环（如 C、N、P 等）及其影响机理研究；在动植物种间关系层面，关注动物对植物的取食效应和对植物孢粉、种子的传播效应，探索生态系统中动物对植物的生态功能；在海拔梯度生物多样性监测层面，以维管束植物多样性调查、微气候监测为基础，以近地面遥感、物候监测等技术为支撑，研究海拔梯度上生物多样性的维持机制及其对气候变化和人类活动等的响应。

图 10-7　庐山大样地本地调查开始时合影

(6) 濒危植物与保育遗传研究组。该组研究定位是围绕中国中部地区珍稀濒危野生植物和特色经济植物的科学保育与驯化利用的基础理论、关键技术,通过多学科的融合与交叉,开展基础性、前瞻性的科学研究与技术创新,为区域生物多样性保育与经济性开发提供理论依据与技术指导。具体研究项目有濒危植物的物种形成机制及野外回归、植物就地和迁地保护策略、重要植物类群的基础生物学和可持续利用研究、资源植物(高钙蔬菜、猕猴桃、木通)驯化与利用。该组组长冯晨,2012 年毕业于中南林业科技大学,2018 年获中国科学院华南植物园博士学位,2021 年来庐山植物园组建该组,并于 2023 年 12 月申请获准成立植物迁地保护与利用江西省重点实验室,自任室主任。该组成员有张洁、蔡欣霞。

研究组在组建时,有些是改组而成,具有一定基础,并已取得学术成绩;而大多则是新成立,且人才优秀。庐山植物园之辉煌,将因诸研究组之研究深入,而指日可待。为督促各课题组研究进展,黄宏文除单独与各研究组长深入交谈,以其丰赡之学识指导学科问题,并解决实际问题;还多次召开研究人员座谈会,以其自身研究经历,告诫后学如何做好研究,并在总体上提出要求。如 2023 年 12 月 22 日在南昌科研中心召开座谈会上,黄宏文对参会人员提出了三点要求:一是要主动出击,积极申请各类项目拓展经费来源;二是要发挥科研潜力,提高科研产出和转化能力;三是要优化方式方法,开展合作交流提升影响力。

在开展研究中也注重应用研究,且积极转化科研成果,2023 年联合庐山市,将新型果、药、蔬作为发展林下经济的“新三宝”加以推广,以服务地方社会经济发展需求。其中程春松之传统中药研究组,开展林下经济与中药植物产业化研究。在淫羊藿属(*Epimedium*)植物收集、播娘蒿(*Descurainia sophia*)等药用模式植物开发、五味子属(*Schisandra*)药食两用品种选育、赣产果实类道地药材研究等方向积极开展深入研究,开发了基于表面蜡质检测的道地药材产地溯源技术体系,首次提出基于淫羊藿“光觅食”生物学特性的高产品种选育新方法,面向旅游市场开发了一批药食两用产品,如“庐山仙灵脾”“五味养生茶”,其中“庐山仙灵脾”荣登庐山市首届“十大悠品”榜单。基于对新型水果三叶木通的驯化和育种研究,已选育“匡庐青”等新品种并申请国家品种权。

四、环园道路开通和新展区开辟

按园林设计通例,大型园林,均有环园一级道路,以便于参观;对庐山植物园而言,此道路还可起防火隔离带作用,可策山林安全。黄宏文来园后,经多次现场勘察后,决心解决庐山植物园尚无此道路系统的弊端,规划设计了由草花区经七里冲、月轮峰、猪圈山、茶园、办公楼的环园道路,全长 8 公里;后又设计将草花区改建为庐山大草坪,由草花区、大口瀑布、水库、月轮峰另一环行道路,全长 4 公里。如是,形成双环道路系统。2020 年基本打通第一环,且于2023 年底将原属中心展区 2 公里,铺设沥青路面。

图 10-8　2020 年 11 月 12 日黄宏文率领职工观摩新修道路。前排左起卫斌、魏宗贤、黄宏文、黄江、于得水

在环园道路所经原先之鸢尾区、松柏区被改造成山水景观园、苔藓园、庐山模式标本植物专类园、名人名树园等新展区,于 2021 年基本成型,分别介绍如下:

山水园景区:依山傍水,自然布局,采用中式传统园林"叠山""理水"技法,磊石成景、开池引泉。园区设计汲取自然山水之灵感、植物之精华,形成山水

与植物融合的唯美意境。区内配植了百余种亚高山特有、珍稀植物,展示了从苔藓、蕨类到被子植物的低—高等植物多样性的科学内涵。

苔藓园:苔藓植物人称植物王国的小矮人,有三个分支,分别是苔类植物、藓类植物和角苔类植物。目前所知最早的苔藓植物化石是发现于美国纽约,距今4亿年的上泥盆纪地层的古带叶苔。中国是世界上苔藓植物多样性最为丰富的国家之一,约有三千余种,占世界种类约15%,西南和华南山区是多样性中心。庐山植物园苔藓园由"苔藓植物检索迷宫"和科研区域两部分组成,收集展示苔藓植物四十余种。该园由孙宇主持的苔藓植物研究组负责实施。

庐山模式标本植物专类园:植物标本是指首次发表一个新物种时所引证的标本,该标本的产地被称为模式产地。自1868年起至今,发现庐山模式标本植物达68种(含种下等级),位居中国名山榜首,如庐山忍冬、庐山楼梯草、庐山荚蒾、牯岭藜芦、牯岭山梅花,牯岭凤仙花等。庐山模式标本植物专类园是世界上首个以模式标本为基点打造的精品专类园,从自然科学史、植物特异性、庐山特有性等多维度向人们展示了历史和自然的特殊魅力。

图10-9 庐山模式标本植物园

名人名树园:庐山植物园1934年建园,山石林木一直是历史无声的见证。通过植树纪念联结名人与名树是国际通用形式,为了更好地用绿色铭记历史,名人名树园因此诞生。名人名树园建立于2020年,占地面积2500平方米,主要收集展示珍稀名贵树种,通过世界名人和专家学者的手植,赋予厚重的人文底蕴,打造具有重要历史"文物"意义的专类园。2023 年 4 月 26 日,国家林业和草原局党组书记、局长关志鸥来庐山植物园调研,在此种下庐山植物园繁育的珍稀植物小溪洞杜鹃。2023 年 9 月 9 日,中国植物学会第十六届理事会第 10 次理事长联席会在庐山植物园召开,中国植物学会理事长种康院士主持会议,并亲手种植了一棵濒危植物长柄双花木。2024 年 4 月 17 日,香港特别行政区第五任行政长官林郑月娥来到园参观,手植一棵樱花树。

在上述新辟园区之后,又在环路所经之处两边,打造了银杏林荫道、沿线花境与百合及宿根花卉园、金缕梅科专类园、特有蕨类植物专类园、珍稀濒危植物专类园、民族植物专类园、小檗科专类园、亚高山特色植物专类园、山茶园、药园等 13 个专类园,以及 300 亩的新松柏园区。

五、创建庐山国家植物园①

2022 年 4 月,国家植物园在原北京植物园正式揭牌;同年 7 月,华南国家植物园在广州中国科学院华南植物园正式揭牌,至此,中国一南一北两个国家植物园正式运行,开启中国国家植物园体系建设之序幕,其后还将遴选一些优秀植物园加入国家植物园体系。而这一年 3 月,庐山植物园主任黄宏文任期三年届满,但其感觉是千载难逢的机会,在没有继续任命的情况下,仍然极力推动庐山国家植物园的创建工作。2022 年 8 月,江西省长叶建春来植物园考察,黄宏文说服了他,这是个重要节点,后面工作是个自然过程,因庐山植物园在省院共建之后,带来蓬勃发展,再加上历史积累厚重,决定抓住历史机遇,积极申请,得到江西省及各级政府大力支持。其后江西省科技厅为黄宏文补发续聘三年之聘书。

江西省委、省政府重视庐山植物园的植物迁地保护工作。2022 年 8 月 10 日,江西省人民政府办公厅印发《关于进一步加强生物多样性保护的实施意见》,其中将"推进庐山植物园等重点动植物园,开展珍稀濒危动植物的繁育研究和保护工作;积极争取将庐山植物园纳入国家植物园体系,力争建成世界一流的植物园",作为江西省加强生物多样性保护的重点任务。2022 年 9 月 26

---

① 本节撰写参考《庐山国家植物园创建工作完成情况报告》,2024 年 5 月。

日,江西省人民政府向国家林草局递交《关于商请设立庐山国家植物园的函》,恳请国家林草局支持设立庐山国家植物园。同时,江西省财政厅下拨专项资金,用于庐山国家植物园创建。为推进庐山国家植物园创建建设工作,江西省人民政府成立以分管副省长为组长,省政府副秘书长、省科技厅党组书记、省林业局局长为副组长,省发展改革委、省财政厅、省自然资源厅、省住房城乡建设厅、省林业局、省科技厅、九江市、庐山市等单位分管领导为成员的江西省创建庐山国家植物园领导小组。领导小组办公室设在省科技厅。2023 年 1 月 7日,叶建春省长在《关于赴国家林草局汇报情况的报告》上批示:按照"不可替代"的要求,扎实做好自己的工作,并积极争取国家部委支持;在当年江西省政府工作报告中,更将"力争庐山国家植物园获批"纳入 2023 年工作安排。

图 10 - 10　2024 年 2 月,江西省长叶建春(左)调研庐山
　　　　　植物园山南分园,黄宏文(右)为之汇报。图
　　　　　为江西电视台新闻画面

　　2023 年,中国科学院取消庐山植物园非法人单元机制,但并没有影响植物园发展趋势。面对创建庐山国家植物园新任务,更是倍感责任,积极筹备。按照国家林草局、住建部印送《国家植物园设立规范》所制定进入国家植物园条件要求,而开展工作,准备材料,以迎接专家组来园考察评估。此项工作繁杂,此仅记述其中规划与建设方案。

　　此前制定《庐山植物园(2019—2035)规划》,为"一园三区"规划。2024 年初,庐山市委新书记邵九思上任,黄宏文抓住国家植物园建设难得历史机遇,积极与庐山市市委、市政府沟通,以解决创建山国家植物园存在短板问题,鉴定增建庐山植物园山南分园,丰富植物迁地保护手段,形成"一园四区"架构,功能互补,设施齐全,且对各分区定位更加明晰。2023 年 4 月 18 日在庐山,举行庐山国家植物园建设规划专家咨询会,中国科学院院士洪德元、陈晓亚、桂建芳、刘耀光以及来自中国科学院和部分著名高校的 13 名专家出席。庐山植物园主任黄宏文从五个方面详细介绍了庐山国家植物园创建规划,与会专家在听取汇报、审阅相关材料以及实地考察园区建设的基础上,一致认为:庐山国家植物园建设规划立足历史和现状,全面翔实、系统完整。庐山植物园是我国植物园老一辈科学家创建的最早的国立植物园之一,历史悠久、积淀丰厚,近 90 年来始终坚守"科学内涵、园艺外貌"的科学植物园建设理念和传承,在我国国家植物园体系建设中具有不可替代性。江西承东启西、南北过渡,省域四面环山、襟江带湖,具有全球独特的亚热带常绿阔叶林,植物多样性极为丰富、鄱阳湖水生植物多种多样,依据江西省优越的自然禀赋、特色明显的区位,设立庐山国家植物园势在必行。庐山植物园自 2019 年院省共建以来,在学科布局和人才队伍建设、科研和保育基础设施建设及园林园艺提升取得长足进展,为庐山国家植物园建设奠定了坚实的基础。该规划之"一园四区"功能布局如下:

庐山含鄱口为植物园本部,主要收集保存北亚热带至暖温带植物类群,以亚高山植物类群为主要特色,已建成 17 个特色专类园和庐山永久性大样地,开展保护植物学、生态学、保育遗传学等科学研究,面向公众开展自然教育活动。

鄱阳湖分园重点面向鄱阳湖流域,建设国内最大水生植物种质资源库,开展水生植物迁地保护和水生态恢复等应用基础研究与实践。

南昌科研中心主要聚焦植物科学前沿,开展植物科学基础和应用基础研究,同时面向江西省与我国中东部地区的生态文明建设与绿色发展所需的新技术、新种质和新产品,为江西省提供生物产业发展的科技支撑。

山南分园位于庐山南麓之庐山市温泉镇,于 2023 年初开始创建,占地面积 502 亩,海拔 51—84 米。规划建设实验楼、中试中心、科技成果孵化转换中心、植物种子库、植物标本馆、展览温室以及杏林百草园、功能蔬菜专类园、藤本植物专类园等特色专类园。山南分园功能定位:面向中东部丘陵和平原,在植物迁地保护收集上与庐山本部互补,收集保护我国中东部野生植物资源,并开展特色植物资源发掘、利用与示范,协同地方乡村振兴和江西省林业经济发展。

中国已有各类植物园 200 余家,2023 年 9 月,由国家林草局、住房城乡建设部、国家发展改革委、自然资源部、中国科学院联合印发《国家植物园体系布局方案》，确定在已设立 2 个国家植物园的基础上，再遴选 14 个国家植物园候选园，纳入国家植物园体系布局，逐步构建中国特色、世界一流、万物和谐的国家植物园体系，并加强与国家公园体系的统筹协同，形成生物多样性保护新格局，庐山国家植物园已成功入选。但此 14 家国家植物园并非一次授予，而是按国家植物园标准，进行验收，优先授予合格者。

庐山国家植物园始创于 1934 年，历史悠久、积淀丰富。长期以来，坚守"科学内涵、园艺外貌"，立足江西独特的亚热带常绿阔叶林丰富的植物多样性和中部亚热带山地植物从事植物迁地保育研究，在植物收集系统性、保存完整性取得丰硕成就。

庐山国家植物园将充分发挥"一园四区"的空间优势和江西省自然禀赋优势，按照"一山一水"发展思路，立足"山、水、林、田、湖"综合保育体系，在学科布局、人才队伍建设、科研和保育基础设施建设以及园林园艺上将会取得更大进步，形成特色鲜明、目标导向明确的植物园保育体系，辐射带动南昌植物园和赣南树木园，与庐山国家级自然保护区、鄱阳湖国家级自然保护区密切协作，统筹推进植物迁地与就地保护，面向新世纪国内外生物多样性保护提供中国方案，最终建成中国特色、世界一流、万物和谐的庐山国家植物园。

2024 年是黄宏文来庐山第六个年头，也是其第二任期最后一年。对此六年，其不无感慨，"我来庐山第六个年头了，有什么是我自己满意的。解决了几个长期制约庐山植物园发展的历史遗留问题、制约瓶颈问题，并打开发展空间布局，'一园四区'，且还有扩充到'一园五区'计划，江西农大龙泉山森林公园将作为庐山国家植物园的卫星园，即教学植物园。应该是我满意的。当然，我已步入老年，尽力即可。"[1]然而也不无遗憾，以黄宏文在庐山植物园近六年工作感受，其深知植物园仍存在一些深层次问题有待解决，如干部队伍、科研机制、管理运行等等，这些均需要从长计议，且持之以恒。期待后任者，明悉此道，继续前行。

---

① 黄宏文：《我来庐山工作的背景及心路点滴》，手稿。

编年纪事

1933 年

1 月 17 日   胡先骕在静生生物调查所所委员会第十一次会议上,提出在庐山筹建分所。该项提案未作议决。

3 月 14 日   经胡先骕倡议,江西省农业院正式成立,董时进任院长,胡先骕任农业院理事会理事。

12 月中旬   胡先骕出席江西省农业院理事会第一次会议,在会上,力陈由静生生物调查所与江西省农业院合办庐山森林植物园,得到与会理事们的赞同。

12 月 22 日   胡先骕在静生所委员会第十二次会议上,再次提出筹设庐山森林植物园议案。

1934 年

3 月 22 日   中华教育文化基金董事会第八十三次执行、财政委员会联席会议,通过干事长任鸿隽提出,由静生生物调查所与江西省政府合作,在庐山设立森林植物园议题。并经讨论通过由江西省政府拨付地亩及开办费,每年经费 12 000 元,由两家平均负担,先行试办三年。

3 月   胡先骕主持起草《静生生物调查所设立庐山森林植物园计划书》《江西省农业院静生生物调查所合组庐山森林植物园办法》《庐山森林植物园委员会组织大纲》《庐山森林植物园预算》等文件。

3 月末   农业院理事会第二次常务会议议决合组庐山森林植物园的管理办法,所担经常费半数 6 000 元的预算等都获准通过,唯开办费 20 000 元未获通过。

4 月	农业院理事会第三次常务会议决定,指拨庐山含鄱口省立农业学校林场地址及房屋作为庐山森林植物园开办的园址和设备,以房屋抵作开办费。
5 月中旬	秦仁昌登庐山,来农业学校林场所在地含鄱口三逸乡,实地勘查,以确定是否宜于建造植物园,结果十分满意。
6 月	合组成立植物园委员会,静生所推定范锐、金绍基为委员;农业院推定程时煃、龚学遂为委员;再加上当然委员胡先骕、董时进、秦仁昌,共 7 人组成。
7 月 1 日	雷震会同农业院技士冯文锦前往庐山含鄱口农林学校办理正式交接。
7 月	秦仁昌等来庐山,开始筹备。
8 月 20 日	植物园举行成立典礼,时中国科学社在庐山召开年会,许多科学家前来参加;蒋介石、熊式辉也分别派代表出席。
同日	召开庐山森林植物园委员会第一次年会,追任秦仁昌为植物园主任,由秦仁昌推荐各职员之任命。职员有雷震、汪菊渊、曾仲伦、涂藻、刘雨时、冯国楣、施尔宜。
8 月	在庐山办学之李一平推荐其学生杨仲毅、熊耀国来植物园工作。
秋	得范旭东捐资 2 000 元,建筑温室 1 幢。
秋	在庐山采集标本、苗木。设经济植物标本室和蕨类植物标本室。
年底	开辟苗圃 5 亩。
1935 年	
4 月 10 日	庐山森林植物园委员会第二次会议,通过募集植物园基金原则。
4 月	《庐山森林植物园募集基金计划书》发表,林森、蒋中正、蔡元培、翁文灏、陈果夫、韩复榘、熊式辉、朱家骅、胡适、辛树帜、秉志等 40 人为发起人。
5 月 21 日	江西省政府第 778 次省务会议议决通过庐山森林植物园募集基金之计划,准予实施。
秋	国民党军官训练团团长陈诚捐助建筑温室 1 幢。

年底	苗圃扩大至 20 亩。
是年	开展与国内外植物园、农林场等相关机构交换种子,凡 36 所、18 国别。

1936 年

5 月 22 日	植物园委员会第三次会议,通过聘请陈封怀任植物园园艺技师。
12 月 25 日	植物园会同农业院、庐山林场、庐山管理局勘定植物园园址基本完毕,共计 4 419 亩。
是年	秦仁昌当选为国际植物学会命名审查委员会委员。
是年	建立种子交换关系有 68 处。
是年	募集基金捐款者有任鸿隽、黄郛、陈登恪、韩复榘四位。
是年	杨仲毅赴陕西太白山等地采集。

1937 年

年初	静生所派俞德浚赴云南专为植物园采集园艺植物种球。
春夏	冯国楣等赴安徽黄山采集,为时 3 个月。
8 月	管理中英庚款董事会补助 10 000 元,用于建筑森林园艺实验室开工。
夏	任鸿隽捐款后在植物园内租借地上建成古青书屋,携家人来此居住。
是年	江西省政府拨临时费 2 000 元,建筑 1 幢占地 3 000 方尺之温室。
是年	秦仁昌发表《东亚大陆的鳞毛蕨科的研究》。

1938 年

7 月	日军沿江西上,长江要塞马当失守,赣北即告被占。植物园将物品装箱,共计 120 箱,寄存于庐山美国学校。
7 月 24 日	秦仁昌离开庐山,前往湖南长沙。不久陈封怀率部分员工也离去。
8 月	中华教育文化基金董事会同意,植物园员工撤往云南。
12 月	植物园在云南丽江设立工作站。

1939 年

是年	在云南西北部采集植物,得标本 6 201 号。

1940 年

是年　　　秦仁昌发表《水龙骨科的自然分类系统》论文,陈封怀发表《云南西北部及其临近之报春研究》和《报春种子之研究》两文。

1942 年

6 月　　　国民政府林业部在丽江金沙江流域设立"林业管理处",秦仁昌兼任处长。植物园工作站人员也纳入该处,因此工作不致中断。

1943 年

夏　　　　陈封怀从云南昆明往江西泰和,任中正大学农学院教授。

1946 年

8 月 1 日　陈封怀主持植物园的复员。其时人员有雷震、熊耀国、王秋圃、邹垣、王名金等。

1947 年

6—12 月　熊耀国率队往湘鄂赣三省交界地区,调查植物,得腊叶标本 1 538 号。

1948 年

是年　　　王秋圃撰发表《水杉在庐山初次繁殖试验经过》一文。

1949 年

6 月　　　植物园与九江军管会接洽,得该会拨给生活维持费。

10 月 21 日　江西省建设厅下达"关于制定江西省农林场整理办法的通令",指令"原庐山林场与庐山森林植物园合并,由农林总场直接领导",并改名为"庐山植物研究所",由厅指派吴长春为所长,廖桢为副所长,而陈封怀被调往江西农林科学研究所任副所长。

1950 年

1 月 20 日　静生所整理委员会作出静生所在江西设有庐山植物园等,应请中国科学院接收之决定。

12 月 16 日　政务院批复中国科学院,同意将庐山植物园改组为中国科学院植物分类研究所庐山工作站,调江西省农业厅农业改进所副所长陈封怀为该站主任。

是年　　　胡启明来站,当练习生。

1951 年

3 月　　　　中国科学院地质研究所将其芦林原中央研究院地质研究所李四光在庐山工作房屋拨交庐山工作站使用。

5 月 9 日　　分类所工作站会议在北京召开,庐山工作站主要任务是建设高山植物园。

7—8 月　　特邀南京、武汉、杭州、南昌各大学植物、园艺、生物系教授、讲师来庐山讲学,有陈俊愉、鲁涤非,吴长春、孙筱祥、吴功贤等人。

11 月　　　协助庐山管理局设计花径、仙人洞等风景点。

1952 年

是年　　　得庐山管理局补助园林布置费,修复或新建园内(包括含鄱岭)五座亭阁。

1953 年

12 月 16 日　庐山管理局将芦林 411、412 号两栋房屋拨交工作站作办公之用,另将附近之破房四栋,老门牌号为 24、66A、66B 及无号一栋,一并拨交修整使用。

12 月　　　中国科学院植物所调陈封怀及王秋圃、王名金等 7 人往南京中山植物园工作,陈封怀仍兼任庐山工作站主任。

1954 年

春、秋两季　熊耀国、李启和参与由中国科学院植物所组织赣西武功山和萍乡北部进行红壤植被调查,对红黄壤植被作详细采集。

是年　　　植物所调徐海亭来庐山任政工干部。

是年　　　园内各展区基本恢复或建成。

1956 年

是年　　　熊耀国在肃反运动中被整肃,后被调往南京中山植物园。

是年　　　胡启明等参加中国科学院植物所组织川东、鄂西之植物调查。

1957 年

7 月 22 日　调南京中山植物园办公室副主任温成胜到庐山工作站任办公室副主任。

是年　　　反右运动中,邹垣被打成反革命,判刑 3 年。胡启明受到开除团籍处分。

1958 年

7 月 15 日　　庐山工作站改隶于中国科学院江西分院领导,并改名为庐山植物研究所。

10 月　　　　《庐山植物园栽培植物手册》由科学出版社出版。

1959 年

夏　　　　　中共中央在庐山召开会议,家庭出身不好者张应麟、胡启明、梁平、苏锡煊四人被剥夺了在山上工作和生活的权利,安置在南昌西山江西省科学院农林试验场劳动。

秋　　　　　由庐山植物园主持江西省植物普查工作。

10 月　　　　罗亨炳代表江西省赴北京参加国庆十周年观礼。

是年　　　　庐山植物所提出"自力更生,争取半自给",开展副业生产,开荒种地,养猪养鸡等。

1960 年

2 月　　　　江西省科学院调刘昌标来庐山植物研究所任副所长。

10 月　　　　庐山植物所支部研究决定,在庐山莲花公社国庆大队设立"植物研究试验站"。

11 月　　　　《江西(经济)植物志》由江西人民出版社出版。

1961 年

夏　　　　　江西省科学院决定在南昌西山设立庐山植物所分支机构,筹设之初,由张应麟负责。

1962 年

3 月　　　　中国科学院江西分院撤销,改为江西省西山科学实验场,植物园在西山分支机构改名为西山科学实验场庐山植物园西山工作站。

4 月 8 日　　中国科学院院长办公会议作出收回庐山植物园的决定。隶属中国科学院后改名为庐山植物园。

1963 年

年初　　　　中国科学院调中央气象局庐山天气控制研究所所长沈洪欣兼任庐山植物园主任。

5—8 月　　陈世隆、王江林、杨建国等对庐山植被进行调查。

1964 年

年初	朱国芳、梁苹、李华、涂宜刚合编《松杉植物引种栽培总结》。
4 月	陈俊愉偕陈忠来园指导,后陈忠作《庐山植物园建园设计初步分析》一文。
4—5 月	赖书绅率队调查九岭与幕阜山植被。
6 月	中国科学院正式将庐山植物研究所改名为"中国科学院庐山植物园"。
9 月 21—25 日	第一届全国引种驯化学术会议在庐山芦林饭店召开,竺可桢、俞德浚、陈封怀、叶培忠、盛诚桂、王战、章绍尧等出席会议。庐山植物园赖书绅、方育卿、王士贤、李华、朱国芳等人在会上宣读论文。
是年	为庆祝庐山植物园建园三十周年,举行纪念展览,分历史沿革、引种驯化、植物资源、园林建设、研究成果、展望未来几个部分。

1965 年

8 月	匈牙利植物学者托特专程来庐山植物园访学。
8 月	江西省科委将井冈山植物园划归庐山植物园领导,成立庐山植物园井冈山工作站。
9 月	本年分配而来大学毕业生 7 人,力度之大,此前未有。

1966 年

9 月	植物园根据庐山管理局党委指示,对运动作出部署,"文化大革命"开始。

1970 年

4 月	开始研究外伤止血药。

1971 年

2 月 23 日	庐山植物园下放至江西,改名为江西省庐山植物园,并于同日成立江西省庐山植物园革命委员会,慕宗山任主任。
是年	庐山植物园成立"五七"制药厂,并开始中草药筛选避孕药实验。

1973 年

是年	确定庐山植物园归属江西省文委科技组领导。开始从运动中恢复日常工作,重新组建五个研究组。承担《中国植物志》大

风子科、旌节花科编写任务。

是年　　庐山被国家公布为向来华外国人开放地区,庐山植物园园林
　　　　开始恢复。

1974 年

是年　　珠江电影制片厂来园拍摄纪录片《庐山植物园》。

1975 年

6 月　　植物园与江西大学开始筹划合编《江西植物志》。

1978 年

8 月　　植物园编辑发行的内部刊物《植物研究资料汇编》创刊。

1979 年

5 月　　英国邱园副主任格林和活植物标本室主任西蒙斯来访。

8 月　　秦治平来植物园任园主任。办理落实知识分子政策,此前受
　　　　到政治运动冲击者得到平反。

11 月　　植物园成立学术委员会,施海根任主任。

1981 年

8 月　　朱国芳赴澳大利亚出席在堪培拉召开之国际植物园会议。

1984 年

3 月　　徐祥美、舒金生任庐山植物园副主任,徐祥美主持工作。

7 月 10 日　迎胡先骕骨灰安葬于植物园内。

8 月 14 日　中国植物引种驯化学会在庐山植物园召开第四次学术研
　　　　讨会。

8 月 20 日　举行庐山植物园建园五十周年系列纪念活动。

12 月　　植物园成立种苗技术开发中心,开始创收,以弥补科研经费
　　　　不足。

1986 年

5 月　　兴建繁殖温室竣工。

1987 年

5 月　　中共庐山植物园委员会成立,吴炳文任书记。

1989 年

4 月　　开始实施国际友谊杜鹃园项目。

5 月　　江西省科委任命杨涤清为植物园副主任,并主持工作。

| 7月 | 兴建图书楼和学术报告厅竣工。 |

1992年

| 年初 | 科技体制改革,实行"加快分流人才,合理调整结构",鼓励人员停薪留职。 |

1995年

| 春 | 党委书记吴炳文主持工作。 |

1996年

| 2月 | 以副主任王永高主持工作,并于8月任命为主任,同时任命徐祥美为党委书记。 |
| 9月 | 庐山植物园实行江西省政府与中国科学院双重领导,改名为"江西省、中国科学院庐山植物园"。 |

2000年

| 6月 | 改由副主任胡星卫主持工作。 |

2001年

| 7月 | 郑翔任庐山植物园主任。 |

2003年

| 6月16日 | 历史学家陈寅恪骨灰安葬于庐山植物园。 |

2005年

| 8月 | 张青松任庐山植物园主任。 |

2008年

| 8月 | 吴宜亚任中共庐山植物园委员会书记。主持庐山植物园鄱阳湖分园筹建。 |

2010年

| 6月 | 党委书记吴宜亚主持庐山植物园工作。 |

2019年

3月1日	江西省委书记刘奇与中国科学院院长白春礼在北京举行科技合作座谈会,并签署《江西省人民政府、中国科学院共建庐山植物园协议书》。
3月	任命黄宏文为共建庐山植物园主任。
5月	开始在庐山建设庐山亚热带常绿落叶阔叶混交林大样地。
6月	开始全球招聘科研人员并构建科研体系。

2020 年

12 月 30 日   植物园在南昌新建溪霞农业园设立南昌溪霞分园科研中心开
                 始启用。由此开启"一园三区"新格局,即庐山本部、鄱阳湖分
                 园、溪霞科研中心。

是年   打通庐山本部环园道路,全长 8 公里。

2022 年

9 月   江西省政府启动庐山国家植物园建设。

2023 年

11 月   江西省长叶建春批示,举全省之力创建庐山国家植物园。

人名索引

《庐山植物园最初三十年》后记

　　笔者涉足庐山植物园历史始于 1997 年,时年三十五岁,来庐山植物园工作已十七个寒暑。是年春,得时任园主任王永高先生慨允前往南京,在中国第二历史档案馆查阅有关庐山植物园史料。关于庐山植物园历史,此前已有一些著述,但皆未使用档案材料,故有不少盲点。档案材料是撰写历史最基本材料,亦是最珍贵材料。在南京工作结束,又往南昌,在江西省档案馆查阅一番。两处所得皆甚丰富,随即撰写完成《胡先骕与庐山森林植物园的创建》一长文,投《中国科技史料》季刊,得主编赵慧芝青睐,刊于当年第四期。

　　在胡先骕所开创的中国植物学研究事业中,庐山植物园仅是其一。起初以所掌握材料和庐山植物园的地位,窃以为尚不足以形成一本专著,故而将视野扩大到庐山植物园在 1949 年之前所隶属之静生生物调查所,遂有《静生生物调查所史稿》著述。该书出版之后,尚得学界认可。2007 年获中国科学院植物研究所之邀,赴北京参与其《所志》之编写。临行之时,庐山植物园现任主任张青松先生,嘱为整理庐山植物园历史。余为庐山植物园一名员工,受其培养,应为其服务;且领导授命,更乐于承担。庐山植物园在 1950 至 1958 年隶属于中国科学院植物所,为该所之工作站。遂在查阅植物所档案时,亦留意收集庐山植物园者。一年半后,北京工作结束,返回庐山之后,即为开展此项工作。

　　笔者研习史学,信奉当今中国科学史学家樊洪业先生所言:历史因细节而生动。故在工作之中,努力发掘历史细节,并一一记述。庐山植物园已有七十五年之历史,何以仅写最初之三十年? 笔者认为以此三十年,足以概括其历史脉络。胡先骕筹谋创建,是何等辉煌;抗战军兴,秦仁昌率领播迁丽江,是怎样艰辛;战后陈封怀主持复员,又是如此困难。无论何时,先贤筚路蓝缕之创业精神皆贯穿其中。而 1950 年之后,庐山植物园在中国植物学界之地位却日渐式微,又有多少无奈和感慨。书中试为分析其中之原由,在此一言以蔽之:专家之缺失。中国科学院植物所现任所长马克平先生曾云:一个研究机构,其研究人员若失去话语权,其工作肯定是与研究本身愈来愈远。庐山植物园失去专家,研究人员失去话语权,在 1964 年之前即已凸显出来。其后,一直未曾得到根本改变。故余作此纂述,无需再延至后来。在此,只有期待庐山植物园之今后,能改变历史之颓势,重创辉煌。之所以仅写其三十年,材料有限也是原因之一。在访求得到的史料之中,得之于今日庐山植物园者并不多,仅找到一些 1950 至 1965 年来往之函件和工作总结。而会议之记录、收发之公文皆未觅得,致使机构变更,重要人事任免皆未得确切之日期。至于 1966 至 1978 年所形成的档案则更少,只好选择 1964 年为截止年代,好在事实之完整和文本之完整皆无大碍。如此论断,有几分正确,期盼读者指教。

感谢张青松主任,若无他的厚爱与敦促,便没有写作此书的机缘和其后之进展。在撰写之中,还得到他不少启发,尤其是他不愿今日之庐山植物园成为中国植物园中圆明园所作出之努力,及予人以思考之勇气。感谢庐山植物园同人,给予各种帮助。感谢北京林业大学、中国工程院院士陈俊愉先生赐序,让拙著生色。感谢中国科学院华南植物园研究员胡启明、陈贻竹两位先生之赐教,并提供照片。感谢上海交通大学出版社冯勤先生,为本书编辑出版付出之努力。

二千零九年四月七日　胡宗刚记于庐山园边室

《庐山植物园九十年》后记

　　2009 年春,蒙时任庐山植物园主任张青松先生之厚爱,嘱为搜集整理庐山植物园史料,并撰写成书,遂有《庐山植物园最初三十年》问世。其时,庐山植物园已有七十余年历史,拙著问世后,故有读者下问,为何仅写三十年? 余曰:该园自 1954 年陈封怀先生调离之后,即日渐式微,其后于 1962 年重归中国科学院,返回正途,带来一段小辉煌,于 1964 年建园三十周年,中国引种驯化第一次学术会议在庐山召开,竺可桢亲来主持,即以此会为历史节点。此后未久,"文化大革命"到来,又下放于地方,乏善可陈矣。

　　其后,本人继续在庐山植物园从事中国近现代生物学机构历史之著述,但未曾有续写庐山植物园历史之计划,故于其史料不曾刻意搜集。2022 年 11月,年届六旬,办理退休;然获黄宏文主任之青睐而被留用,继续工作。在完成《中国植物学会史》后,以为平生著述当结束矣。然庐山植物园将迎来建园九十年,又接到撰写《庐山植物园九十年》任务,难以推辞。于是重新搜集材料,多次前往江西省档案馆,所获新材料,先对《庐山植物园最初三十年》予以修改和补充;后遍查庐山植物园所藏文书档案,虽然该档案不甚齐全,勉强将历史脉络梳理清晰,遂合而颜之曰《庐山植物园九十年》。

　　十五年前撰《庐山植物园最初三十年》,从史料中探得 1954 年陈封怀之所以被调离,乃是中国科学院植物研究所认为:其所属四个工作站,三个按研究所方向建设,待其发展壮大后设为研究所;惟庐山站按植物园体制办理,当时将植物园作为研究所下属机构,即缩小现有规模。此中原由系庐山站之开创为"买办"所办,似乎有不光彩之前身。陈封怀对此无能为力,只有服从领导安排,率领七位同仁,同赴南京建设中山植物园。对庐山植物园而言,此为重大历史转折,其后却被淹没,不为人知,重新揭示,令人唏嘘。

　　今写《庐山植物园九十年》,发现在 1973 年"文化大革命"后期,庐山植物园在慕宗山主任领导下,研究得到初步恢复。未久植物园所处庐山风景区被国家列为开放之区,其正常工作得到进一步加强;而此时国内其他植物园多被撤销,人员被下放。当 1978 年开始拨乱反正,百废待兴之际,庐山植物园则领先于学界。关于慕宗山于庐山植物园之贡献,历史应为铭记。作者此前所作判断,并不准确,此得机会予以修正,亦为幸事。

作者 1980 年春入职庐山植物园,于其九十年历史,历其一半;但作者只是边缘之人,并非历史事件亲历者,今读后半期史料,或者因知悉此中背景,易于理解其人其事;然人有局限,虽然力图摒弃个人情感,投以史学眼光,但还是难免有偏差,期待读者指正。然而,档案有遗漏,史料有欠缺,所述难以周全;即有侧重,或轻重倒置,不得要领。为克服局限,本应采访尚为健在之庐山植物园当事人,但恐涉及人情世故,反而影响客观性,也就不曾拜访何人。作者著述坚守秉笔直书,不曾曲学阿世,哗众取宠,是否做到?留待读者评说。

感谢黄宏文主任信任,有机会完成此书;感谢冯勤先生,将其编辑问世。

胡宗刚
二〇二四年六月十二日于庐山植物园园边室